馥林文化

馥林文化

郭台銘與富士康

徐明天◎著

從個性、格局，欣賞執著、野性的郭台銘如何布局、開疆拓土，如何改寫世界的遊戲規則

游張松（國立台灣大學商學研究所教授）

俗話說：「個性決定命運，格局決定成就。」用這句話來描述郭台銘與富士康的發展，實在恰當不過了。

郭台銘？一個具有野性DNA、喜歡親自動手而且非常執著的人！因為野性，所以不相信現在所擁有的就是上天加在他身上的成就極限，或者是一輩子的宿命。

不只不相信命運，他猶如老鷹般地飛遍全球、搜索每一個可能的新機會；從而擘劃其挑戰未來所必須具備的格局；接著，透過堅韌的毅力以及執著的執行力去布局、擴充格局；然後，再利用更大的格局來開疆拓土，爭取訂單；最後，企圖以其優勢的疆域版圖來改變世界的遊戲規則。

如果，你從來沒有這樣想過，那麼，不看這本書，你不知道你已經損失了多少！（包括知識跟金錢的損失。）這本書為你打開了一扇精彩的世界之窗，讓你站在趨勢的浪頭，俯瞰新世界不可思議的發展。

如果，你想要開拓精彩的人生，那麼，這絕對是不可錯過的一本書，值得反覆熟讀、供作參考！不妨也參考郭台銘的事蹟，創造一個屬於自己的嶄新世界。

企業應該如何追求發展呢？全球的教科書上都提供了如下的教戰守則：

1. 大者恆大：大型企業永遠最具競爭優勢。換句話說，小企業就是弱勢，千萬不要生起任何一絲跟大企業競爭或對抗的念頭。

2. 先佔優勢：企業先行者搶先進入了市場，占領了市場、佔盡優勢。如果是後進者，想要攻打已經被占領了的市場，機會渺茫，還是另謀他途吧。

3. 代工劣勢：企業若淪為代工者（即俗稱的OEM），就只能為品牌業者做苦工而已，不只辛苦、毛利極低，而且當品牌廠商抽單的時候，工廠立即面臨停轉、關門的命運。

4. 品牌優勢：世界名牌（如Apple、Dell、HP、NOKIA、Motorola……）或是世界通路品牌（如Wal-Mart、Target、Costco、Best Buy、Homedepot……）大多找台灣的企業代工，佔盡優勢，坐享極高的毛利。

這些守則吸取古人的智慧結晶，教你避風避浪，避開風險。

根據大者恆大的說法：譬如說，如果你想要做智慧型手機，那就千萬不要妄想跟NOKIA、Apple或Microsoft對抗之類的，切莫以卵擊石，另謀他途吧！根據先佔優勢的說法：譬如說，即使你擁有多點觸控板（multi-touch pad）的技術，但是，有兩家世界大廠已經分別瓜分了全球市場的七〇％以及三〇％，那就死了這條心吧，為什麼要做這種事倍功半的事呢？根據代工劣勢的說法：台灣的莘莘學子最好不要到工廠去參與生產線的工作，因為那裡毛利低，是辛苦工作的工地。根據品牌優勢的說法：OEM的公司最好關掉工廠，通通改行轉做品牌去了。

如果，我們都奉行這些守則：大型的企業永遠是越做越大；後進的企業就是沒有機會出人頭地；OEM的毛利極低，應該破釜沉舟，把工廠都關了。（但是，之後往哪裡去呢？）讓我們繼續期待著……蒼天在某一天賜給我們做品牌的機會。（那麼，有誰為我們製造優質的、具價格競爭力的品牌產品給我們去行銷全球呢？那麼，要等到什麼時候呢？）

難道，那些大大的公司都是生生世世一直很大很大，就都不會倒？難道，後進的人就真的沒有進入的優勢？難道，台灣真的一點機會都沒有嗎？

野性的郭台銘與富士康的個案發展說明了：世界的遊戲規則可以不必然是這個樣子。Yes！再大的競爭對手，一樣可以對他挑戰！後進者可以更快、更準、更狠！代工本身也可以是一種優勢！生產事業也一樣可以創造品牌！二十年前，當郭台銘四處征戰的時候，人們把他當猛牛。今天，大家都相信他的厲害了。

郭台銘為什麼能夠這麼厲害呢？一、是個性，二、是格局。

個性？

郭台銘說過：「…神木之所以大，四千年前種子掉到土裡時就決定了，絕不是四千年後才知道的。」郭台銘就是這種有野性而且執著的人！他不只喜歡大風大浪，更要改造世界；尤其是，要在風平浪靜的時候製造風浪，讓世界更加多彩多姿。換言之，郭台銘有其自負、執著的野性。

這個個性就是要出人頭地：絕不認命，進而，一定要自行開疆拓土，自行行賞封侯！

格局？

按理說，上天給郭台銘的並不多，成就照理有限。但是，郭台銘永遠要作競爭者之中格局最大者。鴻海本來只是個小小的塑料公司，格局怎麼可能是最大的呢？天下沒有絕對的最大，但是有同儕中的最大。想要最大就是要先定位，那就是：首先要有慎選戰場的遠見（Vision）。選定戰場之後，然後就是布局、創造格局、兼併天下、形成共主，繼而進行疆域擴張，不斷地繼續征戰、討伐。

總而言之：郭台銘的個性決定了一定要出頭的命運。郭台銘的格局決定了攻無不克、戰無不勝的成就！

如果你也不想奉行這些守則呢？那你一定也具有先天的野性基因，可喜可賀。更且如果，你也執著地要改寫這些遊戲規則，那就包你一生大風大浪、日日精彩。這樣子，這本書你一定要好好的參酌一番。它將給你很多借鏡，為你的事業發展增添無比的威力。

最後，如果你希望你的一生只要平平順順就好了，那麼這一本書可能就不適合你了，因為它很可能把你「教壞」。然而，只要你願意為生命增添一點不一樣的感覺，那就把這本書當作一本小說吧……品嚐一下郭台銘大風大浪的氣魄，看看郭台銘如何改寫全世界的遊戲規則！

懂得打造時勢是真英雄

阮慕驊（媒體財經達人）

郭台銘到底與一般有何不同，而成就如此大的事業？這件事，可能不單只是我的好奇，應該也是許多人共同想要知道的祕密。古今中外能成就大事業者，必定有其自身，也有其環境因素，正所謂「時勢造英雄」，時勢是必要條件，但英雄自身的條件才是決定成敗關鍵，否則環境不變，能成就的人為何僅是少數？

所以，我覺得怨天尤人，不如起身力行。郭台銘的一生並非一路順風，但依持著無比的意志力，不斷地擊敗對手克服困難，他所展現的總總正是一位成就大事業者必需要有的自身條件的貫徹——以具體且強大的思想力領導並指揮肢體的行動力，以不斷的突破再次強化思想力的循環過程。

我相信，郭台銘永遠不會老，即使他的肢體會隨著時光歲月逐漸老去，但他的心不會老去，而這一切的成功祕密即展現在他的所言所行與所創造的具體事業。

郭台銘是值得欽佩的，盡管他有許多不同的評價，但我佩服的是他所具備的無比的意志力。一般人看郭台銘，都只看到他的財富和風花雪月，這種觀察角度是淺薄的，深入他的言行才能了解深層成功的祕訣，而這樣的觀察角度我在這本書上發現了，所以推薦它。

・目錄・

第一篇　何為富士康

第一章　規模：年銷售額四、〇〇〇億元

二〇〇六年，銷售額超過五〇〇〇億美元，臺灣《天下》雜誌統計的數據為一・六五兆新臺幣，即四、一二五億元人民幣，還不包括關係企業的收入，它就是總部設在深圳龍華的富士康科技集團。

富士康到底是一家什麼樣的企業？

日本人眼中的富士康

富士康早年以日本企業為師，但今天日本企業對富士康卻不得不抱以敬畏之心。

二〇〇六年七月三十一日出版的《日經電子》以《富士康，究竟是敵？是友？》作為封面文章，表露出對富士康的複雜心態。

《日經電子》的報導稱，為了搶攻二〇〇六年下半年的商機，日本各家消費電子廠商如任天堂與SONY，此前分別推出遊戲機Wii與PS3（Play Station 3）展開正面對決，而Wii與PS3背後的代工廠，就是多數日本人沒聽說過的富士康。

從美國蘋果iPod的nano系列、摩托羅拉的Razr手機、戴爾的電腦、日本任天堂的ＤＳ

（Nintendo DS）、SONY的PSP（Play Station Portable），到芬蘭的諾基亞手機，雖然品牌不同，但都經由富士康的製造巨擘為其提供推力。

或許許多日本人還搞不清楚鴻海（HON HAI）或富士康（FOXCONN）的關係，但是富士康集團的總營業額已經超過了日本人熟悉的夏普與三洋電機。

日本企業對富士康的心態是矛盾的，態度也不同。SONY中鉢良治社長表示，SONY與富士康的關係是「合作」而非「競爭」。相對於中鉢良治的友善，當然也有企業與電子代工企業保持距離。

一位在富士康工作的日籍資深技術員，在被問到富士康對於日本企業來說究竟是敵是友時說：「背後有人笑我走私日本技術，不過，正因為富士康是大企業，才能對於規模效益有所期待，我也終於能盡情追逐以前在日本時未能實現的理想。而且因為富士康的規模愈來愈大，將來日本企業與富士康合作，也是我對日本有所貢獻的方式之一。」

總體而言，富士康正在形成四方面的優勢。

優勢一：製造優勢令人生畏。

富士康擁有製造高階精密模具與金屬加工大量生產的能力。蘋果電腦iPod機身背後的金屬鏡面框體，原本是日本新縣燕市的金屬加工廠，由「專精技術的工匠們」少量生產，當年獲得iPod代工時，對於這個從江戶時代就具有金屬加工絕活的工業小鎮來說，無疑是最大的鼓勵。

但是富士康就像開著「割草機」的全球軍團，讓拿著鐮刀的日本農夫不知所措。過去工匠的工作模式，就像一畝畝由人力耕作的田地，稻米結穗之後，農人喜歡拿著鐮刀收割成果。但是富士康的做法是運用自動化機械耕田，結穗時使用割稻機，最重要的是，批量生產的產品品質跟技術工匠的心血結晶不相上下。

這個情景說明富士康以人海戰術二十四小時輪班、大量生產、快速交貨的優勢，對於日本精雕細琢、限量生產的工匠造成威脅。原本鏡面框體加工的人工技術竟然轉換為大量生產，衝擊非常大。

衝擊不僅來自金屬加工的大量生產，模具是另一個衝擊。日系大廠遊戲機機身的框體有兩種樹脂，富士康擁有的「兩色成型」技術，讓不同種類的兩種樹脂，可以在同一個模具裡鑄模成型，這種高難度的技術不是由日本而是由中國的廠商實現的。

優勢二：有效壓低管銷費用。

富士康的管銷費用僅占營業額的四％，比日系企業的平均值二十二％低了許多。因為富士康以代工為主，管銷費用不必耗在品牌上。此外，富士康壓低管銷費用的訣竅，在於公司從上到下徹底發揮郭台銘「細節是魔鬼」的精神。

優勢三：全球知名度極高。

富士康的世界級能見度，近幾年勝過日系企業。美國《商業周刊》二〇〇六年發表的「世界科技百強」中，二〇〇五年與二〇〇六年，富士康都是第二名。在日本企業中，日本電產二〇〇五年是第四十二名，二〇〇六年軟銀集團是第五名。

優勢四：年成長率驚人。

有人預測，富士康二〇〇六至二〇〇八年的營業額成長率每年為三〇%，如果順利，二〇〇八年富士康的營業額會達到五、〇〇〇億元人民幣，將像過去一樣，在全球性榜單上把一批批如雷貫耳的日韓美歐大廠甩在後面，超越現在的東芝，緊追SONY。

四大核心競爭力

第一，模具IT化。富士康因為有二十四小時輪班制，與模具資料庫化相輔相成，只要一星期就能將模具批量生產，但是同業需要一個月。富士康用人海接力賽戰術，讓模具的研發生產二十四小時不間斷，甚至在中國大陸成立了三所精密模具職業培訓學校，一年培養二、〇〇〇名左右的技術人員，學生經過一年的模具設計與製造訓練，只要畢業考試合格，就直接送入「戰場」——富士康位於中國大陸各地的工廠。

第二，零件內製化。以價格取勝的祕訣就在於零件內製化。以偉創力（Flextronic）為例，出貨額內製率約為一〇％至十五％，但是富士康高達到三〇％，展現了低成本優勢。

第三，交貨速度快。關於速度這一點，富士康絕不會讓客戶失望。從接單到交貨一氣呵成，讓客戶搶得先機。尤其是消費電子產品的生命周期短，能否攻占市場供貨穩定的商品，取決於代工廠的交貨速度。

第四，事業多元化。富士康新近除涉足數位相機、液晶面板之外，還投資生技產業與新材料鎂合金產業。

五個成功祕訣

祕訣一：活用汽車業的 know-how 架構生產線。

不局限於電腦代工，積極爭取訂單。因此，遊戲機、MP3也成為富士康的代工項目——這和以電腦代工為主的廣達與華碩，或以手機、數位相機代工為主的偉創力有很大的不同。

富士康代工PS2（Play Station 2）的時候，由日本協助建立生產線；到了PS3，富士康已有能力自行建構生產線了。富士康除了請來機器製造業的日籍技術人員之外，還活用汽車業生產線的know-how模式，特別是從汽車界挖角，例如富士康總經理戴豐樹，就是郭台銘親自從汽車零件大廠AISIN精機公司挖過來的。

祕訣二：所需材料、零件、軟體，都通過垂直整合內製。

富士康代工所需要的零件幾乎全都內製化，包括軟體都能內製，同時併購「奇美通訊」以建立內製化軟體研發與資訊流。垂直整合，連材料都自行生產，讓富士康成為世界第一代工企業。

富士康超越了一般電子代工企業的經營範圍，除了零件研發之外，研發重點向上游延伸，包括鏡頭等光學儀器的製造技術、汽車零件的製造技術、生產線的無人化技術，都是其未來內製化的重點。

祕訣三：模具設計力與速度優勢。

富士康從生產樹脂的塑膠組件起家，對於模具的開發，具有深厚的基礎，其於二〇〇〇年在東京成立的關係企業Fine Tech公司，由對於精密模具與鑄型相當有研究的東京大學名譽教授中川威雄管理。

手機的塑膠框體射出成型用的金屬模具，富士康一星期就能交貨，金屬框體的金屬模具十天就能交貨，最快的甚至三天就交貨，同業望塵莫及。資料庫的支持也是富士康具有模具優勢的原因。郭台銘表示，模具不受景氣影響，掌握模具生產速度就是掌握前製作業時間。因此，富士康自行開發FRT軟體，讓模具研發與生產可以二十四小時運作。

祕訣四：短期交貨的供應鏈管理。

在富士康的深圳工廠中，有報關人員長駐，使報關手續能夠儘快辦理，由於政府給予富士康報關上的方便，至今，富士康連續五年榮膺中國內地最大出口企業。

祕訣五：郭台銘獨特的領導力。

郭台銘說：「非效率的民主主義，不如合理的集權主義。」這是富士康成功的祕訣所在。大家所熟知的軍事化管理的另一方面，是為員工保有股息配額；輪班制與長時間工作的另一面，則是挖角與廣徵人才，這些亦剛亦柔的做法，都顯現出郭台銘的領導力。

全球代工大王

富士康不僅讓區域內競爭企業敬畏，也讓美國公司沮喪。

在全球代工領域，富士康的競爭對手是總部設在美國的偉創力（Flextronics），和美商旭電（Solectron）。過去，偉創力和美商旭電都號稱全球最大的電子產品製造商。但二〇〇四年，全球代工大王已經移位富士康。

二〇〇四年，不論在大陸還是在臺灣，富士康的尾牙年會都舉辦得格外隆重。文藝演出，中獎面寬的現金摸獎，幾十輛BMW、賓士被作為抽獎節目的壓軸戲，另外，還有上百萬的現金大獎。上臺演講的郭台銘更是意氣風發。

郭台銘為何如此開心？這麼高興？

臺灣媒體一則名為《鴻海哥幹掉偉創力：郭叔很高興，後果很嚴重！》的報導，或許可一窺郭台銘的心跡。

「大陸電子業界的首富是誰？相信只有天知道！因為，真正的大佬都做潛水狀。那麼，臺灣電子業界的首富是誰？相信誰都知道，郭大老闆！

「二〇〇四年度，鴻海集團表現極度出色，據外資機構預估，其每股純益上看九塊，穩居臺灣電子五強之冠。由此，鴻海老董郭台銘身價再度暴漲，由二〇〇三年的七七六億元新臺幣增至七八七億元新臺幣，這個數量級與廣達林百里的二三二億元新臺幣、華碩施崇棠的一〇〇億元新臺幣、聯發科蔡明介的五十七億元新臺幣、威盛王雪紅的二十一億元新臺幣相比，真是一條名副其實的『大鯨魚』。

「事實上，最令郭大叔感到揚眉吐氣的不是自己的持股身價，而是鴻海集團首度擊敗偉創力，提前達成全球頭號EMS專業代工廠的目標！

「據統計，鴻海集團二〇〇四年度營收達四、一二三億元新臺幣，較二〇〇三年度的三、二七九億元新臺幣成長二十六％，若合計其擬於二〇〇五年一月於香港H股掛牌的FIH手機事業群一、〇〇〇億元新臺幣及鴻準、廣宇、首利等子公司的營收，鴻海集團二〇〇四年度全年營收突破五、六〇〇億元新臺幣大關，不但突破電子業界營收五、〇〇〇億元新臺幣的『天險』，也首次超越全球EMS第一大廠偉創力（營收四、七〇〇億元新臺幣），一躍成為EMS領域全球第一。」

這是一場巨人間的較量。

富士康、偉創力、美商旭電在深圳都設有工廠，並且都在深圳寶安。深圳成為三巨頭角力的一個戰場。

首先敗下陣來的是美商旭電。二〇〇四年其全球裁員的消息震驚業界。由於受到銷售不佳、業務需求大幅下滑的影響，美商旭電精簡全球共八、二〇〇名員工，同時調降財測。美商旭電董事長西村表示，在無法維持原有聘僱水準的前提下，裁員是遺憾且必然的措施。美商旭電除調降第三、第四季度財測外，裁員八、二〇〇人，約占全球總員工數七九、〇〇〇人的一〇%。

偉創力同樣懾於富士康的追趕。二〇〇四年六月，偉創力首席執行官馬克斯旋風般訪問臺灣，接受媒體採訪時，他一再強調偉創力在手機製造方面的優勢。他表示，偉創力在全球有二、五〇〇名手機研發人員，每年投資五億美元擴充實力：其中一．五億美元花在機構零組件上，一．五億美元投在「全球運籌」上，其他則花在「增加產能」上。

馬克斯試圖阻截富士康在進入不久的手機代工領域的成長。

偉創力的公司總部設在美國，是一家為科技公司提供運營服務的全球性電子製造EMS服務供應商，在五大洲二十九個國家及地區開設有設計、工程、製造和物流等業務服務。公司擁有大約九五、〇〇〇名員工，二〇〇三財年的總收入為一三四億美元。偉創力作為曾經排名世界第一的

EMS供應商，能夠為客戶提供端到端的服務，包括創新產品設計、測試方案、製造、IT專業技術以及物流服務。

無可奈何的是，二〇〇四年，偉創力終於失去了全球電子產品代工的第一把交椅，富士康坐上了全球代工大王的寶座。

壓倒韓國競爭對手

二〇〇五年，富士康業績顯赫，各項排名名壓群芳。

二〇〇五年，臺灣各大電子廠商營收陸續公布後，電子五哥排名落定。

鴻海精密初估非合併營收可望以六、五〇〇億至六、六〇〇億元新臺幣，穩居第一；廣達則以四、〇三二億元居次；華碩初估約在三、五〇〇億元，緊追其後；仁寶以二、二〇九億元排第四；明基則在一、五〇〇億元左右。而品牌大廠宏碁合併營收突破三、〇〇〇億，以三、一六八億元可擠入前四名。

展望二〇〇六年度，其中鴻海、廣達進入內定的「天險」數字，法人預估鴻海非合併營收上看九、〇〇〇億元新臺幣，合併營收上看一．二兆元，是第一家突破兆元大關的大廠。廣達則在NB的大成長下，可望突破五、五〇〇億元大關；華碩挑戰五、〇〇〇億元關卡；仁寶則有機會挑戰三、〇〇〇億元大關；明基在合併西門子之後，合併營收將出現大躍升。

臺灣和韓國同為亞洲四小龍。有一個時期，臺灣超過韓國，但近幾年韓國超過了臺灣。但在企業方面，富士康卻讓臺灣企業界揚眉吐氣。二〇〇五年，富士康營收超過了韓國的主要競爭企業。

美國《商業周刊》自一九八八年以來每年都舉行一次「全球ＩＴ百強排名」評選。二〇〇三年，富士康排名第八；二〇〇四年排名第四；二〇〇五年一躍成為「全球ＩＴ百強」第二名。富士康是「全球ＩＴ百強」榜推出以來，唯一連續九年上榜的華人ＩＴ企業。

二〇〇五年，美國《商業周刊》公布全球百強ＩＴ企業排行，其中由拉丁美洲重量級的電信業者America Movil奪得冠軍，排名第二至第五名的分別為富士康、ＬＧ、Google及三星。第六、第七名分別為蘋果和戴爾。數家具分量的知名ＩＴ業者受到價格競爭壓力及市場需求下滑等因素的影響，二〇〇五年均榜上無名，其中包括超微（AMD）、eBay等大企業。

國內企業之首

如果和國內電子資訊企業比較，我們可以更清晰、準確地瞭解富士康的規模。

二〇〇四年，富士康的合併營收為五、六〇〇億元新臺幣，二〇〇五年比上年成長六十三%，即九、一二八億元新臺幣，約合二、二八二億元人民幣，二八五億美元。

二〇〇五年，中國電子資訊百強企業排名，聯想奪得第一名，它在收購IBM的ＰＣ部門後，銷售收入為一、〇八二億元人民幣。

深圳華為被公認為最成功的科技企業。華為和富士康都是一九八八年在深圳設廠的，現在兩家企業比鄰，中間只隔了一條梅觀公路。二〇〇五年，華為在中國電子資訊百強企業中排名第五，年銷售收入四六九億元人民幣。

二〇〇六年，富士康成長勁頭不減，僅富士康精密營收就達到三三〇億美元，其他子公司加起來，合併營收超過五〇〇億美元。如果加上關係企業，營收更高。

二〇〇三年，國家統計局公布的「中國企業一、〇〇〇強」中，富士康名列第三，緊跟在大慶油田和江蘇省電力公司之後。而入選的富士康僅僅是其深圳公司，即富士康精密。像中國一汽、上海大眾、寶鋼這些國內大企業都排在富士康之後。

二〇〇六年公布的二〇〇五年「中國企業一、〇〇〇強」，富士康沒有參與評選。第一名是寶鋼集團，銷售收入一、七六一億元人民幣，聯想名列第六。如果富士康參加這次評選，相信會高居榜首。

另一個對比標竿是，國家商務部的「中國大陸出口二〇〇強」，從二〇〇二年起，富士康連年奪冠。

如果要建立一個國際標竿，二〇〇四年的世界五〇〇強企業排名中，富士康名列第三七一位；二〇〇五年名列第二〇六位，前進了六十五位；二〇〇六年名列第一五四位，前進了五十二位。

全球員工超過五十萬人

「一家企業相當於一座中等城市」，這是二〇〇六年四月二十七日《深圳商報》一篇關於富士康的報導的標題。

深圳龍華，過去是一個鄉鎮，現在叫辦事處，但它的規模差不多相當於內地一個中等地級城市。而富士康則占據了龍華近一半的面積。

英國《星期日郵報》記者在關於「iPod之城」的報導中寫道：「富士康深圳龍華工廠擁有二十萬名員工，這座『iPod之城』的人數比英國紐卡斯爾的總人口還要多。」

二〇〇七年年初，富士康高層披露出來的數字是富士康大陸員工達到四十五萬人。龍華之外，在深圳的西鄉、黃田、觀瀾、福永、沙井，富士康也有工廠，富士康在深圳的員工總數已經達到三十三萬人；而廿世紀九〇年代中期後從深圳遷徙的第二個落腳點昆山，富士康員工也已達六萬人；近幾年分流到山東煙臺、山西晉城、廣東惠州等地的員工總數也已達到七萬人。

二〇〇七年以來，富士康仍然大舉招兵買馬，在海內外進行擴張。年初，深圳龍華基地一次抽調幹部三、〇〇〇人支援煙臺基地，而籌備多時的兩個越南工廠也於五月一日開工，開工時員工人數達到兩萬。

一九九七年年底，富士康達到一七、〇〇〇名員工。郭台銘說，十年後，富士康的員工可能會達到三萬人。而事實是，十年後的現在，富士康的員工比他當年想像的超出了十多倍甚至是二十倍。

富士康自一九八八年投資大陸以來，不斷擴充與完善布局，如今已創建了二十大科技園，主要分布在大陸經濟最活躍的華南、華東、華中、華北、東北等地區。其中稍早建立的八大科技園分別為：

深圳龍華科技園：一九九六年六月六日啟用。全球最大的電腦準系統製造和系統組裝生產基地，國內最大的電腦、遊戲機、伺服器、主機版、網路配件、光通訊組件、液晶顯示器、精密模具等的綜合生產基地。躋身二〇〇三年度中國第三大工業企業的鴻富錦公司就坐落在這裡。

江蘇昆山科技園：一九九三年開幕，一九九五年啟用。一九九八年起穩居全球個人電腦連接器第一大廠。

杭州錢塘科技園：二〇〇三年三月啟用。融研發、設計與生產為一體的無線通訊產業基地。主要生產小靈通手機。

北京科技園區：二〇〇〇年開建，二〇〇二年投入運營。集團全球天線通訊事業總部，有效整合集團華南、華東地區的零組件製造能力，向客戶提供從關鍵零組件到系統組裝的全方位製造與客戶服務。

山西太原科技園：二〇〇三年十月開建，二〇〇四年五月首期工程啟用。是山西最大的引進外資項目，重點發展３Ｃ產品機構件、合金材料、精密模具、汽車零部件等產品。

煙臺科技園：二〇〇四年開始進行投資設廠之前置籌備工作，現已建成山東半島最大的3C科技產業基地，目前已有數萬名員工。

山西晉城工業園：由一九九四年創辦的模具人才培訓中心發展而來。集團模具基礎人才培養基地之一，模具製造、3C產品機構件、光通訊元件生產基地。

上海松江科技園：集團大陸重要研發製造基地，主力耕耘PC產品和網路產品的機構件、半導體設備等。

二〇〇五年以來，富士康又在武漢、淮安、遼寧、河北投鉅資建設生產基地。另外，富士康在美國、捷克、匈牙利、芬蘭、墨西哥、巴西、印度、越南等國家也建有上千人的工廠。

科技成果層出不窮

「這個鏡片的材質並沒有特別之處，但它的加工精密度卻是奈米級的，光潔度誤差要小於五奈米，一根頭髮絲的直徑是八萬奈米，也就是說誤差要小於頭髮絲的二萬分之一。」

二〇〇六年十月，深圳第八屆高交會上，富士康李軍旗博士手中舉著一片小小的手機相機鏡片，向人們介紹他負責研製的SGT衝奈米級超精密加工機。

千萬不要小看這臺奈米加工機，鏡面光潔度誤差小於頭髮絲的二萬分之一，打破的是日企技術壟斷的局面。

中國已經取代日本成為全球彩色電視機製造大國，但是留意一下就會看到，數位相機、印表機、傳真機、影印機這些辦公自動化設備有九十七%以上由日本企業生產。佳能、理光、愛普生、富士施樂、奧林帕斯等企業也在中國深圳等地設有生產基地，但都是日本獨資企業。原因之一就是中國加工的精密度還不夠，不能生產高精密度光電元件。

生產鏡片要先做模具，只有模具達到精密度要求，生產出的鏡片才能達到技術要求。SGT衝超級磨、車、削奈米級儀器就是製造鏡片的奈米級模具的專用設備。這種設備，全球沒有幾家公司能夠生產，對中國是進行技術封鎖的，這才使得精密光學元件大多掌握在日本公司手中。比如數位相機鏡頭的最大廠商就是日本的HOYA公司。

李軍旗介紹，奈米級模具製造技術最早起源於美國的阿波羅登月計劃，後來日本在民用領域率先使用，使得影印機、印表機、傳真機、數位相機等光機電一體化產品迅速普及。富士康採取軟硬集成，材料、加工、測量、控制技術系統取優的方法，在較短的時間內研製開發出SGT衝超級磨、車、削奈米級儀器，占據了光機電一體化產品技術和製造的制高點。

富士康已經將奈米級模具廣泛應用在數位相機、印表機、傳真機、影印機、掃瞄器、手機、汽車、醫療設備、鏡頭鏡片、鏡頭球面、傳感器、DVD讀取器、濾波器等光機電一體化產品領域。

本屆高交會，富士康重點向外界呈現企業所搭建的三大平臺——科技創新的平臺、產學研合作的平臺和跨領域科技整合的平臺。其展館主要分為「機器人與精密機械」、「半導體熱傳導技術與能源」、「先進奈米級製造技術」、「數位家庭多媒體」、「未來奈米技術」、「先進生產力」以及「知識產權成果展示」等七大展區。

通過展覽，人們瞭解到富士康鮮為人知的科技成果。

一九九五年，富士康的專利申請量為二七〇件，專利核准量為一六〇件。截至二〇〇六年九月三十日，富士康全球累計專利申請量達到三二、四〇〇件，核准量一七、二五〇件。不到十一年間，專利申請量成長一一八倍，核准量成長一〇八倍。

二〇〇六年四月被全球頂級專利品質評鑑機構（IPIQ）專利積分卡評定為全球電子與儀器領域專利前三強。

在全球華人企業當中，富士康的專利申請和核准量也都名列第一。

二〇〇五年，富士康獲大陸專利申請量第二名，專利核准量第一名，獲臺灣地區專利申請量和核准量雙料冠軍。

富士康以做電腦連接器起家，連接器專利已經累計達到八、〇〇〇餘件。近年來，在一些新興科技領域的專利也有了大量積累。熱傳導二、六〇〇件，奈米技術六〇〇件，網路通信四〇〇件，無線通信一、二〇〇件，平面顯示三、〇〇〇件，鏡頭模組九〇〇件，在3C領域也有大量的專利積累。

富士康高層感嘆說：「有人質疑，深圳實乃貿易、房地產和加工工業的繁榮之城，其他別無所長；更有人質疑，富士康乃加工工業的代表企業，其他勝長無多。此論之見偏與識謬，誠非三言兩語可以導正，十年前的眼光看不透十年後的景觀，是正常不過的事情，而今日深圳和今日富士康的景觀，若非其建設事業的親歷者，不會有深切的感知。」

富士康做大做強，並不僅僅依靠大陸勞動力的低成本、靠拚勞動資本的優勢所得，而是靠高科技的提升。富士康不僅是製造的富士康，也是高科技的富士康。

令人瞠目結舌的高速度

仰頭看著富士康的銷售收入每年直線上揚，確實讓許多企業家瞠目結舌。人們無法想像，富士康為什麼會保持這麼長時間的高成長速度。

一九七四年，二十四歲的郭台銘在臺北縣建設局登記成立了「鴻海塑料企業有限公司」。折合人民幣七．五萬元的資本額中，二．五萬元是他的母親給的。三十年後，郭台銘成了臺灣首富。

富士康的三十年，可以分為六個階段：

第一階段：一九七四至一九八四年，生存階段。苦苦掙扎，求的是生存，並沒有什麼建樹，年銷售收入不超過億元人民幣。

第二階段：一九八四至一九九五年，專注產品階段。掌握產品核心技術，建立專利系統，突出關鍵零部件的研發。銷售收入穩定在每年十億元人民幣左右，一九九五年，營銷收入達到二十五億元人民幣。

第三階段：一九九六至一九九八年，產品逆向整合階段。一地設計，臺灣、大陸兩地製造，亞洲、歐洲、美洲三區交貨。一九九八年銷售收入達到一二五億元人民幣，差不多每年都翻一番。

第四階段：一九九九至二〇〇一年，產品橫向整合階段。一地設計，三區製造，全球交貨。銷售收入突破五〇〇億元人民幣。三年中成長率達到一〇〇%。

第五階段：二〇〇二至二〇〇三年，產品多元整合階段。兩地設計，三區製造，全球彈性交貨。兩年中，銷售收入從五〇〇億元人民幣到超過一、〇〇〇億元人民幣，也是成倍成長。

第六階段：二〇〇四年至今，競爭力全面提升階段。兩地研發，三區設計製造，全球組裝交貨。二〇〇五年，成長率仍然保持了六十三%的高速度。

富士康的高速成長是在最近這十年，從一九九五年的二五億元人民幣到二〇〇六年的四、〇〇〇億元人民幣，年銷售收入成長了一〇〇多倍。平均每年成長率在五〇%以上。

世界上恐怕還沒有一個大企業能保持如此長時間的高速度成長。

富士康十大事業群架構

（單位：元新臺幣）

事業群名稱	銷售規模	負責人	主要產品	主要客戶
富士康國際（FIH）	三、〇〇〇億	戴豐樹	手機	諾基亞、摩托羅拉
消費電子（CCPBG）	二、〇〇〇億	戴正吳	遊戲機、筆記型電腦	SONY、任天堂
通訊網路（CNSBG）	一、〇〇〇億	李光陸、呂芳銘	網路相關產品	思科、北電
個人電腦周邊（PCEBG）	二、〇〇〇億	郭台成、鐘依文	主機板、機構件	各大通路商
數位產品（IDPBG）	五〇〇億	蔣浩良	PC及數位家電產品	蘋果
鴻準（SHZBG）	五〇〇億	徐牧基	模具組個具	各大零組件供應商
資訊系統整合及服務產品（CMMSG）	三、〇〇〇億	簡宜彬	PC系統組裝	惠普、戴爾等
群創顯示器（MOEBG）	二、〇〇〇億	莊宏仁、黃修權、段行健	液晶面板及組裝	品牌及系統大廠
電腦、網路通訊連接器（NWING）	一、〇〇〇億	盧松青、程天縱、游象富	連接器	各大PC及筆記型電腦、電腦系統商
光電產品（MOEBG）	一、五〇〇億	黃震智	數位相機及鏡頭	系統商、通路商

資料來源：臺灣《天下》雜誌二〇〇七年五月刊。

第二章　創業：「四千年前注定的成功」

「阿里山上的神木之所以大，四千年前種子掉到土裡時就決定了，絕不是四千年後才知道的。」這是郭台銘的話。

全球代工大王來自何方？把鏡頭拉回到三十年前，富士康不過是臺灣一家十幾個人的小工廠。那麼它近十年的成長力來自哪裡？默默無聞的前二十年它又做了些什麼？

七．五萬元起家

華為總裁任正非有一篇流傳很廣的文章《我的父親母親》。任正非說到最困難的三年自然災害：「我們家當時是每餐實行嚴格分飯制，控制所有人欲望的配給制，保證人人都能活下來。不是這樣，總會有一兩個弟妹活不到今天。我真正能理解活下去這句話的含義。」「我高三快高考時，有時在家復習功課，實在餓得受不了了，就用米糠和菜和一下，烙著吃，被爸爸碰上幾次，他心疼了。其實那時我家窮得連一個可上鎖的櫃子都沒有，糧食是用瓦缸裝著的，我也不敢去隨便抓一把，否則也會有一兩個弟妹活不到今天。後三個月，媽媽經常早上塞給我一個小小的玉米餅，要我安心復習功課。我能考上大學，小玉米餅功勞巨大。」

大陸第一代創業者，即使今天身價再多，談及父母，都會有一種與任正非相同的感恩之情。「我當年創業的錢，是我母親標會來的十萬塊錢。」每每提起他的母親，一米八個頭的北方大漢郭台銘總會露出難得的溫柔。

因此，郭台銘在富士康大講「感恩文化」。

郭台銘祖籍山西晉城，父親叫郭齡瑞，母親初永真是山東煙臺人。一九四九年，國民黨退守臺灣，在軍隊當兵的郭齡瑞攜家眷來到臺灣。作為第一代外省人，郭家的生活不但不安定，甚至頗為艱難。郭台銘兄弟姐妹四個，全家六口人的生活全靠當警察的父親的薪水維持。所幸郭台銘頭腦聰明，而且很能吃苦，在學校是孩子王。郭台銘點子多，說服大家富有煽動性，被同學們稱做「鍋蓋」。他在家裡對弟妹也有號召力，從很小的時候起，郭台銘就帶著弟弟半工半讀，每年暑假都會打工，賺取下學年的學費。

一九七四年，二十四歲的郭台銘在部隊服完役，正要開始做事，尋找機會，有個熟悉外貿公司的同學，打聽到有一筆塑料零件訂單，正在找公司承接。於是，郭台銘就和幾個朋友商量辦廠，把這筆訂單接下來。郭台銘到臺北縣建設局登記註冊了「鴻海塑料企業有限公司」，註冊資本七．五萬元人民幣，是大家湊的。郭台銘當時剛從部隊回來，沒有什麼錢，他的二．五萬元是母親標會得來的。

但是公司開得並不順利，經營非常困難，第二年，合夥的朋友決定撤資不幹了。於是郭台銘又向岳父借了一七．五萬元，硬是把工廠頂了下來，公司也登記更名為「鴻海工業有限公司」。

相信三十年前，母親和岳父出資支持郭台銘創業，既是出於親情，也是因為看到郭台銘是一個做事業的人。當時女兒林淑如堅持要嫁給郭台銘，岳父認為門不當戶不對，並不願意接受這門親事，但是，他對郭台銘的能力還是認可的，因此，才借錢支持他。

或許，當年那些撤資的朋友，看到今天郭台銘成為臺灣首富，鴻海成為全球代工大王，心裡一定追悔莫及。

一頭扎進製造業

近年來，企業界出現了一種企業DNA的理論。DNA是所有生物遺傳的物質基礎。生物體親子間的相似性和繼承性，也就是所謂的遺傳資訊都貯存在DNA分子中。企業的「DNA」是一個企業區別於另一個企業的本質，是企業在變化的市場中基本不變的核心。當然，DNA是與生俱來的，在公司最初的行動中表現出來，並影響到以後的行動。

因此，我們可以通過分析郭台銘創業初期的軌跡，來理清富士康後來走向成功的那些最基本的因素。

其實，郭台銘完全可以有不同的生活和道路。創業之前，郭台銘以中國海事專科學校航運管理科畢業的背景，進入當時臺灣前三強的船務公司復興航運，在當時有「臺灣華爾街」之稱的館前路上班，擔任排期及押匯工作，每天穿襯衫打領帶，也就是今天的「白領」。當時正趕上美國對臺灣的紡織品實行配額管理，下一年的配額要由前一年的輸出量來決定，而輸出的額度就要看船期的安排，船期愈多，意味著明年的生意更大。因此，當時的航運公司掌握著許多紡織公司的命脈。郭台銘的工作就是負責船期的規劃，是一個很吃香的差使，幾乎每天中午都有人請他吃飯。

但郭台銘沒有流連於這種風光的生活中，而是選擇了自己創業。按理說，有了在航運公司一年的經驗，郭台銘應該深知海外貿易一轉手就可以賺錢的奧妙，即使是去創業，也應該進入自己熟悉的外貿行業。但是，郭台銘看到的是貿易背後的東西：幾乎所有的貿易產品，不是工業品，就是農產品。生產才是根本，才能帶動服務業。因此，他決心去開工廠。

即使是開公司，也會有各種各樣的誘惑，也不一定非要進入製造業。這種誘惑就曾出現在郭台銘的面前。

一九七七年，鴻海的資本額增加到五十萬元人民幣，他準備投資模具機器，蓋一間屬於自己的模具廠。

這五十萬元來得相當不容易。創業初期，每月出貨的塑料成品加工值約一萬元，全年營業額一二．五萬元，當時的十五名員工就擠在租來的八十三平方米的廠房裡工作，就像現在深圳出租屋裡的那些遍地都是的小作坊，並且還是最差的。特別是經歷了全球第一次石油危機，原料價格大幅度上揚，景氣下降，經營困難，公司處於嚴重的不穩定之中。

這時候，有一個機會降臨了。

正當郭台銘籌集資金建模具廠的時候，一個土地掮客找上門來，向他兜售一塊地。那是一塊在土城永福宮後面的土地，一平方米才賣二九〇元人民幣。那是廿世紀七〇年代末期，臺灣土地開始進入狂飆的年代。如果抓住這次機遇，郭台銘就有可能進入房地產業了。另外，當時製造業開始起飛，原料也很短缺，有的工廠老闆乾脆拿錢買原料，囤積起來牟利。

這時郭台銘開始猶豫，到底要把這第一筆錢拿去蓋模具廠、買土地，還是買原料來囤積？如果從賺錢快和多的角度去想，買土地和屯積原料，都好過蓋模具廠。

「當我以一個工業經營者的心態做出決定時，就開始看得比較長遠，想把公司的基礎打好。」郭台銘作為經營者的心態和理念，直接決定了企業的成長模式。

郭台銘最後還是決定把第一筆資金用來打造自己的塑料模具廠。然而，不到半年時間，永福宮後面的那塊地漲了三倍，而原料價格也大幅上揚。「我的塑料模具廠才剛剛開始建立，設備是新的，工作人員也是新的，我還記得有一次機器裝不起來，大家都相對無言。」郭台銘說。

有人可能說，郭台銘完全應該先抓住買土地的機遇，大賺一把，然後再回來建工廠。其實，製造業的人都清楚，如果當時郭台銘一猶豫，去買了土地，就再也不可能回到製造業來了，也就不會有今天的富士康了。

對此郭台銘認為，當一個創業者做出重大投資決定後，就不要去理會土地市場、股票市場、外匯市場的變化，如果沒有一股埋頭向前的衝勁，必會產生心理不平衡的現象。「一個企業的創業者，一定要具備不受外界干擾的傻勁。」

在郭台銘眼中，外在環境讓許多人的價值觀產生混淆，無法分辨是非。當時有相當多工廠不肯專注於追求本身的專業技術和產業領域的提升，反而從事炒地皮和股票買賣等投機行為，或許這樣賺錢比較快，也比較輕鬆。反觀投入工業所要花費的精神和心力，要比玩金錢遊戲辛苦數倍，甚至數十倍，而且這樣的投入和產出回報還未必成比例。

製造業是工業的根本，是基礎。但要想在製造業裡扎根，必須耐得住寂寞，經得住誘惑。富士康在前十年打拚得非常艱苦，如果沒有這種扎根精神，是堅持不下去的。

三頭六臂，親力親為

現在，我們可以說，郭台銘就是改變世界製造業格局的人。但是，他能在製造業中發揮作用，就因為他在早期的創業中，親力親為、親身體驗，洞悉了製造業的奧祕之所在。

機械業是最早的工業，也是最成熟的工業，要從中看到問題，必須是具備慧眼之人。郭台銘就有這種天分。光有這種天分還不行，他必須走進那種具體的環境、接觸那種氛圍，並融化其中，才能體悟出要害、改變所在。

有一次，一個國際大公司的職業經理人和年輕的郭台銘交談。

經理人：「你有沒有上過面試技巧的課？你如何決定聘用一個人？」

郭：「沒有。我對人有直覺。」

經理人：「你有沒有上過時間管理的課？你怎樣安排你的行程？」

郭：「沒有。我的行程隨著需要安排。」

經理人：「你有沒有學過經營管理領導統馭的課？」

郭：「沒有。」

經理人：「那麼你怎樣管理鴻海？」

郭：「如果有小混混到公司來要保護費，你怎麼辦？」

經理人：「從來沒有想過，不知道怎麼處理，也許去報警吧。」

郭：「如果有員工在工廠的生產線上打架，你怎麼辦？」

經理人：「不知道⋯⋯」

郭：「如果你們有客戶賴帳，貨交了卻收不到錢怎麼辦？」

經理人：「不知道，我們法務部門會告他們吧。」

郭：「如果公司的支票到期，而銀行存款不足，你會趕三點半嗎？」

經理人：「不會。」

郭：「那麼你身為一個總經理，公司是怎樣經營管理的？」

原來，管理公司就是要做一些雜七雜八的事務，與現代管理科學差別很大。而「要害」和

「核心」就在這些不起眼的瑣碎事務之中。有人可能認為，郭台銘的這些心路歷程，敘述的是創業的艱難。而深入探究，卻發現這是他成功的奧祕所在，因為只有在公司的最前線、身處第一現場，才能把握企業的心跳，洞察事物的本質，捕捉到改變企業命運的那個「結」、那個「點」。這就是企業家為什麼要親力親為的根本原因。

顛覆模具行業的陋習

創辦公司的第二年，郭台銘就領悟到了模具的重要性。

一九七六年，鴻海遷至板橋廠房，主要從事「電視機用高壓陽極帽組件」的加工製造。當時電視機還是以黑白為主流，鴻海生產零件用的主要模具，大都是「委外」。

所以郭台銘為了準時交貨，常跑到臺北縣三重市河堤旁大大小小的模具工廠，拜託模具師傅幫他趕工。郭台銘發現，模具業一直實行的師徒傳授制存在相當大的問題：經濟景氣，人們就開工生產，人才流動快、品質不穩定、小廠林立，每個人都想當老闆，而不是技術過硬的模具師。鴻海未來要成長，絕不能依賴這些人。

因為產品的開發和加工速度掌握在模具師的手裡，品質也掌握在他們手裡。這樣不但交貨沒有把握，而且產品品質沒有保證。特別是如果要接一些大廠的產品，結構複雜、精密性要求高，做不好模具是不行的。

「天下沒有最好的辦法，但有更好的辦法。」郭台銘不但有洞察力，能洞悉要害所在，而且善於行動，找到解決問題的具體辦法。掙到第一筆錢，他就決心投資建設自己的模具廠。他從大學招進一批機械系的學生，提出要按照標準化生產流程來開發模具，改變師傅帶徒弟的經驗傳承模式。這就要求那些有經驗的員工公開技術，而這些員工卻認為這是端了他們的飯碗，不但集體抵制，甚至集體辭職，可見改變舊的觀念和模式是多麼困難。郭台銘心一橫，乾脆一律聘請外面剛畢業的學生，全部重新教起。

這樣做，付出的成本是很高的。因為要培養出一個模具師，沒有幾年的磨鍊是不行的。因此，郭台銘的模具廠經營得很辛苦，成本又比別人高。

但是，郭台銘知道，機械行業比的就是模具，只有改變臺灣模具行業的陋習，才能建立起適應現代工業的模具產業，從而全面提高產業競爭力。因此他一再強調，一天不自我累積模具技術，便要受制於人一天。

堅持走自己的路，過了六年，郭台銘才開始收穫改進模具的成果。因為有了自己的塑料模具機器，郭台銘就有能力和大公司合作，也更積極地投入OEM塑料精密零組件。一九七九年，鴻海和大同公司「合作開發」彩色電視用「返馳變壓器」的「高壓線框組線」，其他的OEM產品，還有「美式電話座零組件」等。

瞄準電腦連接器

一九八〇年，郭台銘在日本大阪度過了三十歲的生日。

三十而立，在日本三菱吃過飯，一個人回到旅館後，郭台銘禁不住感慨萬千。那天晚上他到底想到了什麼？他後來披露說，當時他是為了購買模具機器親自到日本去的，參觀了日本人的實驗室，看到日本大廠長期扶持「配合廠商」，教他們開發新零件、做市場計劃，讓小廠在技術、品質和數量方面都成為穩定的「衛星工廠」。而臺灣的大廠對小廠只會殺價，訂單、產量也不穩定，導致大企業做內銷、小企業做外銷的局面，讓小企業在生存線上掙扎。

現在猜測，郭台銘只說出了一半。另一半應該是，日本這種「大雞帶小雞」的辦法，讓小企業處於穩定之中，但也讓小企業安居樂業、不思進取，很難長成大樹，永遠做「衛星工廠」。而臺灣的環境，卻逼使小企業自力更生，奮發圖強，趕超大企業。當然，一切都得靠自己。

從日本回來後，郭台銘就開始了新的布局。當時，鴻海主要生產電視機和收音機的零件，隨著廿世紀八〇年代電視機和收音機廠家的相繼倒閉，鴻海也受到波及。下一步應該選擇什麼產品？電腦連接器進入郭台銘的視野。

郭台銘經常去日本買機器，也對未來的市場趨勢，做了一些細緻的市場調查，他認定，電子遊戲機和電腦是未來的成長主流，特別是個人電腦將有大的發展。

怎樣才能切入電子遊戲機和電腦領域？郭台銘聚焦到連接器上。「我們估算在電腦連接器的製造過程中，鴻海至少有四〇％至五〇％的相同技術。」他鼓勵員工，「從五〇％出發，和從零出發做比較，我們選擇至少已經掌握了一半關鍵技術的連接器。」

郭台銘的「運氣」總算來了。鴻海開發的連接器正好搭上臺灣資訊產業急速成長的好勢頭。一九八一年，IBM推出第一臺個人電腦。此外，當時電子遊戲機風行，鴻海業績頗好，員工擴增到三〇〇人，資本額從一九八二年的四〇〇萬元人民幣，一下子增加到了一九八三年的一、一五〇萬元人民幣，成長了兩倍多。

一九八三年，鴻海利用日本進口的新設備，開發完成電腦業使用的電腦連接器，鴻海開始與電腦廠商建立業務關係。這也是鴻海正式進入ＰＣ領域的第一步。

到了一九八五年，鴻海中高層舉行了一次為期兩天的閉門會議，進行競爭策略的規劃研討，研究第一個「五年計劃」。

參與這次會議的有關專家認為，郭台銘非常重視技術開發與專利保護，形成了精密模具的開發技術與專利。雖然電腦連接器只是鴻海產品的一部分，但由於其擁有精密模具的開發技術，讓鴻海面臨許多新的市場機遇，比如生產照相機、家電、機械工具，甚至化妝品所需要的精密零件。而個人電腦已進入萌芽階段，很可能會成為九〇年代成長最快的高科技產品。

兩天的閉門會議使鴻海上下達成共識：專注於個人電腦連接器，主攻世界級電腦客戶，五年內成為世界第一大電腦連接器製造供應商。

也許，當時生產電腦連接器是從掌握五〇％的技術出發的，而以後則顯示連接器在整個電腦製造中的地位愈來愈重要，成為電腦產品的「神經系統」，而富士康則通過「神經系統」把整個電腦連接起來，從而稱霸全球電腦產業。

時任惠普和臺塑合資公司惠臺總經理的程天縱曾經參與了一九八五年鴻海的閉門戰略規劃會。他後來回顧說：「根據我兩天的觀察，這樣的結論與郭台銘對產業的瞭解和對市場趨勢的掌握有著密不可分的關係。從今天鴻海的發展來看，當時的決定極為關鍵。從個人電腦連接器切入電腦機殼，創造出獨一無二的CMM零組件模組動態模式，接著進一步跨入通信網路及遊戲機。當初的第一步如果走錯，是否會有今天的鴻海帝國？」

如果說，五年的模具功夫讓鴻海站了起來，而接下來的五年則讓鴻海看清了正確的方向，專注於電腦連接器使鴻海邁出了第一步。

不惜成本購買好機器

一九八〇年，鴻海進一步擴充中和連城路的工廠來生產家電產品零組件，並且成立了化學電鍍部門。

一九八二年，鴻海終於在土城中山路買下了自己的廠房。這間廠房占地約二、二〇〇平方米，主建築物是四層辦公室和三層廠房，廠房區隔成「沖壓廠」、「模具製造廠」、「電鍍廠」、「插座接頭零件裝配廠」、「D型電腦連接器裝配廠」及「倉庫」和「餐廳」等。不過，廠房面積不夠大，射出成型還要在外面另行租廠房。

除了擴建廠房，郭台銘還盡力購買國外最好的設備。一九七九年，郭台銘就認識了美國最大的遊戲機公司亞泰瑞公司的採購人員方國健。亞泰瑞是鴻海的第一個海外客戶，郭台銘一直想跳過代理商和亞泰瑞直接做生意，但這要冒得罪中間商的危險。有一次郭台銘聲稱：「我有『祕密武器』，能把產品成本一舉大幅下降到『嚇死人』的地步。」後來有一天，郭台銘神祕兮兮地把方國健他們帶到板橋廠二樓，向他們展示了一臺圓形機器，它利用震動來推動螺旋軌道上的頂針，並調整為同一方向，然後再落入塑料質連接器的針槽裡，可以省掉用人工一根一根插針的費用，大幅降低生產成本。同時，這種機器還能保證產品品質。就連方國健這樣見過大世面的人，也為鴻海有這樣先進的設備而稱奇。

一九八三年，鴻海購買日本設備，生產電腦業使用的電腦連接器。一九八四年，為了建立金屬電鍍單位，直接從美國引進全自動連接線選擇性鍍金設備和電鍍檢測設備，花費了將近二五〇萬元人民幣，大約是鴻海當時營業額的十分之一。

一九八六年，購買瑞士高速連續沖床，進一步引進日本精密機械製造設備和技術。

一九八七年，鴻海一口氣再投資了二、五〇〇萬元人民幣，買了四十八部第四代電腦自動化伺服塑料射出成型機。當年鴻海的資本額也不過四、五〇〇萬元人民幣，這筆投資超過資本額的一半。接著郭台銘又連續從美國引進自動化裝配生產設備，成立了「自動化研究部門」，進行「連接器前段加工的自動化」和「Cable測試儀器」及「Cable去皮機」的自行開發和製造。

當時鴻海購買的九成設備都是外國設備，而外國設備的價格比本地貨要高出一倍以上，但由於許多零件屬於「高硬度玻璃纖維特殊工程塑料」，所以郭台銘寧願選購更耐磨的機器，而國外機器除了耐磨性佳，也更為精密，壽命也比較長。郭台銘認同「工欲善其事，必先利其器」的道理。

引進海外管理理念

引進國外先進的機器設備，大大提升了鴻海的加工能力，同時，鴻海也在悄悄做著另一件事情——提高管理能力。郭台銘強調：「跆拳道打得好，一定是馬步扎得穩。你知道少林寺和尚武功千變萬化，是過去多少年挑水上山的結果嗎？」

和引進設備相比，提升管理是看不見的慢功夫。郭台銘的辦法是鼓勵員工直接實驗摸索。「學習的方法，就是在工作中學習，學習後工作。」

鴻海提高管理的方法，也是從國外公司引進的。日本的設備好，管理也不錯。一九八八年，鴻海推行了日本的「５Ｓ」管理，在「整理」、「整頓」、「清掃」、「清潔」、「素養」上下工夫。同年還以「色管理表」首度獲得宏碁公司「衛星體系工廠」第二名的成績。

那時候，郭台銘經常借機會找一些國外大公司的高階主管聊天，向他們請教企業管理的思維方式以及外國公司的運作體系，常常一聊就是幾個小時，表現出一副求學若渴的態度。

鴻海也重視引進國外的現代管理手段。例如，與美國迪吉多和麥克唐納公司簽約引進了CAD／CAM軟體系統，用來進行管理和成本控制，降低生產成本。

當然，最重要的還是大力投資培訓員工，提高員工素質。例如一九八七年，鴻海公司支出二一九萬元人民幣作為教育訓練總經費，占總營業額的一．六七％。也在這一年，員工總人數為一、○○○人的鴻海派到國外受訓研習的幹部即超過二○○人次。一九八八年，由於員工教育訓練方面的優異成績，鴻海還獲得了臺灣工業總會頒發的「教育訓練績優廠商獎」。郭台銘認為：「訓練工作是公司成長最主要的基礎。」

一九八八年，鴻海員工人數達到一、○○○人，營業額正式突破二．五億元人民幣。這一年鴻海第一次設立「世界級企業」的目標。這時鴻海經過了十多年的淬鍊，已不再是當年那家擔心撐不過明年的小公司了。

一九八九年，鴻海繼續獲得神達電腦「免檢入庫合格」的供貨商資格，以及宏碁頒發的「優良協力廠商」獎。這一年，郭台銘對內公布了「二十二職等」的晉升管道，稱做「職務系統前程規劃制度」，強調借著人事公平、公開原則，讓員工瞭解自己在公司內的職務晉升之道、預知自己前程，同時，也借著這項前程規劃制度，瞭解公司的發展目標。這也是鴻海內部走向制度化的最重要一步。

鴻海的管理日新月異，逐年提升。

臺灣交通銀行雪中送炭

中小企業遇到的困難中肯定少不了資金的困難。

「我想任何企業的經營，都會有順境，也都會有逆境。在逆境時，尤其需要銀行服務……如果經營不好，不一定是公司經營方法不對，有可能是時機不好，所以我們更希望銀行瞭解企業的困難，提供資訊、加強聯繫、協助企業渡過難關。」這是郭台銘早年接受媒體採訪時說的一段話。由於中小企業資源不多，申請貸款困難是一個普遍的現象。

多少年以後，郭台銘還記得最早銀行給他支票，是一次發十張，用完再發。而郭台銘常對外界講的笑話是，當年臺灣還實行《票據法》，小企業退票，老闆要坐牢。於是有些老闆在登記註冊企業時，就把負責人的名字寫成老闆娘的。一旦出了事，老闆娘去坐牢，老闆在外面繼續張羅生意。而對鴻海之所以設在土城，郭台銘開玩笑說，是因為離當時專門關票據犯的「土城看守所」很近，萬一他因為鴻海退票被抓去坐牢，家裡探監方便，他也可以順便交代公司業務。

中小企業貸款困難，也就會對支持自己的銀行念念不忘，感恩不斷。鴻海到大陸投資以後，臺灣金融界要抽公司的銀根，郭台銘索性只留下臺灣交通銀行，其他的貸款項目都轉向海外銀行。因為臺灣交通銀行是最早支持郭台銘的銀行。

一九七九年以前，鴻海擁有的「廠房」只不過是租來的兩間小店面，根本不敢奢望走進交銀的大門申請貸款。一九八一年，臺灣交通銀行成立了中小企業服務處，開始扶持中小企業。郭台銘便抱著試一試的態度，找到當時中小企業處的楊襄理，沒想到楊襄理不但耐心聽完郭台銘的說明，還親自參觀工廠。楊襄理看到鴻海的模具做得比別人小而精密，於是很快就核准了郭台銘的貸款申請。

一九八六年，郭台銘接到大量訂單，需要擴廠，於是再次向臺灣交通銀行申請貸款。當時第一線經辦人員要求鴻海提供更詳細的資料，而郭台銘希望能親自和張天林經理做簡報、向他介紹鴻海的計劃。張天林人很嚴肅，提的問題也很尖銳。彙報完了，張天林說一星期會有回音，結果四、五天就核准了。

這是一筆很關鍵的貸款，用這筆資金，工廠從六、六〇〇平方米擴增到一三、二〇〇平方米。當時整個投資金額是一．七五億元人民幣，因為這個廠整合了電腦生產一貫作業。宏碁董事長施振榮曾評價說：「鴻海不但是全臺灣第一，即便在全球較大的連接器領導廠商中可以與之相提並論的，也不超過十家！」

郭台銘之所以能夠獲得臺灣交通銀行的貨款，主要是因為他的信譽，及每一筆貸款使用的效果都非常好。因此，交通銀行的內部刊物還專門採訪了郭台銘，把鴻海列為銀行的優秀客戶。

郭台銘獲得貸款的另一個原因是，他總能繪聲繪色地描繪出公司的藍圖，打動銀行業務人員的心。並且，他的藍圖總能實現。因此，銀行都願意跟他打交道。

「富士康」出世

「富士康」這個名字出現在一九八五年，也就是鴻海開始邁向第二個十年的時候。

經過了十年的創業，鴻海已經大幅度提升了管理技術，進行了產品轉型，郭台銘一直在考慮一個問題：「如果鴻海做得出精良又便宜的產品，為什麼只能賣給臺灣廠商？既然臺灣廠商也是幫海外大廠代工，鴻海為什麼不直接和海外客戶接觸？」

為此，郭台銘自創品牌「FOXCONN」，以此品牌直接在國外市場進行銷售。「FOXCONN」一詞，「FOX」代表模具Foxcavaty，「CONN」代表連接器。「FOXCONN」體現了鴻海兩方面最有代表性的競爭力。當然，「FOX」也是英文「狐狸」的意思，取這個名字，也喻意著公司像「狐狸」一樣智慧而敏捷。

「FOXCONN」音譯為「富士康」。郭台銘進軍大陸以後，即將公司命名為「富士康科技集團」。

廿年後，「富士康」已經成了世界著名的企業品牌，但人們對「FOXCONN」還是各有各的理解。

二〇〇四年九月，臺灣經濟高層人士何美玥在鴻海土城研發中心動土典禮上說，她終於瞭解鴻海為什麼叫「FOXCONN」了，因為鴻海做的許多產品，別人都不知道，而且布局很深、策略靈活，像狐狸一樣。郭台銘聽後會心一笑，頻頻點頭。

郭台銘自己的解讀是：「聚才乃壯，富士則康。」這是二〇〇四年郭台銘寫的一副春聯，並以此與剛進富士康的大學生們共勉。

郭台銘對鴻海的解釋為：「鴻飛千里，海納百川。」

而一般人則把「富士康」解讀為「財富」的創造者和強有力的競爭者。富士康為招募大學生而印發的宣傳材料上寫道：「掀起你的蓋頭，揭開富士康的神祕面紗。秩序與效率的創造者，財富與夢想的耕耘者，快樂與健康的擁有者。他們為全球6C產業領跑，為二十一世紀中國科技業築夢，他們期待與您同步成長。」

當然，「FOXCONN」品牌的確立，開始是為了直接進行國際行銷。當時鴻海對外採取的是兩階段的營銷策略：第一階段，先和當地的專業廠商結合，以對方的服務網及品牌進入市場，待FOXCONN產品的品質受到當地使用者肯定之後，便進入第二階段，以自創的品牌行銷。為此，「FOXCONN」不但在美國註冊，還同時在其他二十一個國家註冊，這也是鴻海國際化的第一步，並首度成立美國辦事處，加強美國市場銷售網路及掌握資訊。

小企業要想開拓國際市場、創造國際品牌，困難很大，風險也很大。因此，郭台銘鼓勵自己說：「當你決定要做一件事時，一定要有執著、冒險、犯難的精神！」郭台銘還說：「如果能在臺灣開車，就能到全世界開車。」

一九八五年創立「FOXCONN」品牌之後，郭台銘第一次前往美國，並且順利爭取到美國電信客戶的訂單。鴻海邁出了國際化的第一步。

進軍大陸建廠

一九九六年，可以看做是富士康近十年來高速成長的起點。這一年的六月六日，富士康深圳龍華工業園建成使用。從此，龍華成為富士康全球製造總部和運籌中心。

富士康進入大陸是在一九八八年十月，在深圳西鄉崩山腳下開辦了百十來人的工廠，工廠名叫「富士康海洋精密電腦插件廠」，建立了進軍內地的灘頭堡。

現在的富士康在深圳龍華占據了大半個城區，在深圳名氣很大。富士康的員工到市區的餐廳吃飯，只要亮出富士康的名牌，就能得到最大的打折優惠，老闆還會親自出面張羅服務。前些年，如果進出深圳關口忘了帶身分證，一般的人會罰款四〇〇元，而如果自報家門：「我是富士康的」，關口的武警就揚揚手讓過去了。

但是，剛進入內地的時候，富士康太小，也沒有什麼名氣。現在富士康的員工都感覺很牛，而當時的郭台銘卻神氣不起來。有一件小事曾讓富士康的高層至今耿耿於懷。深圳福永有一個碼頭，有一次，郭台銘坐船從碼頭上岸，天正下著雨，司機想把車開到碼頭門前，但站在門口的公安卻不讓靠近，並與司機爭執起來，而且動手動腳，態度蠻橫。大個子的郭台銘上去勸解，並亮出自己的身分，但公安並不理會，仍然動粗，郭台銘也挨了一腳。找他們的領導理論，對方也不予理睬，態度很不好。對這件事，郭台銘非常氣憤，一直寫信反映到北京，直到最後當事人受到了處分才算。

郭台銘進入大陸，冒了很大的風險。但是，他當時看清楚了內地的優勢，做出了明智的選擇和布局。

在廿世紀八〇年代末期，臺灣工人的基本工資已超過每月二、五〇〇元人民幣，而內地的作業員則是每月五〇〇元人民幣，兩者相差約五倍左右。特別是在臺灣有錢也請不到人，而內地工廠的門外，隨時可見打工仔、打工妹排隊找工作，而且這些人年輕，眼明手快。

另一個問題是，廿世紀八〇至九〇年代經濟起飛，臺灣土地價格節節上揚。反觀內地土地廣大，要多少有多少，就怕沒人利用。各地政府為積極招商，除了提供服務，為廠商鋪路整地，優惠政策從「二免三減半」放寬至「五免五減半」，也就是前五年不用交稅，後五年的稅只要一半，而且如果廠商繼續投資，還可以繼續享受優惠，特別是深圳經濟特區是中國改革開放的櫥窗，建設開發熱火朝天。

內地的土地和機會，為郭台銘提供了巨大的舞臺，成為富士康國際化戰略的重要布局。

一九八八年，還只有少數臺商到大陸探路，郭台銘就是其中之一。一九九二年，鄧小平南巡，在深圳發表「南巡講話」。大陸整個經濟開放日趨積極，拓寬吸引外資的步伐，包括寶成集團、台達電集團等臺灣有名的公司都開始到大陸投資。

一九九三年，郭台銘加快在深圳的布局。當時土城的一些臺灣自行車廠也來到深圳龍華，上下游企業集體在龍華買下大片土地。郭台銘也看中了緊靠深圳市區的龍華，當時，那裡是一片荒野，野草長得比人還高。郭台銘站在一個高處，振臂一揮，對當地的政府官員說：「看得見的土地我全要了。」

劃完紅線，就開始建廠，緊接著趕工生產出貨。一九九六年，富士康開始向龍華搬遷，以後每年都有新廠房建成，一直到今天，富士康已經在龍華建成一、四〇〇多畝土地的工業園區，並且還在不斷地買地，還在建設。進軍大陸建廠，成為富士康最重要的轉折，威震世界的「富士康科技集團」就這樣在大陸誕生了。

成功上市

一九九一年，鴻海股票在臺灣上市，是鴻海的又一里程碑事件。不過鴻海的上市也是一波三折。

上市的前兩年，鴻海的資本額已增加到一．一五億元人民幣，FOXCONN還連獲外銷大獎。施振榮在鴻海的《上市說明書》中說：「幾乎臺灣主要的個人電腦廠商都採用其產品，鴻海公司在過去數年的發展，對臺灣電腦工業的成長環境，以及包括宏碁本身的成長過程，都有不可忽視的貢獻。我們需要這種工業在臺灣生根茁壯。」

但是崛起的鴻海準備公開上市時，還是受到了不少黑函攻擊，投訴其海外投資公司的問題。當時鴻海為了投資先進技術，在美國設立公司，有人懷疑鴻海在美國投資的公司，是「假華僑，真避稅」。雖然郭台銘迅速把海外的股權全數買回避嫌，但由於有些股權在美國人手中，所以還是晚了一個月才上市。

最後的上市審查投票結果是七票對六票，鴻海以一票之差過關，非常驚險。一九九一年六月十八日，當時臺灣第一大、亞洲第六大的連接器公司——鴻海以每股約合十一元人民幣的價格掛牌上市。

公司上市，鴻海不僅獲得了市場資金的注入，也推動鴻海走向全球市場。鴻海以上市公司的身分，可以爭取國際一流公司的訂單，最最重要的是，鴻海告別了過去買機器、買廠房的年代，有了股票，鴻海可以真正開始「買人才」，吸引更多工程師，展開接下來十五年的發展。

鴻海上市之前，郭台銘曾信誓旦旦地說：「有了錢，我要去買德國的模具，買日本的精密陶瓷。」但上市後，他做得更多的是吸引人才。

上市，募得大量資金，也讓鴻海度過了一次危機。鴻海上市時，正值波斯灣戰爭石油禁運，臺股大幅震盪，許多公司都撐不下去，也可以想見鴻海上市前三年的大幅度投資，會帶來多少經營負擔。如果上市沒有成功，後果將難以想像。

股票上市，對鴻海的意義是非常重大的，甚至是決定命運的一舉。如果不能上市，不但可能做不大，而且生存也會成為大問題。以致後來，那些在競爭中紛紛敗下陣來的企業，一直耿耿於懷：「要是當初鴻海上市沒有成功就好了，因為鴻海很可能會倒掉，要是沒有鴻海，大家的生意就會很好做了。」

其實，鴻海上市是一種必然，由郭台銘通盤操作的上市，別人是擋不住的，今年不上，明年也會上。

富士康走過的三十多年，前十五年可以說是默默無聞，並不為人關注。上市後又過了五年，鴻海終於發力，直沖雲霄。

《史記》記載：「齊威王之時喜隱，好為淫樂長夜之飲，沈湎不治，委政卿大夫。淳于髡說之以隱曰：『國中有大鳥，止王之庭，三年不蜚又不鳴，不知此鳥何也？』王曰：『此鳥不飛則已，一飛沖天；不鳴則已，一鳴驚人。』」

富士康過去十年的表現，正可謂一飛沖天，一鳴驚人。

毅力、傻勁和智慧

為什麼鴻海能夠成功？它對中小企業，特別是創業者有什麼可借鑑之處？郭台銘自己也有一些告誡。

有一次，郭台銘帶臺灣模具公會到新加坡參加亞洲模協大會，新加坡勞工部長請吃飯，向郭台銘問起臺灣中小企業為什麼會這麼強？為什麼新加坡的中小企業都輔助不起來？郭台銘說：「因為新加坡政府太好了。這就好像一個小孩，一歲的時候就要吃奶，三歲以後除吃奶外還要吃維生素，一切的生長過程都由父母照顧保護，沒有機會受到颳風下雨的鍛鍊。新加坡的工業好像機場旁的兩排大樹，都是從馬來西亞深山裡運來移植的，沒有向下扎根。新加坡沒有颱風，沒有地震，要不然那兩排樹早就倒了。」

郭台銘說，臺灣中小企業要成長，一定要先有個磨鍊的環境。第一，政府效率一定很差，沒有輔導，只有找麻煩；第二，沒有金融資源，只有退票坐牢；第三，政府把所有資源都用來照顧大企業、國營企業；第四，護照在海外沒有用。

在艱苦的環境中，中小企業如何靠自己的力量打拚壯大？郭台銘講了三點：毅力、傻勁和智慧。對此，《數位時代》雜誌的張殿文先生對郭台銘的觀點進行了總結：

毅力：經營企業，許多外在環境因素變化得太快太大，以自己有限的經歷和能力要應付日常各種變化，是非常辛苦的。尤其是中小企業所能夠控制的資源相當有限，幕僚群也有限，本身的基礎相當薄弱，因此，面對外界資訊與經濟情況的變化，經營者必須隨時有能力去應付、接受這些突如其來的衝擊，所以郭台銘認為「創業者」一定要具備堅強的毅力。

傻勁：郭台銘說：「一個工廠，既然已經投資下去了，就算是花一生的精力去經營，也未必能保證經營得好或經營成功，更不是說公司經營者做到什麼時候，或是公司的技術達到什麼水平就算完成，它是隨著時代的進步和科技的發明而不斷改進和成長的。所以，我敢說，一家公司一輩子是改善不完的，經營者必須有繼續經營的執著觀念。」

智慧：一定要智慧，而不是只有聰明。郭台銘將「聰明」和「智慧」細分，「聰明」是比「智慧」小的一項，每個人都有「聰明」，但不一定有智慧。聰明是說一個人做事情的反應很敏捷、很快，也具備相當程度的掌控力，可是所做的決定是不是正確，又是另一回事。而「智慧」則是指具有正確分析判斷問題的一種「能力」，做應該做的事。所以，一個創業者要具備能夠正確分析事理的智慧。

穩扎穩打，步步為營

雄心勃勃的郭台銘，能按捺自己二十年，這正是他的大志向、大胸懷、大氣魄之處。

郭台銘認為，做企業就像練武功，要從扎馬步、站木樁開始打基礎，冬練三九，夏練三伏，日日苦練。練功還要找個僻靜的地方，特別是在夜深人靜時，閉目打坐。只有練上多年，才能練成一身功夫行走江湖。練武不僅要吃苦，更要耐得住寂寞，磨鍊心志。如果心不平靜，總想出去試試身手，是非吃虧不可的。

臺灣的中小企業自廿世紀五〇年代起步，比大陸早了三十年，一直延續到廿世紀末。臺灣的背景是島內未全面發展重工業，而以出口導向為發展策略，生產流程則以加工裝配為主。中小企業的經營特點是：對環境的應變能力佳，處理困難的韌性強；充分運用人際網路關係，滿足資金需求及情報彙集；精於把握機會、分散風險；彈性及有機式組織；冒險犯難，勇於開拓市場。這些特點與大陸中小企業有不少相同之處。

臺灣中小企業經營存在的問題是：勞動力不足，土地成本上漲，貸款融資極為困難，研發能力薄弱。

臺灣《數位時代》雜誌張殿文先生研究鴻海生存成長之道，認為其採取的是穩扎穩打、步步為營的策略。

策略一：努力加上意志力，投入所有資源，不是大的成功就是大的失敗。具體的做法，就是不斷地投資設備。

策略二：創造性地模仿，攻擊競爭者最薄弱之處。具體做法，以低價多樣產品取代進口產品。

策略三：尋找避免被挑戰的位置，確保產業生態位置。產品選擇從電視機旋鈕改做電子遊戲機、電腦配件。

策略四：設定價格，創造效用，為顧客增加更多的價值，改變產品或市場性格。具體的做法，發展模具技術，確定重點客戶。

反觀大陸中小企業的發展坎坷頗多，這種坎坷主要來自定性不夠，往往急躁冒進、急功近利。主要表現是：在發展戰略上，熱衷於資本運作，在實力不夠和條件不成熟的情況下實行多元化；在競爭策略上，往往重視抓機會、抓機遇，而不願在產品和管理上下笨工夫；在經營環節上，重規模生產，輕品牌塑造；在行銷環節上，高度迷戀廣告戰和頻繁地進行價格戰；在資源配置上，以終端取勝，把寶全部押在市場銷售上；在研發環節上，捨不得投入，以致缺乏核心技術等等。最終因為一個決策失誤導致企業失敗，或者缺乏核心競爭力，不能長期發展。

富士康成長史

一九七四年：二月二十日，「鴻海塑膠企業有限公司」成立，註冊資本金七．五萬元人民幣。

一九七五年：更名「鴻海工業有限公司」，生產電視機高壓陽極帽組。

一九七六年：工廠遷址臺北板橋中山路，資本額增至一二．五萬元人民幣。

一九七七年：資本額增至五十萬元人民幣。

一九七八年：資本額一五〇萬元人民幣，成立塑膠模具製造及開發部門。

一九七九年：建立標準生產線。

一九八〇年：擴充中和連城路廠，生產家用電器零組件，成立化學電鍍部門。

一九八一年：引進日本 CNC／EDM 設備，提升模具精密度，成功開發連接器產品。

一九八二年：正式更名為「鴻海精密工業有限公司」，進入電腦用線纜裝配領域，首度在土城中山路買下自己的廠房。

一九八三年：開發電腦連接器，正式全面進入電腦領域。

一九八四年：成立金屬電鍍單位，購買美國全自動選擇性電鍍設備及檢測設備。

一九八五年：創「FOXCONN」富士康品牌，名列《天下》雜誌臺灣製造企業一、〇〇〇強。

一九八六年：買下土城「虎躍廠」土地，成立對日工作小組，引進海外技術，引進瑞士連續高速沖壓機床，成立資訊中心。

一九八七年：虎躍廠一期開工，總面積七、二六〇平方米，購買美國自動化裝配研發連接器及纜線測試自動化，投資二、五〇〇萬元，購入四十八部第四代電腦自動化伺服塑膠射出成型機。

一九八八年：營收突破二．五億元人民幣，在深圳西鄉設立海洋廠，臺灣地區員工增至一、〇〇〇人，購入CAD／CAM系統。

一九八九年：實施企業電腦自動化管理，一、〇〇〇強排名第二九四位。

一九九〇年：最大電腦公司惠普首度來公司進行品管評鑑。

一九九一年：鴻海精密在臺灣上市，代號為2317。

一九九二年：AMP告鴻海美國子公司專利侵權。

一九九三年：正式成立法務部門，簽約深圳龍華科技園，江蘇昆山廠成立。

一九九四年：轉投資立衛、隴華等電子公司，開發AN、AT等多種產品。

一九九五年：虎躍廠第三期擴廠，轉投資欣興、聯電等公司，開發L／P MCA、SCG、RF等多項產品，營收超過二十五億元人民幣。

一九九六年：「機殼事業群」成立，開始量產，並邁入準系統，投資鴻揚創投，轉投資矽豐股份，深圳龍華工業園正式投入使用。

一九九七年：成立熱傳產品事業處、環工電鍍發展事業處，成立材料測試試驗中心。

一九九八年：設立蘇格蘭據點，進入美國《商業周刊》科技一〇〇強排名。

一九九九年：首次發行GDR募集資金，創下一〇%溢價發行的企業海外募資紀錄，正式於愛爾蘭設廠，被《亞元》雜誌評選為臺灣地區最佳經營企業。

二〇〇〇年：發行海外無擔保可轉換公司債八、六〇〇萬美元，宣布「鳳凰計劃」，投入光通信，進入手機代工領域。

二〇〇一年：成為臺灣地區第一大民營製造企業，Intel Pentum4 CPU的連接器Socket478領先全球量產，獲英特爾的P３和P４主機板訂單。

二〇〇二年：成為中國大陸最大出口企業，歐洲總部設立，捷克廠正式啟用，郭台銘被美國《商業周刊》評選為「亞洲之星」。

二〇〇三年：發行海外無擔保可轉換公司債一．一三億美元，群創光電新廠動工，匈牙利廠動工，投資山西富士康太原科技工業園，布局鎂合金機構，併購國基電子，收購諾基亞芬蘭工廠和摩托羅拉墨西哥工廠。

二〇〇四年：頂埔高科技研發中心動工，與光碟機廠英群結盟，收購湯姆遜深圳工廠。

二〇〇五年：富士康國際FIH在香港成功上市，投資開發煙臺工業園區，群創建成投產，收購奇美通訊，收購安泰電業，進入汽車電子領域，進入世界五〇〇強企業排名，列第三七一位。

二〇〇六年：投資建設江淮蘇安工業園區，在印度清奈設廠，天津廠投產，群創光電臺灣掛牌上市，收購全球數位相機頂級代工廠普立爾，世界五〇〇強排名大幅靠前，排第二〇六位。

二〇〇七年：富士康河北廊坊、湖北武漢、遼寧瀋陽和營口科技工業園相繼投資建設，越南工業園首期建成投產。

第二篇　6C產業

第三章　連接器：神奇小零件

郭台銘說：「我只是一隻地瓜，長在森林裡，結果被別人發現長得很大了，都來爭相觀看，結果踩壞了附近的農田，還要怪到地瓜的頭上。」

但是這個「地瓜生根」的策略，卻讓富士康在全球產業重新分工、結構重新調整之際，能夠深耕布局、做到「兩地研發、三區（亞、歐、美洲）設計製造、全球組裝交貨」。

三十年前，郭台銘種下的那顆讓富士康成長為產業大樹的種子只是一個小小的零件——連接器。

連接器：電腦的神經

所謂連接器，就是電子訊號之間的連接零件，也就是電子訊號之間的「橋樑」。這種「橋樑」用於「電子訊號」和「電源」的連接組件及其附屬配件，電腦、手機、光碟機、音樂播放機等，幾乎所有的電子資訊產品都有這樣的組件。電腦中有晶片、隨機存取記憶體、印刷電路板、風扇、電源供應器、顯示卡、音效卡等系統，這些系統之間就是由連接器來聯結的。這些連接器直接放置在各個系統上，組裝時將連接器對準插上就ＯＫ了，電腦組裝變得非常簡捷，並且能夠自動化流水線生產。如果沒有連接器，全部靠電源線聯結，就有蜘蛛網般的電源線裸露，且要焊接，線路可能出錯，焊接品質也無法保證。特別是焊接工藝會阻礙產品的流水線組裝，無法實現大批量生產。我們使用的電子產品外接電源和設備的USB接口實際上就是一個連接器，它的體積算是比較大的。

形象地說，連接器就是電腦的神經，通過連接星羅棋布的線路，讓中樞的意志可以順暢地傳達到周邊各個角落部位，讓大腦中樞的每一個訊號所指揮的部位都能夠迅速及時地響應。如果中樞系統的訊號不能及時傳達，出現故障，那麼整個電腦就可能癱瘓了。

有專家評價：「連接器如果品質不佳，不僅會影響到電流與訊號輸出的可靠性，也會影響電子設備整體運作的品質。」

因此，連接器是電腦和其他電子產品品質的「咽喉」。

一九九一年臺灣鴻海上市時，宏碁電腦董事長施振榮在其《上市說明書》上介紹鴻海的連接器說：「『連接器』對電腦有『舉足輕重』的影響，鴻海表面上賣的是連接器，而實際上卻是在賣『信賴性』。」

變化多端的小精靈

在電子元件之間，能夠在不同的元件之間傳輸訊號或電力的零件，都屬於連接器的一種。例如記憶體之間的連接器、開關系統的連接器，以及英特爾中央微處理器和主機板連接的基座等，都是連接器。一臺電腦需要使用數十個連接器。

富士康的連接器產品主要分兩大類：I／O（InPut／Output）類與Interconnection類。I／O類連接器是用於電腦主機與周邊設備的連接，連接隨身碟的USB接口就是此類連接器。Interconnection類，主要用於主機各系統內模組件電氣訊號的連接，以及電子零件裝載與印刷電路板的連接。

連接器雖是小零件，但要求非常精密。比如富士康最主要的連接器產品——主機板上的插槽，實際上就是隨機存取記憶體和印刷電路板之間的連接器，不到一厘米寬、五厘米長，卻可以布滿多達四〇〇多個針孔般的小洞，讓傳輸訊號的銅線能夠穿過，只要一個洞不通，整臺電腦就無法運作。

從一九九五年開始，郭台銘就強調，電腦與通訊結合的時代，「聯機功能」和「輕薄短小」將是連接器產品的發展趨勢，此類產品已經陸續研發成功。有些連接器是很特別的，例如筆記型電腦的藍牙系統，不用接線就能在辦公室裡「ICQ」。這種新一代無線傳輸規格的相關產品，富士康早已經開發出來，並在產品中應用。另外，將光轉為電的高速連接器，富士康也早已推向市場。

連接器產品的更新換代也是相當快的。不管什麼產品都有生命周期，連接器雖然有多種用途，但是，一旦一種產品周期結束，就要馬上跳到另一種產品。例如，富士康先從「電子組件」

對「電路基板」的連接器發展到「回路模組」對「回路模組」的連接器，再到「系統對系統」和「系統對線纜組配」的連接器，還有以後的濾磁波連接器、ＩＣ記憶卡連接器等，連接器的新品種層出不窮。

由於連接器的精密度非常高，對產品品質的要求也非常苛刻，生產製造也特別複雜，必須買進更多設備來建立高速沖壓、射出成型、電鍍及裝配零件模具製造等技術。在生產設備方面，為了讓連接器的金屬表面處理均勻，當年的鴻海在一開始的電鍍過程中，就購買了當時世界上最先進、僅有日本能夠生產的「連續選擇性電鍍設備」，再配合精密儀器來分析鍍液，如「SPC品管系統」及「X光螢光反射儀」，來保證產品電鍍的品質。為了保證產品的穩定性，鴻海在一九八一年就購買了四十八臺無人全自動化生產監控系統BDE。這種BDE監控系統具備「成型條件儲存」、「生產監控」、「生產排配」等功能，能配合自動運料系統和機械手臂分離器。

全球最大的電腦連接器供應商

早期臺灣電子工業的起點也不高，靠電源座、電源線組裝等低階產品起家。連接器算是高階產品，在一九七五年前後，由美商杜邦、美商莫仕在臺灣設廠引進。一九八〇年，個人電腦興起，臺灣許多公司逐步進入這個產業，替代原來的海外廠商。臺灣公司的規模都不大，畢竟連接器的單價不高，從幾毛到幾美元不等。一直到現在，臺灣的二〇〇多家連接器廠商，有八十五％

集中在資本額不到一、二五〇萬元人民幣、員工人數不到五十人的公司。

鴻海創立十年後，員工人數就超過一、〇〇〇，已是業界翹楚。鴻海利用低成本、高效率及長遠目標，發展出競爭力，營業額達二、五〇〇萬元人民幣，並和不同的競爭者區分開來，甚至在臺灣地區的銷售上壓過日本企業。

不過，富士康連接器成大氣候是在大陸設廠之後。初期工廠設在深圳西鄉崩山腳下，生產電腦及電器連接器，隨後逐步向線纜、模具和初步的機構件延伸。一九九三年，富士康在昆山設廠，部分連接器生產轉移到江蘇昆山。

目前，富士康專業生產電腦和網路通訊連接器的事業群被稱做「NWInG」（Net Work Interconnecter Group），是富士康科技集團最早成立的事業群之一。富士康對該事業群的對外介紹如下：

源流：一九八八年富士康悄然落戶深圳，五年之內，它的一個製造處，逐漸演化出專業生產電腦連接器的NWInG事業群。一九九三年集團開始全球布局，北上昆山，闢地一、四〇〇畝，建設「富士康——昆山資訊科技工業園」。從此，NWInG進入飛躍式發展階段。十年打拚，NWInG在昆山建成了全球最大的個人電腦連接器生產基地。員工逾六萬人的工業城，主要有富士康（昆山）電腦接插件有限公司、富士康電子工業發展（昆山）有限公司、富弘精密組件（昆山）有限公司、富瑞精密組件（昆山）有限公司、富鈺精密組件（昆山）有限公司、鴻準精密模具（昆山）有限公司、康準電子科技（昆山）有限公司等企業，成為富士康在華東地區的重要戰略據點。

目前在深圳觀瀾新建成員工規模達三萬人的新工業園區——寶源科技園。如今，NWInG寶源科技園和昆山兩大生產基地齊頭並進，事業群體飛速擴張。目前寶源科技園將持續擴大生產規模，展望不久的將來，必將成為一個全球化的專業精密連接器製造大廠。

產品：NWInG事業群的產品從當初單一的電腦連接器，發展到今天廣泛涉足電腦、通訊、消費電子等3C產業的多個領域——如P4 SOCKET、P5 SOCKET、Memory socket、Header、SWITCH、HIGH SPEED、FLAT CABLE、WIRE HARDNESS、FPC、BTB、I/O、BATTERY&ANTENNA、SIM CARD等，形成了完整的產品體系，滿足了客戶的多元化需求。其產品以卓越的品質贏得了英特爾、戴爾、諾基亞、SONY、摩托羅拉、蘋果、惠普、UT斯達康、康柏等世界IT鉅子的信賴，成為它們的長期供貨商。

據稱，從一九九八年起，富士康就已經是全球最大的電腦連接器供應商，市場占有率為六〇%。

電腦雙雄：富士康＋英特爾

當年，郭台銘選擇連接器，首先是看好了個人電腦的發展趨勢；其次，認為自己擁有連接器五〇%左右的技術。不過，郭台銘當時已經隱隱約約地洞察到連接器在電腦產業以及電子資訊產業中的「連接」和「橋樑」作用。

第一，連接器在品質上的特別要求，讓富士康與各大電腦企業建立起特殊的信任關係，這種關係一旦確立就會產生依賴性，並且非常牢固。這對開發和維護客戶是非常有利的。富士康與全球IT大公司建立和保持的深厚關係，與連接器的功用密不可分。

第二，連接器是連接系統和部件的零件，通過這種連接非常容易做到系統集成，富士康正是靠這種逐步的系統集成，一步步提升，最後做到了整個產品的製造。而連接器建立起來的牢固和信任的客戶關係，讓大的電腦企業無可爭辯地接受了富士康製造。

第三，隨著科技的發展，電腦功能變得愈來愈強大，但製造變得愈來愈簡單，幾塊板子插起來就行了，比做衣服還要簡單。以往，電子電路的配線功能設計，是主機板公司的強項，但當功能集中到晶片之後，機械製造強的公司就占了上風。所以，在電腦生產中，除了晶片之外，機械製造就是最重要的。因此，在電腦領域裡，英特爾和富士康並稱雙雄。

二〇〇一年，富士康接下配套英特爾市場主流CPU的P4連接器，就是電腦雙雄的完美結合。

P4連接器技術是這樣的：超過十萬小時的研發投入，全球第一顆通過英特爾公司認證合格、使用於新一代英特爾P4微處理器的mPGA連接器，在全系產品的設計及技術上取得了近一八〇項美國、臺灣及大陸專利；這顆球閘陣列式連接器之錫球承座採用革命性的彈性浮動式設計，可克服主機板與連接器底座間的熱膨脹差異，在五〇〇次以上的最嚴厲的溫升循環測試下，仍能保持錫球及其介面的完整性；與CPU接腳接觸的端子採用高撓曲性的雙臂式設計，可承受五十次以上之重複插拔及嚴格的環境測試而不變形。此兩項特點保證了連接器的最高穩定性及信賴度，其穩定的LLCR（Low level contact resistance）再搭配端子的低電感性，可有效減少主機板上去耦合電容的使用數量，達到節省成本的目的。另搭配獨特的抗震式設計，可抵抗五十G機械脈衝波及一五〇磅以上的靜載壓力，其優秀的電氣性能及機械特性為一般競爭商品所難以企及。

二〇〇三年起，富士康每月生產五〇〇萬個ＰＣ主機板連接器，一年六、〇〇〇萬個，占全球ＰＣ連接器的二分之一，此後每年大幅度成長。

因此，電腦領域權威人士評價說：「在連接器領域，鴻海的價值就像中央處理器領域的英特爾。」

第四章　模具：製造業之母

四十八小時開一副手機模具！一旦客戶提出手機設計方案，四十八小時後，富士康的樣機就可以擺到客戶主管的辦公桌上。

製造業的人理解四十八小時開模的意義。因為一般情況下開一副模需要幾個星期，甚至幾個月。

四十八小時開模，而且這個時間還在縮短，這就是富士康的競爭力所在。

稱霸全球PC代工市場的訣竅

郭台銘創業之初，是做塑料零件出口的，接下來又做電視機的旋鈕，這些零件都需要做模具，然後才能生產。當然，他絕不會滿足於做這些低檔貨，但要做高檔產品，首先就是模具要好，而當時，受制約的就是模具。因為臺灣「黑手」模具師傅師徒傳承的小工廠製作，全靠手工和經驗，不但技術上難以提高，而且速度很慢。因此，郭台銘有了一點積蓄之後，首先投資的就是模具廠，並且是在抵禦住房地產和貿易屯積的高利誘惑的情況下這麼做的。

有五年的時間，郭台銘在產品上並沒有什麼大的進展，一直做一些不起眼的小東西。但是到了第五年，他的模具製造人才技術大大提高，已經能擔當大任了，當個人電腦業務興起的時候，他果斷地選擇了電腦連接器這個產品。因為，他認為已經掌握了五〇%左右的技術，實際上大部分是模具技術。

當然，當時郭台銘的模具能力也可以去做手錶、照相機、化妝盒等造型奇特或非常精密的產品，但是他選擇連接器，看到的就是其以後的延伸能力。

隨著電腦技術的日新月異，連接器也日益精進，迫使郭台銘不斷地提高模具開發能力，從而讓富士康保持在連接器領域的絕對優勢。二〇〇一年下半年，臺灣和日本有多家公司相繼推出Socket 478連接器，與富士康搶市場，價格一上來就比富士康低出很多。而富士康憑藉其品質優勢，並不降價，但市場地位牢固。當時，富士康有關負責人盧松青自信地表示：「與Socket 370比較，Socket 478絕對是另一個層級，若臺灣同業連Socket 370的品質都無法克服，遑論Socket 478?」事實上，富士康的連接器由於接腳是球狀設計，可適應未來中央處理器時脈達到2GHz以上的需求，被主機板產業的研發人員認為，穩定性確實較其他廠好得多。

依靠強大的模具開發能力，富士康提升的是製造的能力和水平。向上延伸，富士康逐步囊括機殼、印刷電路板、隨機存取記憶體、光碟機、電源供應器、中央處理器等關鍵零部件的連接器生產。在「複合式」、「模組化」、「光電」、「高頻」、「表面直接粘著」的趨勢下，富士康的連接器成為電腦小、輕、薄、短、強的利器，特別是連接器大大提升了將各類元件「模組化」、「系統化」的能力。在美國，開發一項結構模組，需要十六個星期，而富士康只需要六個星期。在這種趨勢之下，富士康的連接器就形成了一種強大的整合能力，將電腦製造整合到了一起。這就是富士康稱霸全球ＰＣ代工市場的訣竅。這種整合能力體現的是速度、效率、成本和品質。你要有迅速上市、先進、低成本、高品質的電腦，就得找富士康代工生產。

模具業絕非夕陽產業

郭台銘可以說逢會就講模具。有一次開會，他打開礦泉水瓶蓋喝水，一下子就把話題轉到模具上了。

「過去開這個礦泉水瓶蓋時，十次有三次都打不開，這是什麼問題？模具不夠精密。我從這瓶水想到中國的工業水平。我有一次帶鴻準公司的徐牧基副總到瑞士參觀一家公司的沖壓廠，他們公司的模子是做可口可樂易開罐拉環的，它一邊要送料，一邊要打下來，打成易開罐那個勾環，一分鐘打一、八〇〇個。鐵片和銅條進去，出來就變成易拉罐那個勾環了。我在大陸開易開罐，十個有二，三個會斷；在臺灣十個大概有一個會斷；但在美國開可口可樂易拉罐，拉環很少會斷，這就是工業水準。一個國家是否強盛不要看它有多少槍炮，要看它的工業水準，而工業水準又要看它的模具水平，所以一個國家的強盛與否跟模具水平的高低是有很大關係的。」

有一次，大陸高層領導到富士康參觀，談及富士康到蘇格蘭設模具工廠的事時，郭台銘說：「西方國家在大力發展工業的時候，我們中國人在抽鴉片。而英國人把在中國進行鴉片貿易賺到的錢運到東印度公司，或投資到北美，蓋了多所大學，修了很多鐵路。從明朝中葉以後，一直到清末民初，中國的國力每況愈下，這就是歷史。現在，我們到蘇格蘭設廠，而且是模具工廠，輸出工業，這是歷史的轉變。」

郭台銘多年來一再強調：模具業絕非夕陽產業，而且還有大好的未來，模具是工業之母，是工業的基礎，小至民生工業，大到資訊產業、汽車工業、軍事工業，都跟模具息息相關。模具的未來等待著富士康員工去開拓。

對於富士康的專業模具公司鴻準公司，郭台銘則關懷有加，常常親臨現場鼓勵：「鴻準是集團的一個核心技術單位，模具技術的發展大有可為。你們不但要將自己的發展跟集團發展結合起來，更要跟中國的工業發展結合起來。鴻準的模具水準很好，可是還要努力。發展工業需要一段歷史，中國人要奮起直追不是沒有希望，我們正在追趕，但並不代表我們現在已經超過了人家。全世界工業水準最強的兩個國家，一個是德國，一個是日本，也是模具最強的。所以，鴻準的同仁們：你們將來要走的路非常長，非常遠，但是，我可以告訴你們，這條路絕對是正確的！」

為了學習、趕超日本和德國的模具技術，富士康每年都派出大量人員到國外學習考察，高層人員更是利用一切機會到國外考察和瞭解資訊。公司還派出不少員工到國外半工半讀，一邊在名校學理論，一邊到國外的模具工廠打工實習。學習他們的現場管理，學習他們的先進技術。

推動建立模具行業協會

模具工業是製造業的基礎產業，是技術成果轉化的基礎，同時本身又是高新技術產業的重要領域，在歐美等工業已開發國家被稱為「點鐵成金」的「磁力工業」。美國工業界認為「模具工業是美國工業的基石」；德國則認為它是所有工業中的「關鍵工業」；日本模具協會也認為「模具是促進社會繁榮富裕的動力」，同時也是「整個工業發展的祕密」，是「進入富裕社會的原動力」。

因此，模具成為先進國家的核心技術，不向外界轉讓，更有嚴密的保密措施。近年來，為了降低成本，日本把一些模具製造轉移到了中國，但是幾乎全部都是獨資，外界難以瞭解裡面的情況，成為一些祕密工廠。

模具科技要靠自力更生，並且要團結起來——在廿世紀八〇年代初，郭台銘就是這樣認識的，並從最初就積極推動臺灣模具行業公會的成立和運作。

當時，歐美、日本等先進國家的模具工業，已經開始大量使用「電腦輔助設計」和「模具製造系統」來製造精密模具，有效控制品質，也能整合技術人員的經驗，產品設計快、改變更快，開發時間縮短。

郭台銘開始奔走在企業和政府經濟部門之間。他對同行大聲呼籲：「模具業不能繼續依賴大量勞力、憑個人經驗來生產。在講求高品質、低成本的時代，若不再突破現有瓶頸，將很難繼續生存。」

在經濟部門下屬機構的辦公室裡，郭台銘說：「模具是工業的重要基礎，臺灣中小企業如果不能團結起來，將很難找到新的自主力量。」

但是直到一九九〇年，模具公會才正式成立。之後，郭台銘馬上擬定了「培育專業人才」、「建立品質檢驗與保證」、「收集市場及技術資訊」、「建立銷售秩序以防止惡性競爭」等四大項目。同時，郭台銘還給公會下達了四個任務：第一，公會要能自給自足；第二，會員數要成長；第三，有自己的辦公室；第四，建立認證制度。

「模具公會要輔導廠商賺錢，但自己都不會賺錢，這說得過去嗎？」郭台銘認為公會不但要有超然的地位，也要有賺錢的本領。最初，公會的主要收入來源是各會員單位交的年費，但只有兩三百家加入，每家的年費不到五〇〇元人民幣。

郭台銘為公會使出的第一招是「服務會員」。當時臺灣經濟開始起飛，工人奇缺，郭台銘看準了廠商最需要的「服務」就是外勞配額，所以就以公會名義向政府申請外勞名額，供會員來申請。過去申請外勞的名額，中介機構一般會大撈一把，公會卻把機會開放、讓大家都有機會，依規模大小來申請外勞，如此一來，急需人的廠商就都加入了公會，一家一年交一、〇〇〇元人民幣。一下子就有八、〇〇〇家加入公會，等於就是八〇〇萬元人民幣。就是這一筆錢，也讓臺灣模具公會有了自己的辦公室。

郭台銘以模具公會奠定了臺灣模具業的盟主地位，得以名正言順地到世界各地參加各種技術交流。

加工精度奈米級

隨著電子產品外形日益時尚化、變薄、變小和功能強大，模具開發的精密度愈來愈高。緊隨技術發展，現在已經開發出奈米級精度的模具開發設備。二〇〇四年九月，富士康在第一屆研磨技術交流會上的交流，可見其模具製作之精密程度。

華南模具製造處精密塑模零件加工課介紹，他們主要從事美高、日本FTC以及手機連接器訂單的加工。日本FTC訂單的主要特點是：藍圖複雜、尺寸精度要求高，同時主要的成型部分需要進行鏡面拋光，光潔度要求高達R〇．〇一，加工難度非常大，是一塊硬骨頭。而手機連接器的體積非常微小，相對應的模仁零件也非常小。這麼小的模仁零件在成型部位加工排槽及排齒的難度相當大。首次加工槽寬為〇．一八〇mm的排齒工件時，僅打製砂輪就得用六小時。此前，他們加工的槽寬都在〇．三〇〇mm以上，一下子要超越過去達到這個高度並非易事。為達到客戶要求，加工課挑選了課內的精兵攻關。隨著手機產品的更新換代，模仁零件的槽寬也愈來愈窄。現在他們加工的槽寬已經由〇．一八〇mm精密到〇．一六〇mm、〇．一三〇mm，再到〇．〇九九mm。

華南模具沖模光學研磨課主要負責ERRULE CORPIN零件的加工。這種零件是光纖連接的核心部件，用於連接兩根光纖，傳遞光訊號。這種零件的主要特點是：頭部細長，加工過程中極易折斷；尺寸精度要求高，公差一般為〇．〇〇一ｍｍ，或正負〇．〇〇五ｍｍ；拋光難度大，必須達到Ｒ〇．〇一，且表面不能有任何劃傷或黑點。在二〇〇二年接到訂單以後，這個部門從實踐中不斷摸索改進，獲得了一些合理的加工參數，最終生產出合格產品，保證了品質與交貨期。此後接連開發出多種新產品，為客戶搶占市場提供了保障。

超精密研究室展示的是〇．一〇ｍｍ以下薄砂輪打製方法。〇．一〇ｍｍ的砂輪有多厚？一根頭髮的直徑在〇．〇八至〇．一二ｍｍ之間。也就是說砂輪厚度和頭髮絲的直徑差不多。超精密研究室已成功地用氧化鋁砂輪打製出了〇．〇八四ｍｍ的砂輪，並繼續向打製厚度為〇．〇六ｍｍ的砂輪進軍。

NWInG模具製造處自動加工部展示的產品，有方的、圓的、異形的……材料有銅、鋁、不鏽鋼、電木、優力膠、玻璃等等五花八門。他們表示，只要客戶需要，不管什麼形狀、什麼材料，他們都會去加工，直到滿足客戶需求。

四十八小時開發出模具

別人六，七個月才能開發出的模具，富士康一個月甚至二，三周就能開發出來。四十八小時開發出模具，在富士康也有多項紀錄。這是利用現代科技打造出來的模具競爭力。

富士康企業系統產品事業群經理王士凡介紹，傳統模具製造業是一個個相對分離的環節，首先是電腦繪圖，然後將電腦繪圖的程式轉化為機械操作程式，再到機械上進行操作，所以一件模具的開發完成需要電腦繪圖、模具設計及機械操作三方面人員的配合，環節繁多，需要的人多，也拉長了模具開發的周期。一九九九年起，王士凡就帶領團隊對傳統模具製造進行改革，以群組技術和深度標準化為手段，建立完整模具技術資料庫，將傳統模具製造業的各個環節整合成從設計思考模式、模具設計、模具製造到組立試模一體的CAD／CAM／CAE系統及同步工程製造系統，從而使模具開發由原來的三道工序變成一道工序，原來由三個人完成的工作，現在一個人就可以了。

目前，世界上能夠運用這種模具製造系統的，只有日本、德國等幾個已開發國家，但他們的使用效果並不是太理想。富士康目前擁有的這套模具製造系統在技術上超過了日本、德國，是世界上最好的模具製造系統，再加上富士康強大的資料庫，不僅縮短了模具的開發周期，而且也增加了模具的穩定性，降低了成本。模具製造系統成為富士康一項重要的專利成果。

富士康在模具發展上最重要的策略，是切割模具的製造流程，以分工方式完成。模具製造分成「模具設計」、「模具零件製造」、「模具組裝」三部分，富士康把三個流程都拆解開，每一個步驟都切割開來，再用系統串連。比如，一個模具可以直接從中間切割成兩半，讓三個流程各用兩組人去做參數分析，生產規劃。一面靠「模具組織切割」，一面用「現代化科技工具」管理，從2D設計到3D設計繪圖，加上資料庫的管理，讓模具可以被「分析」，找出「最佳化」，在這樣的運作系統下，只要參數放進去，就會很快仿真出產品。

如此，富士康的模具就從傳統的專業專攻進步到系統整合階段，而模具的組裝，從設計拆解、模擬分析，到組裝驗證，進步到資料庫管理。富士康開發了十幾萬套模具，累計了非常龐大的資料庫，許多方案可以直接從資料庫裡選調，組合使用。這是富士康能夠快速開發模具的奧祕所在。

郭台銘說：「開發這套系統，我們前前後後大概花了二十年的時間。」

模具工廠六萬人

「SHZBG現有員工六〇、〇〇〇餘人，其中七〇％以上從事技術性工作，是國內首家ISO認證的模具公司，並被總裁稱讚為『最具團隊精神』的事業群。」這是富士康超鴻準事業群二〇〇六年招聘網頁上介紹的情況。

六萬人的模具工廠是什麼樣子？很多人可能無法想像。這是國內最大的模具工廠，也是全世界最大的模具工廠。

鴻準公司的發展是富士康科技集團騰飛的一個縮影。

一九九二年五月，郭台銘指示富士康現任最高主管徐牧基副總經理在深圳組建核心技術事業部，地點設在深圳黃田草圍村，包括徐牧基在內有員工十一人，臺灣骨幹三人，招募大陸員工七人。這就是鴻準公司的前身。

一九九三年三月，搬廠到深圳西鄉臣田村寶田工業區，人員一三〇餘名，機械設備增加到九十六臺，年產值一、二〇〇萬元人民幣，製造和加工能力初具規模。

隨著富士康的發展，一九九五年四月成立了江蘇昆山模具廠，因為富士康在這裡建立了連接器生產基地，模具必須靠近生產開發。一九九六年，成立深圳龍華英泰廠，一九九七年十月成立深圳黃田廠。

一九九八年九月，鴻準深圳寶田廠、龍華英泰廠、黃田廠搬遷到富士康龍華科技園。通過整合分工，從模具的研發、製造到售後服務一應俱全。鴻準大陸公司包括華南及華東已擁有員工二、七〇〇多人，各類機械設備一、五〇〇多臺，廠房面積達十二萬多平方米。年開發生產沖模、塑膠模、自動機零件模治具的能力達到一五、〇〇〇套，業界大廠規模形成，鴻準公司進入了發展的高速公路。

在不斷強化華南華東實力的同時，一九九九年公司進軍華北，在位於太行山南麓的山西晉城成立富晉精密模具有限公司。

二〇〇二年，鴻準公司走過十年歷史，廠房面積六萬平方米。《鴻橋》刊物對當時的鴻準狀況作了如下描述：

公司擁有二五〇臺精密線切割機，被業界同行譽為「世界上最具規模的線切割走廊」。

公司共有研磨設備四三六臺。可完成pitch值〇．三〇〇ｍｍ、齒寬〇．一二〇ｍｍ、槽寬〇．一八〇mm、槽深三．六〇mm的精密排齒加工。

為增強工件韌性，防止表面脫碳氧化，提高模具性能及使用壽命，專業加工部使用一流的設備，利用最先進的技術對各種模具鋼材進行了熱處理加工。其中從日本引進的兩臺真空熱處理爐，最大裝爐重量達七〇〇噸，最大裝爐尺寸九〇〇×六五〇×六〇〇mm。因此鴻準公司生產的連續沖模最高沖模速度達每分鐘一、二〇〇次，自動機刀片的使用壽命達七十至八十萬次。

塑模加工部門已具備每月三十套大型塑膠模具的設計、加工、製造、組立和試模的能力。二〇〇一年八月，開發FP553液晶顯示器後蓋只用了十九個工作日；二〇〇二年一月開發Apple－62系列雙色模具時，比美國和韓國的著名模具公司提前了一個多月完工，從而為集團爭取了大量訂單。

精密機械加工部門僅用七天時間便開發生產出一套精密模具。在加工難度大、時間緊的情況下，多次創下了corepin加工史上的紀錄。因技術問題，鍛壓凹模零件原來只能在臺灣製作，二〇〇一年十月，該部門協力攻關，技術瓶頸得以突破，為各事業群快速開模、爭取客戶訂單贏得了寶貴的時間。除滿足集團內各事業群精密模具生產的需要之外，該單位還直接面對日本精密工治具、臺灣矽品、美國應用材料等世界級的大公司，開發半導體設備、IC封裝模等高精密模治具。

《鴻橋》刊物記載了二〇〇三年鴻準公司的情況。二〇〇三年，鴻準邁出了全面實現產品轉型和產業升級的關鍵性一步。新產業、新產品和新市場，對鴻準各事業處的營運意味著巨大挑戰。但素有「鐵軍」之稱的鴻準人迎難而上，取得了輝煌的成就，全年營收較二〇〇二年大幅成長一一〇%。

鴻準在繼續保持和加強傳統精密模具、精密機械加工，產品快速小量生產的技術優勢的基礎上，全面實現了「產品轉型」和「產業升級」，在顯示器機構件、手機機構件等產品上快速發展，還全面布局，跨入鎂、鋁臺金機構件、導光板產品等的開發和製造，取得了較好的業績。二〇〇三年三月奠基的富士康錢塘科技工業園首期廠房目前已開始投入使用；集團旗下在中國的第六個工業園——太原科技工業園也於二〇〇三年十月破土動工。它們將配合集團手機製造策略，成為模具製造、鋁壓鑄、鎂合金前工段和手機機構件的重要生產基地。配合明塑廠，鴻準在昆山建立了筆記型電腦機構件製造基地，三年內成為華東最大的筆記型電腦整機製造商。DT（V）事業處Q37專案的圓滿完成，更是寫下了鴻準在「產業升級」中最濃墨重彩的一筆。

第五章　機殼：獨立做成大產業

也許沒有人瞧得起「機殼」這樣的產品，因為外表看起來，電腦這個東西，可能只有機殼不是高科技，只是一個冷冰冰的外殼罷了。即使是和富士康的另一個產品連接器相比，連接器也顯得更為複雜、精密和重要。但是，富士康繼連接器之後，開發的第二個電腦部件就是機殼。

郭台銘驕傲地說：「空機殼生產是一個別人看不起的行業，即便是別人不看好的東西，我們都把它做大了。」

「虎口奪食」的訂單大戰

空機殼雖然不起眼，但在富士康發展史上卻留下了幾個有意義的故事。

第一個故事就是搶來「康柏」訂單。

廿世紀八〇年代末以來，全球電腦業由大而集中走向專業製造的垂直整合、通訊與個人電腦的功能整合，預示著多媒體時代的來臨。郭台銘看到大系統商正在競爭角力，順應全球分工的趨勢，紛紛聯合重量級零件組件廠商，聯手互動重鑄優勢，分享市場。新事業的機會正在向富士康招手，但是新的產業將在何處萌芽呢？

從一九九一年開始，富士康總工程師陳灝仁幾次向郭台銘建議：若能結合集團的技術與資源優勢，投入電腦機殼及更高階段的準系統製造業，將是推動集團高速成長的正確道路。郭台銘心有靈犀，責成相關人員尋找機會，並展開與電腦大系統公司的洽談。

從一九九四年開始，富士康就瞄上了康柏的機殼訂單，但是它必須「虎口奪食」，才有可能拿到訂單。

康柏當時是全球最大的電腦廠商，對當時的富士康還不太在意，富士康的人員就不斷地向他們展示自己的模具能力、大量製造能力和成本控制能力，漸漸受到康柏公司的注意，不過，康柏公司遲遲沒有給富士康下單。一九九五年初，英特爾公司曾計劃將現有的機種轉移給富士康生產，但經過認真評估，富士康認為不宜貿然進入，還是把目光放在了康柏的新機種機殼上。

機會是韓國公司給的。顯然，韓國公司對自己的實力過於自信，沒有察覺到有人正在虎視眈眈地盯著這份訂單。

富士康拿到康柏的機殼訂單的原因有兩個版本。「當初康柏希望韓國公司能提供樣品給我們參考，但他們好像故意拖延，一直不肯給！」當初富士康負責機殼計劃的材料博士張新蓓這樣說。另有人說，當時康柏公司提出了供貨期的要求，當然包括模具開發、樣品提供和產品正式供貨的時間要求，韓國公司答覆的時間較長。就在這個時候，富士康提出了比韓國公司短很多的供貨時間表，報價也低了不少。

接下來的問題就是品質能不能保證。康柏的機殼最難的地方，是要在半透明機殼上打出數百個直徑不到一厘米的散熱孔，還要不會變形。富士康提出的解決方案是，先做好模子再鑽孔或是直接一體成型，最後，選擇了後者，因為製作過程更快速、更省成本。

康柏公司對富士康的供貨期和報價當然滿意，對他們的技術方案也非常滿意，於是這份本來要給韓國公司的機殼訂單轉給了富士康。

一九九五年十一月初，郭台銘帶人飛往美國休斯頓，十一月十日，與康柏簽下訂單。

從這一個訂單開始，富士康在電腦機殼領域的訂單一發而不可收。從一九九五年到一九九九年短短五年之間，富士康在機殼市場又是從零開始，創造了每年十五%以上的成長速度，除了從韓國公司手中成功搶下康柏電腦一半的訂單，更是攻下了蘋果、惠普、IBM、戴爾的訂單。一九九八年，富士康就把內部目標設定在五年內做到全球一半的PC機殼，而實際上到二〇〇〇年時，它已經吃下了全球六〇%的電腦機殼生產市場。

黃田決戰

第二個故事是著名的速度之戰，即「黃田決戰」。

拿到康柏的第一份機殼訂單之後，郭台銘心中高興不已，但也備感壓力，因為這畢竟是富士康向一個新產業轉移的開始。

哈佛大學教授諾瑞亞認為，企業都追求成長，迫不及待地跨入新產業，以彌補日漸縮水的市場營收，但這麼做又很容易削弱公司對核心價值主張的專注和努力，造成以後的長期衰退，「從而造成情勢混亂、績效消退、獲利不再」。這就是產業多元化的陷阱。

如何邁過多元化的陷阱？諾瑞亞觀察發現，成功企業的成長策略，往往是一種「延伸策略」。企業從核心業務出發，向相關領域移動，但設定的目標是核心業務在五年內至少成長一倍，也就是每年至少成長一五％。

連接器業務已經成為富士康的優勢產業，市場占有率可觀，並帶動公司在臺灣上市。從一九九一年到一九九五年之間，每年的成長率都在十五％以上，完全符合諾瑞亞的產業「延伸策略」。特別是，連接器進一步帶動富士康在模具領域的技術提升，讓精密模具成為富士康的核心業務和競爭力。這些都說明富士康進入新產業絕不是一時衝動，而是一種企業的內在動力和發展的必然選擇。

但是，當富士康接到康柏的機殼訂單之後，還是顯得有些倉促，演繹出一幕「黃田決戰」。

一九九五年十一月十日簽下康柏的訂單之後，第二天富士康鐵殼事業處即在臺北成立。技術協調、零組件採購、產品研發隨即展開。十二月十二日，郭台銘等來到深圳龍華看地選址，一九九六年二月一日，富士康龍華基地破土動工。

二月三日，陳灦仁率領技術團隊日夜拚搏出來的第一批樣機送到美國。樣品獲得認可，四月十九日，第一個機種「DDT」在臺北量產，四月下旬，第一貨櫃產品出貨美國。

由於產能的提升和交貨期的壓力，深圳廠必須馬上投入運營。但是龍華工地還是一片泥濘，只能臨時借助黃田廠做臨時生產基地。五月一日，人員剛進駐黃田廠，一個星期後，也就是五月八日，客戶的業務經理已經親自來廠督戰，以確保生產順利。五月十一日，黃田廠生產的第一貨櫃產品出貨。當時，黃田廠也只有兩條組裝生產線，人員都是臨時招來的，技術還不熟練，但訂單卻紛紛湧來。

六月底的最後一個星期，任務如山，所有人員都已連續加班，疲勞至極。從別的生產線抽調的三十名員工和從中央人事抽調的六十名學員已經連續奮戰一星期。但到了六月三十日，離交貨期僅剩二十四小時，還有一萬臺產品沒有做出來。郭台銘親臨現場，並擔任生產組長，所有幹部都下到了生產線。

三十日當晚，A、B兩班人馬輪番上陣，停人不停線，上至總裁下至員工都站在生產線上揮汗如雨。第二天早晨五點五十七分，最後一臺產品組裝完畢下線，比規定時間提早了寶貴的三分鐘。

從此，鐵殼廠有了「鐵軍」之稱。

用鋼量超過汽車廠

搶來「康柏」訂單、黃田決戰的故事似乎說明郭台銘在轉入機殼產業時的運氣，而實際上這種運氣是建立在富士康雄厚的模具基礎之上的。

跨入機殼業務，表面上好像不需要什麼複雜的技術，只要把模具做好，把材料灌注進鑄好的模子即可。但是實際上隨著產品外觀變化愈來愈多、體積愈來愈輕薄精巧，對材料和焊接技術是一大挑戰。

比如，現在電腦機殼不再用普通不鏽鋼或者塑料，而是用鎂合金，機殼愈做愈薄，工程係數的設定也愈來愈難，如果沒有很強大的模具能力，根本做不出來。現在許多產品都是一次一體成型，如果要用到焊接，也要求看不出來，從筆記型電腦、PDA到手機的外殼，都要靠模具的技術。

另一項挑戰是，機殼產品不但要做得出來，而且還要能控制材料成本。因為在機殼「澆鑄」的過程中，會有近一半的材料損失。如何能讓這些材料回收利用，需要從材料本身研究及製造過程設計著手。在這樣的情況下，富士康就是靠著自有的模具技術打出了一片新天地。

幾年前，郭台銘就說：「我們公司光是模具生產就有六千多人，一個月可以同時做好一千多副模具，包括塑模、沖模，全球有幾家公司做得到？過去一般公司三至六個月開一副模，富士康利用組織切割，變成兩個星期，用『人力』加上『材料』，現在一般三至五天就能開一副。」

從零開始，逐步量產，最後稱霸行業，成為產業的巨無霸。連接器和機殼兩項產品不像電腦中的DRAM、晶片組或組裝產品那樣單價高，加起來約只占整部電腦十分之一的成本，但卻是電腦不可缺少的零組件。掌握了這兩項產品的產業主導，也就奠定了富士康令人生畏的產業實力。

一九九九年，富士康的機殼產業已經達到相當的規模，從一九九八年的八〇〇餘萬臺猛增到一、六〇〇萬臺，產量翻了一番。尤其DTI、DTII、DTIV作為富士康負責機殼業務的富金公司業績衝刺的主力客戶，成長速度驚人。其中DTI全年交貨七四八萬臺，比一九九八年成長三十八％，DTII交貨二五八萬臺，成長三十一％，DTIV交貨四六〇萬臺，成長三十八．九％。一九九九年，富金公司不但產量巨增，而且由於其適應少量多樣、快速交貨的客戶需求，客戶群落迅速擴大。從以康柏、戴爾為主體，發展到蘋果、IBM、惠普、英特爾、思科、CPQ、GATEWAY以及聯想、方正、海爾等３C世界精英客戶群。

模具開發是富金公司一九九九年能夠全力衝刺、大幅擴張的堅實基礎。全年共開發模具二、〇八二套，其中沖模一廠八一四套，沖模二廠一、二六八套。

另外，裁切廠以日均出貨五〇〇萬噸的優質鋼材供應各沖壓單位，沖壓單位加強自動化生產和快速換模的技術開發與引進，開設了三十三條自動化沖壓線。

有人感嘆，就像螞蟻雄兵一樣，從一九九九年開始，富士康的用鋼量竟比臺灣的整個汽車行業還要高，成為「中鋼」的第一大客戶。

模具鑄機殼

一九九九年，富士康電腦機殼已經占據市場的絕對優勢，形成穩定的規模。

一九九九年，富士康的產品結構整合升級，多元化發展，技術瓶頸不斷突破，業界合作關係加強，PCE富金事業群產品系列向上下游延伸拓展，準系統產品也跳躍升級到可以組裝九·五層級的產品。產品整合升級催生了新事業部門的成立。一九九九年初，鎂合金事業處成立，隨後即通過戴爾公司的認可，標誌著富士康開始跨入筆記型電腦零組件領域。八月，NWE事業處成立，使富士康切入SERVER市場。此外，COUNTRY KIT等電腦外設產品的導入與量產，使PCE產品事業群的研發、生產、整合能力拓展延伸到PC產業更深更廣的領域。

此前，PCE富金事業群針對不同的產品和客戶，已經相繼成立了製造一處、二處、三處，在製造處中，都分別設有沖模廠，負責機殼等產品模具的開發。從模具的開發可追尋富士康機殼產業成長的歷程。

PCE黃森霖經理就記述了沖模一廠從成立到一九九九年的成長過程。

一九九六年三月，鴻準公司在深圳寶田廠成立電腦機殼沖模開發部，由十幾名技師組成。

一九九七年一月，沖模開發部由鴻準公司轉到PCE富金事業群，更名為沖模一廠。

一九九六年十二月至一九九七年三月，沖模一廠承接CMT機殼沖模製造，首次使用熱浸鋅鋼材為沖模素材，並大量使用卷料方式進料。新廠房、新設備、新人員、新材料和新技術，困難重重，險象環生。經驗不足，模板上導柱孔加工成導套孔徑，無法逃屑、缺件、漏加工、加工失敗，幾乎每天都在發生。

一九九七年四至六月，模具設計圖面的標準化開始實施，工程電腦作業系統完成，設計製造逐步進入正軌。為了配合沖模二廠的成立，沖模開發部進一步擴編。

一九九七年七至九月，完成ARI、BDT機種的開發。模具設計者與加工單位之間的CAD／CAM評語圖檔標準已獲得良好的效果。

一九九七年十至十二月，重點開發KDT、HDT系列，客戶要求模具壽命從五十萬沖次提高到一〇〇萬沖次，並且有多項對模具製造的要求，如以塊方式製造沖剪刀口、以較厚的工具作為結構材料等。

一九九八年一至三月，SMT、HTM、MTC機種的開發成為主角，為了滿足機殼外觀的變化和新鮮感，除了塑料面板件各種凹凸變化造型之外，鐵殼外型也出現弧狀造型。由於對金屬彈性變形的控制不容易，模具完成時間稍有拖延，MTC還差一點出現客戶取消承認模具的危險。此次教訓說明，嚴格的圖面管制是模具開發最重要的一環。從此，「模具開發工程管制作業」觀念在沖模廠生根。期間，沖模二廠分離獨立成廠。

一九九八年四至六月，HMT是一個體型高大且重量大的商業用直立型機箱，有特殊的多層式結構設計與多件數的鐵件組合，不過，從試模到量產非常順利。然而，在開發體積小、沖件數量少、結構單純的消費型機種HTM時，卻因為輕視而細節重視不夠，一而再、再而三地不能合格。期間，有四名工程師被派往蘇格蘭工廠，負責沖壓廠前移的量產工作。

一九九八年七至九月，沖模一廠搬入C區B棟，沖模二廠、競爭塑模廠、鴻準塑模廠也陸續進駐。KDT、HDT模具的產能已分別積累到一三〇萬模次和八十萬模次，但是長壽命的沖模顯得「品質過剩」，通過對模具結構不當選料和加工方式一次規則性的檢討，「一次省到底」的省錢模的開發方式產生。省錢模方式立即被應用到ECG、HR、SERVER機殼的沖模開發上，降低成本三成以上。

一九九八年十月至一九九九年初，薄材沖壓部誕生。ECG製造事業處成立，在嶄新的大樓裡面包括沖模製造、加工、沖壓生產、組裝、研發等組織投入到SERVER的生產中。

黃森霖經理總結說，沖模一廠自一九九六年三月初建，截止到一九九九年初：一九九七年共製作模具三五八套，共有六個新機種開發與部分再製模；一九九八年共製作模具八一〇套，共有八個新機種開發；一九九九年模具開發達到一、五〇〇套。

沖壓出的「鎂合金之都」

追尋富士康的機殼產業之路，不能不涉及到它的鎂合金產業。二〇〇六年七月，郭台銘再次回老家山西，並為太原園區二期工程奠基，喊出了「把太原打造成世界鎂都」的口號。

鎂合金是富士康在打造機殼產業中沖壓出的一個新產業。

一九九九年三月，鎂合金事業處在深圳龍華成立，這是鎂合金3C產業在中國大陸首次出現。一直到二〇〇〇年五月，富士康在筆記型電腦外殼的試產方面，飽受挫折，金屬成型技術和烤漆技術非常不成熟。二〇〇〇年六月，鎂合金技術逐步成熟，開始出現勝利的曙光，再到二〇〇一年九月，技術突破，鎂合金事業處進入成長期。產品從過去的幾個機種擴展到十幾個，一個個技術瓶頸被克服，客戶愈來愈多，特別是日本客戶帶來大量商機，迎來鎂合金製造業的春天。

拉動鎂合金產業成長的動力首先來自筆記型電腦，然後是手機外殼，接著投影機外殼也用上了鎂合金。

鎂合金具有重量輕、強度高、鑄造性能佳、傳導性強等特性，應用範圍前景廣闊。最初，鎂合金板是從瑞士一家公司進口的，價格昂貴。後來打聽到鎂的原材料是從中國青海出口到國外的，然後冶煉，製成鎂合金板再進口到中國，身價頓時倍增。

善於產業延伸的郭台銘在回山西老家時，看到山西有豐富的煤、鎂、鋁資源，鋁、鎂的冶煉是一個重要產業。因此，他決定在太原投資建設工業園，整合山西的鎂、鋁資源，做大鎂合金產業。

二〇〇三年十月富士康太原科技園區奠基，二〇〇四年九月，部分設施建成投產。一期工程整體規劃為A、B、C三個區，建設用地一、五七五畝，建築面積約六十六萬平方米。其中廠房二十八棟、宿舍二十四棟、餐廳三棟、附屬用房四十八棟，體育運動場一個，室外休閒運動區六個，二〇〇七年初全部竣工。截至二〇〇六年七月十日，二期工程奠基時，一期工程包括土建、機電安裝、加工設備等總投資已達四十八億元人民幣，員工人數超過二二、〇〇〇人。

二〇〇六年七月十三日，郭台銘再一次回太原進行二期工程奠基。二期工程的建設定位於鎂合金的深加工、熱傳導產品、模具開發及部分汽車零組件的導入。二期工程竣工後，太原園區將發展成為全球最大的鎂鋁合金生產基地。

第六章　電腦：大鱷現形

在富士康的「６Ｃ」產業鏈條上，電腦是第一個「Ｃ」。從電腦連接器到機殼，這個成長過程是漫長的。而實際上從做機殼開始，富士康就已經悄悄開始做「準系統」了。但是在幾年時間裡，富士康的機殼裡到底裝了什麼東西，人們還只能猜測。直到二〇〇一年，富士康高調宣布獲得英特爾的Ｐ３和Ｐ４主機板訂單，人們才知道，富士康的機箱裡已經裝滿了。吞下整個電腦製造，ＰＣ大鱷現形了。

邁向「系統之路」的里程碑

二〇〇一年七月二十七日，是富士康公司一個劃時代的日子。

這一天，富士康集團傅富明心情激動地從美國向正在中國大陸的郭台銘電話彙報：「經過英特爾的檢測檢驗，二、〇〇〇臺樣機各項品質完全達標，富士康獲得生產許可。」

郭台銘堅定地說：「這是富士康的重要里程碑！」

富士康與英特爾的關係已經是牢不可破的了。英特爾的晶片已經離不開富士康的連接器，只有富士康精密可靠的連接器才能讓英特爾的晶片無敵天下。富士康的機殼造型和質感絕佳，也是英特爾的最愛。富士康的合作態度更是無可挑剔。價格便宜、供貨及時、批量可大可小，富士康還上門服務，把實驗室建到門外，一起參與產品研發和配套。

經由連接器建立起來的這種合作關係，一直延伸到機殼、準系統，現在富士康又提出了主機板的合作。英特爾沒有理由推託，答應成立聯合實驗室，先組裝二、〇〇〇臺P3產品進行檢測檢驗，但是要求苛刻：「二、〇〇〇臺產品中如果有三臺不合格，那麼，富士康就不能獲得訂單。」

二、〇〇〇臺產品，是很小的數量，但是完成整個製造過程卻非常複雜，交貨期是一個考驗。如果不能按時交貨，製造能力就大打折扣，能保證非常高的良率也是一個難題，因為初步製造，品質上難免會出現這樣那樣的問題。

但是，當富士康按時把二、〇〇〇臺P3電腦呈現在富士康美國休斯頓的工廠時，當即就得到英特爾對產品開發、小批量樣品製作及工程服務的高度評價。隨即進行現場檢測，二、〇〇〇臺電腦全部合格，達到預期品質要求。英特爾當即簽下允許生產許可證。富士康獲得了進入電腦主機板製造的門檻。

不過，富士康的志向不僅僅在P3產品，兩個星期後，二、〇〇〇臺P4樣品生產出來了，請英特爾工程技術人員前來檢測。這是英特爾即將上市的最新產品，經過檢測，也完全達到品質要求。這對英特爾是一個震撼，沒有理由不把訂單交給富士康。

第七十五期《鴻橋》刊物為此發表了名為《邁向「系統之路」的里程碑》的文章，文章寫道：「七月二十七日，傅富明特助主導的CPBG／HERCM／B團隊，在集團休斯頓工廠順利通過了英特爾P3生產許可並完成首批交貨；兩個星期後又通過英特爾P4生產許可。至此業界期待已久的P4題材開始真正在市場上發酵，給予苦於景氣低迷的PC產業注入了一支強心劑。由此也鞏固了富士康PC零組件全球大廠的地位，更成為集團邁向『系統之路』的重要的里程碑！」

堅持走「系統」之路

郭台銘有一句名言：「做烏龜的，一定要曉得不要把兔子吵醒。」

但是，富士康做「準系統」是「紙裡包不住火」的，因為電腦商突然向主機板供貨商提出要求，他們不再僅僅需要富士康的連接器，而且還需要他們的各種組裝件。

主機板商和臺灣的電腦商頓時感受到了威脅。他們認為，是他們扶持起了富士康的連接器，現在富士康卻反過來和他們搶生意，他們看出富士康一定會進入主機板的製造。特別是富士康一貫的低價、快速、大規模戰略，所到之處無人能擋。一些電腦商也非常恐慌，如果國際大品牌與富士康結盟生產製造主機板，大者恒大，一般的企業就難以生存了。

來自臺灣同行的擔心一直困擾郭台銘多年，特別是從二〇〇一年起，富士康蟬聯臺灣民營製造企業老大，有了「臺灣科技首富」等頭銜，於是，富士康似乎成了眾矢之的。

一直到二〇〇三年，郭台銘還刻意保持低調，一再否認自己是「老大」。他對媒體說：「臺灣需要一批可與世界競爭的國際企業。很多人在猜，今年誰會是第一？我告訴各位，今年廣達會是第一。因為廣達是我大哥，一定是第一，我實在不敢當第一。廣達絕對是臺灣的龍頭企業，他是我的大哥；仁寶的陳瑞聰，是全世界最有行銷能力的總經理，他的眼光與魄力，加上他是個專業經理人，是一個非常盡忠職守的人，他絕對是老二；華碩的施崇棠董事長，在國際舞臺上絕對有他的地位，他是老三；明基的李焜耀董事長，在十幾年前，我就認為他絕對是一個明日之星。所以怎麼排，我都是五名以後。如果我們全臺灣有這麼五家好公司能在國際上發展，對臺灣來說絕對是一個很好的發展。」

業內競爭對手也採取實際的措施對富士康進入主機板系統進行阻擊。一九九九年初，臺灣有業者走相容電腦的通路市場，推出九十九美元的個人電腦準系統，一度震撼了市場。有人曾認為，此舉會對以電腦機殼為基礎而發展成為準系統的富士康造成衝擊。

但富士康卻冷靜以對，九十九美元準系統以低價產品市場為區隔，滿足低價訴求，不同於富士康的產品策略，因此雙方不會發生衝突。富士康表示，公司的個人電腦準系統產品，以全球前四大個人電腦大廠，包括康柏、戴爾、惠普及IBM等廠的OEM為目標市場，當時每月六十萬臺的產能已有供貨吃緊的現象，因此暫時不會往通路市場的相容電腦機種發展，而且等全球前四大個人電腦大廠都成為富士康的主要客戶之後，富士康將把目標市場擴大到全球前十大個人電腦大廠。

富士康進一步指出，個人電腦市場集中化的趨勢是不可阻擋的。由於價格競爭日趨激烈，全球前四大個人電腦廠將以成本優勢，占據更高的市場占有率，全球個人電腦的出貨量將愈來愈往這幾家大廠集中。而富士康個人電腦準系統產品的效益成本比，能夠符合這幾家大廠的需求，因此富士康在這幾家大廠的出貨量比重將會愈來愈高，出現水漲船高的局面。

郭台銘清楚，九十九美元準系統的低價電腦，衝擊的是大的品牌電腦公司，如果低價電腦切入市場，就會影響富士康與這些大電腦公司的合作關係，而此時站在大電腦公司的陣營，合作應戰低價電腦，則可進一步強化強強合作的聯盟。因此，郭台銘旗幟鮮明地選擇了後者，站到了國際電腦公司的陣營。

果然，國際大廠的訂單紛至沓來。一九九九年，富士康準系統出貨一、一〇〇萬臺，占據全球PC總量的十分之一。康柏、英特爾、戴爾、蘋果等電腦公司都成為富士康準系統代工的大客戶。

數百條SMT生產線同時運轉

二〇〇一年七月，《鴻橋》記者曾經採訪描述了P4主機板生產的現場：

「F8區的主機板生產大樓，外表看只是科技園中的一棟普通建築。記者像往常進入任何場所一樣，向警衛人員特別出示廠證，準備穿堂入室，拾階而上。警衛人員見狀連忙制止，要求穿上無塵鞋套，上二樓再穿上防靜電的專用外衣，才能進入生產車間。

「進入三樓的英特爾主機板生產車間，這裡沒有想像中的喧嘩，沒有揮汗如雨的場景。高貴的SMT機臺儘管在全速運轉，但那富有節奏感的律動倒顯得自信而悠閒。流水線上，PC板在緩緩流淌，經過一個個訓練有素的作業工人的巧手與明眸的洗禮，功能完善、品質優良的主機板便被輸送到了檢測區。經過外觀和功能的檢測，包裝區的工人們手腳麻利地將產品快速裝箱……

「一切看似簡單，但主機板上密密麻麻的電子零件與關鍵零組件，卻讓人敬畏。這是用高科技的自動化與熟練的人工打造出的世界一流製程。」

就在這一次採訪報導中，記者還披露了富士康在零組件方面的產品和能力：「插座（Socket）、Connector、I/O、CPU風扇、DRAM擴展槽、基板、顯示卡……關鍵的零組件都掌握在他們手裡，自己配套生產，並且都有專利。」也就是說，除了連接器和機殼，主機板上的不少關鍵零組件也都由富士康生產。

二〇〇六年年底，廣東省電子學會SMT專業委員會祕書長蘇曼波曾做過這樣的介紹：電腦也好、手機也好，外殼裡面裝的就是一塊電路板，所有的零組件都安裝在這塊板子上。所謂的SMT生產線就是製造電子電路板的自動化生產線。

由於電子產品日益小型化、微型化，功能強大而多元化，電路板愈來愈精密，一塊手機電路板上就安裝了上千個元件，元件變得只有芝麻粒大小，間距比頭髮絲還精細，一塊小小的IC就有上百個腳與線路和元件連接，製造安裝難度非常大。SMT生產線的功能就是完成這種精密的安裝。首先要用激光切割機製造SMT模板，就像印刷一樣，SMT模板就是印刷的菲林，按照模板的規則和線路圖，在每一塊基板上進行線路印刷，將焊膏材料印上去，這道工序的設備是絲印機；接下來是貼片機，通過電腦的程序控制，通過機器手將元件快速地按照線路圖安裝固定上去，這道工序不但要求安裝的位置適當，而且在基板上的深度、安裝孔大小都要求精密，因為哪怕一丁點兒的過度，都可能導致線路斷路等故障；元件安裝固定以後，電路板就被送到焊爐，自動冒出錫漿，溫度加高，將元件焊接好；最後電路板被送到檢測設備進行檢測。

一條SMT生產線，就是由絲印機、貼片機、焊爐、檢測設備等主要設備組成的，特別是貼片機可能一條線要有幾臺，在流水線輸送中，由幾臺貼片機分別完成安裝任務。貼片機屬於光機電一體化設備，非常精密，目前中國還不能製造。絲印機和檢測設備製造技術剛剛攻破，焊接爐已經比較成熟。

蘇曼波介紹，目前中國的SMT生產線大多從國外引進，大大小小有一萬多條，光富士康就引進了數百條，是SMT生產線最多的企業，而且大多是先進的快速生產線，一條生產線超過上百萬美元，充分顯示出富士康的雄厚實力和製造能力。當然，目前，富士康的SMT生產線不只是用來生產電腦主機板，手機、消費電子的主機板生產已經占有相當大的份額。

蓄謀已久的「筆記型電腦午餐」

二〇〇四年三月的一天，富士康集團總裁郭台銘與日本某企業K先生在東京共進午餐，談興正濃時，達成一項協議，隨手在菜單上簽名見證，約定二〇〇五年由富士康供貨筆記型電腦一〇〇萬臺。

此時，富士康還沒有生產過筆記型電腦，因此完成此筆訂單，成為富士康進軍筆記型電腦的開局一役。二〇〇四年，全球筆記型電腦銷量達到二、四〇〇萬臺，並以年成長一〇%的速度遞增。二〇〇三年，富士康已經成為全球桌上電腦最大的製造商，當然不可能放過筆記型電腦的市場機遇。

在相當長的一段時間內，富士康在桌上電腦的零組件、機殼、準系統、主機板等方面一路攻城掠地，大顯神威，而在筆記型電腦方面則略顯遜色。

一九九六年，富士康在深圳西鄉寶源工業區的富頂公司成立了B／M（I）—P事業處，主攻筆記型、掌上型電腦的關鍵零組件；後來富士康建立鎂合金工業基地，又為筆記型電腦機殼奠定了原料基礎，因為筆記型電腦體積小，隨身攜帶，造型需要更時尚，外觀更精美、手感更滑潤細膩，當然還要更輕便堅硬，鎂合金材料更適合用來製作筆記型電腦外殼；而富士康對機構件、熱傳、連接器等關鍵零組件的生產能力已經不在話下。

由於在桌上電腦領域勢如破竹，引起不少合作夥伴和競爭對手的猜忌，富士康在進入筆記型電腦生產時就顯得格外小心，尚需要找一個突破口。經過逐一篩選，富士康鎖定了一日系M公司作為首選目標。因為，M公司是富士康的長期客戶，具備非常好的合作關係，而這時M公司也在策劃進入筆記型電腦市場，極需實力強大的合作廠商提供支持。

二〇〇三年九月，富士康有關人員來到日本，協商筆記型電腦的合作事宜，並展示了富士康的實力。二〇〇四年一月，Ｍ公司認可了富士康的實力，表示了合作意願。這也就有了郭台銘與Ｋ先生共進午餐的一幕。

這一張訂單的挑戰在於，富士康作為製造商，除完成產品的研發設計外，還須協助客戶完成產品的樣機乃至批量製品，將該成果孵化成產品，同時幫助客戶解決批量生產中的品質、工藝、材料、成本、規模和配套廠商選擇等一系列問題，提供完整的技術支持與解決方案。這就是ODM。

筆記型電腦與桌上電腦不同，在狹小的空間內要放置上千個零部件，難度較大。特別是筆記型電腦是時尚性、高精密性的消費電子產品，對產品外觀、人性化、個性化設計要求較高。能否準確理解客戶、理解市場、理解消費者，並根據其變化而隨機應變，也是一種挑戰。富士康從生產零部件介入生產桌上電腦的成功模式能否順理成章地複製到筆記型電腦生產領域，還有待實踐的檢驗。

日本公司對品質和技術要求的嚴格是全世界公認的。二〇〇四年二月，Ｍ公司的人員到深圳考察富士康的研發實力，著重從研發團隊的人數和研發人員的工作經驗等方面進行考核。結果，客戶給出的機構段得分是六十分，硬體得分為二十分，軟體得分乾脆給了零分，總體上為不合格。

富士康緊急調兵遣將，充實研發實力，一個月後，客戶再次來審查，才得到合格的確認。

設計研發進入實質操作階段，七月，進入工程試驗；九月，進入設計試驗；十一月，小批量生產試驗；十二月，大批量生產。

雖然第一批產品已經上線，但富士康獲知，客戶已經把自己排除在下一步的客戶名單中了。因為在小批量生產階段，客戶抱怨所有沖塑件的品質無法達到均一性。接手這一工作剛剛一天的副總經理鄭永富，被客戶的電話吵得頭都大了。逐一檢查，模具、設備都沒有問題，是零件與組配出了問題。解決這一問題，公司花了不少精力。

這種情況下，富士康負責這一項目的戴正吳總經理親自上陣，到日本向客戶推薦富士康獨特的「零部件——模組——工程設計」及全球出貨的CMM模式。富士康還在日本最昂貴的地段設立了「三毛貓屋」（Mechanical room）。在現場，富士康打開自己生產的筆記型電腦，讓客戶看到，除了客戶指定的鍵盤、喇叭等產品以外，所有的機構件都是富士康自己生產的，自製率一〇〇%。只要臨門一腳，富士康就能生產出一流的筆記型電腦。

在「三毛貓屋」裡，富士康的模具工程師感到最困難的是說服客戶的設計師接受自己的意見。客戶公司的設計師大都師出名門，一個個不是留法留義歸國，就是東京帝國大學藝術系的畢業生。在他們眼裡只有創意，根本不管如何將創意轉化、製造出產品的問題。但是富士康的有關人員，還是盡力從產品外觀、脫模角度、滑塊配置、噴塗隱患等方面，逐一做出說明。這樣做的效果非常好，雙方很快達成共識，加快了產品的開發設計過程。

二〇〇五年一月五日，富士康將第一批十萬臺筆記型電腦交到日本客戶手裡。由於客戶掌握產品開發的過程和進展情況，提前做好了市場推廣和鋪墊，第一批產品迅速進入全球的銷售網路，反饋的情況令人振奮。Ｍ公司的筆記型電腦一炮走紅，富士康進入筆記型電腦領域的計劃也大功告成。

在以後很短的時間內，富士康進一步對產品進行改進，接連推出四款新產品，極大地支撐了客戶的市場銷售。截至二〇〇五年十月，已經出貨一〇〇萬臺，提前兩個月完成了訂單任務。

在慶功大會上，Ｍ公司的Ｋ先生別出心裁地亮出精心保存的和郭台銘共同簽字的那張菜單，對富士康豎起了大拇指。

此後，富士康的筆記型電腦出貨量一再增加，成為這一領域的強勁競爭者。

全球最大的電腦製造基地

深圳龍華，是富士康在大陸的大本營，它見證了富士康在大陸的快速成長歷程，也是全球最大的電腦製造基地。

富士康龍華基地到底如何？

富士康在一九九六年時開始對外宣稱跨入準系統領域，一九九八年時出貨就達九〇〇萬臺，一九九九年是一、一〇〇萬臺，占據全球ＰＣ生產總量的十分之一。有一次帶著外籍高級主管到龍華廠開會，郭台銘豪邁地說：「世界上很少有一個公司，可以從模具、電腦外殼到硬碟，整合在一起統包代工。」

郭台銘又說：「Intel Inside，Foxconn Outside。」（在PC硬體產品上，英特爾主宰內部中央處理器，富士康在外觀上具有決定性作用。）

一九九六年，就有產業界人士驚訝地描述富士康的龍華廠：「只要在廠房頭的一端投入原料，比如說最先投入的是成卷的『冷軋鋼板』，在廠房尾的那一端，產出的就是裝箱的『準系統』，直接裝上貨櫃車後，就可以運往香港或是鹽田深水港，送往戴爾全球的組裝中心。」

方國健在《海闊天空》一文中寫道：「這是一個壓縮到極點的供應鏈，稱得上是一種革命性的做法。在龍華這個『一條龍』的工廠裡，流程涵蓋了鋼板裁切、沖壓、成型、烤漆、點焊、組裝等，再加上廠外來料，比如電源供應器、軟碟機、線材、擴充卡、面板等。」

有人從富士康龍華科技園出來後描述說：一層樓生產連接器，一層樓生產主機板，一層樓生產機殼，一層樓組裝，一臺臺電腦從流水線上下來，直接裝到停在樓外碼頭的大貨櫃車上運走，連倉庫都沒有。在一棟樓上，複雜的電腦產品就能生產出來並運走。

一九九六年，富士康接到第一批準系統訂單時，龍華科技園才剛剛開始建設，一邊建廠一邊生產趕貨。現任鴻超準WLBG塑模MPE加工部經理熊焰介紹，一九九七年，他第一次來到龍華科技園，A區只有A1、A2兩棟廠房，B區B1、B2兩棟廠房正在建設中。一九九八年，他的公司遷到龍華科技園，B區B1、B2兩棟廠房建成了，SHZBG餐廳也建成了，但其他建築都還沒有。一眼望去，除了戴安全帽的營建人員，視野之內就是荒草野坡。因為沒有體育場，一九九八年年終摸彩晚會是在B2棟廠房旁的空地上進行的。到了第二年，那片空地就不見了，一棟棟廠房拔地而起。隨著園區的一天天擴大，一年年變化，熊焰住的地方和上班的地方也在變化。「以前住在B區，上班走路只需十分鐘，以後搬到E7，要走半小時，下星期要搬到G17，估計要走一個小時。照這樣下去，科技園內就要開通公交車、建設園中園了。」

對於富士康龍華科技園在全球電腦製造的地位，IBM的副總裁在二〇〇二年就說過一句名言：「深圳到香港的公路如果塞車，全球PC市場就會缺貨。」

群創光電橫空出世

二〇〇一年，郭台銘在鴻準公司的一次會議上說：「我們很快就要在這裡架設LCD的生產線，應該在今年第四季度就會生產。為什麼要拿到這邊做，因為它要用到精密模具，除了半導體的製程以外，它還是一個光的顯示器。現在是電子的時代，二十一世紀是光的時代。光有五個光：光通信、光資訊、光影像、光儲存、光系統，這些都要用到精密模具。我還要告訴各位，光影像後面有一個背光板，這個模具非常精密，要在無塵室進行刻蝕，現在只有日本能做這個模具。我已經決定，將來鴻準要有能力、有信心把這個技術從日本轉移過來。」

但是，在二〇〇四年六月的股東會上，郭台銘卻坦言，富士康在跨入液晶面板產業的過程中遭遇到了苦戰：「我們真的很辛苦。」

群創光電是鴻海集團跨入高科技最大的一筆投資，初期資本額是五十五億元人民幣。這個項目一開始就被外界認為很可能會延遲投產時間表，能否順利達成目標，仍是一大未知數。

二〇〇三年一月，群創光電公司設立登記；二〇〇三年五月，臺灣竹南TFT及Color Filter廠動土典禮舉行；二〇〇三年八月，竹南TFT及Color Filter廠正式動工；二〇〇四年六月，竹南TFT廠及Color Filter廠開始裝機。

業界認為群創光電延遲的理由不止一個。首先是二〇〇三年底景氣開始大好，全球TFT-LCD面板廠紛紛加緊擴大產能，產能一擴大，零件原料供應就開始吃緊，從設備、原料到大尺寸的彩色濾光片Color Filter等，各路對手都爭相搶奪資源。而二〇〇三年五月才動土的群創，剛開始準備大興土木，就受到了其他面板廠的資源排擠，「大家都會想辦法卡它」。

「大家都會想辦法卡它」的原因很多。臺灣是液晶面板的重要生產地，超過韓國和日本。富士康是重要的客戶，如果富士康自己生產液晶面板，大家不僅少了訂單，它甚至還要和大家搶訂單。

郭台銘大力創建群創光電也是出於競爭的考慮。富士康電腦、手機、車載DVD、PDA等產品都需要大量的液晶面板，如果不掌握上游資源，很可能被人控制，就算拿到產品訂單也沒有用。投入液晶面板產業，一方面可以保護既有的版圖，另一方面也可以成為面板供應商。「如果我們把未來液晶個人電腦做到和CRT顯示器個人電腦一樣便宜，別人能不交給我們訂單嗎？」

那麼，群創光電後來的情況怎樣呢？二〇〇六年八月三十一日，群創光電舉行了一個慶功會，前八個月出貨量達到一、〇〇〇萬臺，而二〇〇五年全年的出貨量是八五〇萬臺。此後每個月更是連創新高，每個月營收都超過二十五億元人民幣。二〇〇六年全年，群創光電出貨量達到一、七五〇萬臺，全年營收金額確定突破二五〇億元人民幣。

第七章　手機：虎口奪食

手機製造是富士康近年來的一個新產業，一朝出山，即一路疾馳奔跑在前，一跳即摘下全球手機大王的桂冠，攀上頂峰，氣吞山河般的氣勢再一次宣泄無遺，讓業界再一次領略了世界製造業霸主的風采。

不過，與十幾年來從連接器到機殼、從準系統到系統的電腦製造的一路攀升不同，富士康手機似乎是一夜成名的，這讓富士康製造更加透露出神祕的魅力。

FIH上市驚動香港

《鴻橋》這樣描述FIH在香港上市的情景：

香港作為一個國際大都市，素來以高效率著稱，居民生活節奏特別快，最顯著的特點是行走在馬路上的人們一個個都行色匆匆，腳步快得像一路小跑。但香港人晚睡晚起也是出了名的，這個城市的活動一般都在早晨八點以後才陸續開始，十點左右才進入活動的高潮。

但是，二〇〇五年一月十七日這一天，許多香港市民卻不得不破例早起，到證券公司的大門口去排隊，在證券公司開門營業之前，門口等候的隊伍已經排得很長了。

人們排隊守候的是這天即將上市發行的富士康股票。

這次在香港聯合交易所掛牌上市的是富士康國際控股有限公司（FIH），實際上是富士康科技集團旗下的無線通訊產品事業群（WLBG）。

此前，富士康很少為人所知，在大陸和香港，知道富士康的人並不是太多，當然更不可能像滙豐、長江實業那樣如雷貫耳。但是，高盛公司高調出任該股票首次公開募股的全球總協調人，能被高盛公司看中的股票，自然是非同一般。

無孔不入的香港財經記者挖來不少富士康的猛料，推波助瀾。

有媒體報導：富士康的首次公開募股（IPO）面向散戶發售的部分獲得三十六倍超額認購，定價會接近承銷價上限。富士康的承銷價介乎三．〇六至三．八八港元之間，以上限計算，集資額約三十四億港元。

由於散戶認購踴躍，回補機制被觸發。面向散戶部分占全部發行股份的比例將從原來的一〇％提高至三〇％。富士康計劃發行八．六九四億股股票，占該公司擴大後股本的二十五％，並於二月三日在香港市場掛牌上市。另外，承銷商還有超額配售權，可以額外發行全部發行股份十五％的股票。瑞士銀行和高盛是此次IPO交易的全球協調人。

更有媒體報導，高盛公司等國際戰略投資看好富士康FIH自有他們的道理。因為他們瞭解富士康，瞭解它的掌舵人郭台銘。富士康一直以來在業界的表現，以及富士康掌舵人郭台銘傲視群雄的高度整合能力，令他們堅信，FIH一定能夠虎口奪食，在手機製造市場上搶到屬於自己的最大的一塊餅。

投資FIH對國際戰略投資者而言，是目前這個充滿風險的微利時代讓資產增值的最好方法。過去並不為外人所知的富士康手機代工此時也被高密度曝光：富士康正式進入手機代工市場是在二〇〇〇年。到二〇〇一年，富士康的手機代工業務僅有區區數百萬美元，但如同富士康在進入其他市場時一樣，郭台銘在這裡也複製了他的「高度垂直整合」模式。首先從零部件開始，然後逐步進入整機組裝。隨著深圳龍華廠區、北京廠區、杭州廠區的陸續建成投產，富士康的手機生產能力已經初具規模。二〇〇三年八月，富士康收購了諾基亞在芬蘭的主要機殼供應商EIMO集團，同年十月富士康又再次出手，收購了摩托羅拉位於墨西哥的一個工廠。在切入諾基亞和摩托羅拉的代工市場之後，富士康在全球手機代工市場迅速崛起。

FIH也的確不負眾望，二〇〇五年二月三日，正式在香港主板掛牌上市，掛牌價三．八八港元，首次公開募股募集約三十二．七億港元。首日上市表現理想，在恒生指數小幅下跌的情況下，該股票依然受到投資者追捧，比開盤價三．四〇港元上升十一．〇三%，首日收盤價三．七七五港元。

到二〇〇五年底，短短十個月內，FIH股價攀升到一一．六港元，成長了二倍之多，勇奪二〇〇五年香港新上市股當中，漲幅最大的個股寶座。

收購奇美通訊驚動業界

二〇〇五年二月十六日，也就是富士康FIH香港上市不到兩個星期後，臺灣業界又傳出消息，富士康正在就收購行動電話製造商奇美通訊股份有限公司的事宜進行談判。

果然，三個月後的五月十三日，富士康正式對外宣布，集團通過轉投資的Transworld Holdings Limited，以每股二十九．五元人民幣、合計二十四．九十九億元人民幣的價格正式買進奇美集團旗下的奇美通訊八、四七一．三萬股股權，持股比率約五六．四八%。

富士康出手之快，再一次讓業界驚嘆不已。富士康為什麼要收購奇美，引發外界多種猜測。

一說，補研發之不足。在臺灣業界，奇美通訊一直享有「小而美」的讚譽。該公司成立於二〇〇一年四月，根據臺灣有關方面的資料顯示，實收資本額十五億元新臺幣，奇美實業為其最大的股東，持有近五成股權。二〇〇一年初，明基電通最核心的GPRS研發部門、通訊事業處副總經理池育陽與手下近四十名工程師集體跳槽奇美通訊，從此開始領銜奇美通訊的手機研發，也正是得益於這批工程師的研發實力，奇美通訊很快在高階手機代工市場有所斬獲。

一說，是為獲得摩托羅拉的訂單。從二〇〇三年底開始，奇美通訊正式接獲摩托羅拉手機ODM訂單，曾為摩托羅拉代工的手機型號包括V690、V878、V872、A668等，還有採用微軟作業系統的智慧型手機Mpx200、Mpx220等。二〇〇四年，奇美通訊開始獲利，第四季度的每月出貨量可達二十萬臺左右。該公司二〇〇五年的全年出貨量達二〇〇萬臺。

「富士康是想借機從OEM轉為ODM。」臺灣業界人士評價，富士康長期為諾基亞、摩托羅拉公司提供機殼等零部件，同時也為這些公司代工組裝手機多年，富士康一直希望提升設計能力，一舉跨入ODM領域。二〇〇五年手機ODM全球訂單量成長五十六%，但全球OEM訂單量將僅成長十八%左右，富士康吃下奇美通訊對臺灣其他手機代工業者來說可不是個好消息。若成功收購奇美，也就表示富士康將有能力與其他公司爭奪諾基亞、摩托羅拉等公司的ODM訂單，全球手機代工產業的競爭版圖，不久後就可能重新洗牌。

一說，挑戰偉創力。「加速併購使得富士康有能力去挑戰偉創力。」這是臺灣業界的另一種聲音。雖然在整體營業額上，富士康在二〇〇四年已經取代偉創力坐上了全球電子代工製造老大的位置，但是在手機代工市場，富士康還不是偉創力的對手。

偉創力的資料顯示，二〇〇四年公司營業額為一四五億美元，不敵富士康。但是偉創力二〇〇三年的手機代工占全世界手機產量的十六%。

跟PC等相比，手機代工的利潤還是比較高的。由於手機的技術還在不斷發展中，代工廠商可以依靠不斷研發新產品而獲利。面對這塊利潤豐厚的大餅，郭台銘顯然不會讓偉創力獨享。

與富士康的咄咄逼人不同，偉創力近年的業務成長一直相當緩慢。早在二〇〇一年，偉創力的銷售額就達到了一三八億美元，但到了二〇〇四年，營業額僅僅成長到一四五億美元，比富士康的速度慢得多。特別是由於偉創力目前還是專注於OEM，而富士康收購奇美通訊之後將極大增強其研發實力，無疑將增強在全球手機代工市場的搶單能力。

一年三大併購

富士康FIH在香港上市，也讓富士康的手機戰略意圖開始在社會上曝光。這也是富士康快速收購奇美通訊的重要原因。既然已經將自己完全公開在競爭對手面前，就只有快速布局，加快擴張，增強競爭力。

通過收購進行擴張是富士康在手機領域迅速聚集能量的重要途徑。二〇〇三年，富士康已經在國際上完成了三次併購。

第一次併購是在二〇〇三年八月，富士康收購全球第三大手機外殼製造廠芬蘭藝模公司（Eimo Oyj），這也是中國公司首度遠征北歐的行動。

藝模原本是芬蘭的上市公司，所有權主要集中在幾個家族手中，也是諾基亞當初崛起時的主要供貨商之一。諾基亞過去有一百多家供貨商，但是隨著諾基亞走向全球化競爭，面對世界級的對手，一百多家供貨商並不是每一家都跟得上競爭的步調，諾基亞本身也認識到自己要管理這一百多家供貨商並不容易。諾基亞每一季都推出十種以上的新產品，供應鏈彈性要愈來愈大，但這些供貨商不是每一家都有能力承擔。因此，諾基亞也希望能像戴爾或惠普一樣，將主要供貨商數目減少到原來的「十分之一」，讓十多家主要供貨商來負責零組件的供應，及其他零組件的整合。

富士康是諾基亞的主要合作夥伴之一。富士康在手機機殼方面早已贏得諾基亞的信任，而富士康有快速開發及全球供應鏈能力的「超競爭平臺」，不是其他機殼商可以企及的。

諾基亞這種對供貨商的調整，對富士康是一次難得的機遇。收購藝模不但可以增強競爭實力，也可以迎合諾基亞的重新布局，不僅能承接藝模的訂單，而且可以近一步拉近與諾基亞的關係。不過郭台銘意識到：今天的景氣來得快去得也快，重要的是景氣來時，自己的競爭力在不在，能不能抓得住機會。郭台銘自信，富士康的法務、行政及財務人員，有能力在兩個星期內完成所有收購行動的準備工作。

當時藝模的股價大約在一·一歐元左右，富士康可以選擇在公開市場收購股票的方式來買入不同比例的股份。但專精於海外企業併購的專家指出，在收購過程中，最重要的是如何一方面「過程公開透明」，一方面又維持一定的「保密程度」，否則要是有「有心人」在收購過程中加碼，就會帶來收購的困擾和成本的增加。更何況還有其他想做諾基亞生意的對手的虎視眈眈。

富士康的做法是買下藝模一〇〇%的持股，具體的策略是先讓這家公司下市，然後整個收購。如果要保證藝模在併入之後還能正常運作，整個過程就必須愈短愈好，以免造成工廠生產線人員的疑慮。時間，是對富士康最大的挑戰。

從決定收購、確定如何收購到執行收購，富士康再度展現了執行的戰鬥力：從議定價格到開始第一輪談判，總共花了四個月的時間，在這樣的過程中，富士康和當地銀行合作，所有法定程序都得到解決。最終，富士康以六·一四億元人民幣的價格將芬蘭藝模收入囊中。

第二次收購是在北美。二〇〇三年十月十五日，富士康宣布以三、〇〇〇萬美元的價格收購摩托羅拉位於墨西哥的一個工廠，原地接收摩托羅拉的組裝訂單。這次收購共簽署兩項協議，收購協議簽訂的同時，還簽署了一份長期生產合約，兩份合約都規定在九十天內完成。

二〇〇三年十一月八日，富士康又宣布了第三次併購資訊：富士康將收購泛宏碁集團旗下的網路通信設備生產商國電的所有在外流通股份。兩公司確定二〇〇四年三月十九日為收購日，收購以換股方式進行，富士康將以臺灣鴻海〇．六七二股股票交換一股國電股票，交易總金額約為三六七億新臺幣，大約折合一〇．八億美元。

二〇〇三年底，郭台銘驕傲地說：「我們是臺灣第一家在一年內完成三大洲併購的公司。」

建成大陸三大基地

富士康FIH在上市報告中表明：此次上市計劃集資所得，其中十六億港元用於擴大產能，亞洲及歐美各占一半；約十二億港元用做償還貸款，餘額則用做一般營運資金及企業用途；十六億港元用於擴展深圳、北京、杭州和匈牙利、墨西哥及巴西廠房的現有產能，其中，七〇％用於購買機器，餘下三〇％用於購買土地。富士康手機的國際化布局藍圖清晰地呈現在人們面前。

二〇〇五年一月二十九日，在FIH股票正式發售之後和正式在港交所掛牌之前，「富士康FIH二〇〇四年經驗分享暨新年運籌動員大會」在深圳、北京、杭州三地通過電視螢幕同時舉行。這實際上是對集團通信產業的一次總結，也是對成功上市的一次慶祝。

各位主管在大會上的報告，讓富士康手機的成長歷程再一次展現出來。

廿世紀九〇年代末，無線通訊產業狼煙四起。二〇〇〇年，富士康戴豐樹經理和甘克儉、吳高德兩位副總受命組成一個小小的團隊，開始進軍手機產業。

深圳之外，富士康的第一個手機基地建在杭州。一九九九年，富士康投資組建宏訊電子工業（杭州）有限公司，二〇〇〇年建成投產，主要業務是為UT斯達康代工小靈通手機。以後逐步發展，員工四、二〇〇餘人，工程師八〇〇餘人，產品跨越手機及零組件、模具、機殼、基站、電子軟體等多個領域，客戶均為各領域之知名企業。在此基礎上，又建成現在位於西子湖畔、錢塘江邊的富士康科技集團錢塘科技工業園，占地八五〇畝，奠基於二〇〇二年三月，是富士康科技集團在全球的第六個生產製造基地。

關於北京基地，富士康的資料介紹：二〇〇一年動工、二〇〇二年初步建成投產的富士康（北京）科技工業園，是富士康集團全球無線通訊的事業總部，工業園將有效整合集團華南、華東地區的零組件製造能力，提供從關鍵零組件到系統組裝的全方位製造與客戶服務。

之所以要建北京基地，是因為從產業布局而言，諾基亞和摩托羅拉最初進入中國，主要布局在北京和天津，在北京建設基地能夠最緊密地貼近這兩個最大的客戶。

但深圳是中國手機品牌和製造的大本營，活力四射，從設計研發到製造和銷售，這座城市已經是手機之都，不但占據國內的三分天下，而且在世界手機製造業中也舉足輕重。這種產業的動力和基礎，也為在深圳扎根的富士康提供了許多機會。因此，富士康的手機基地也是深圳最大。為建設北京和深圳手機基地立下汗馬功勞的是FIH副總甘克儉。

甘克儉一九八六年加入富士康，先後在臺北、昆山、深圳、北京任職，擔任過深圳PCE電腦機殼沖壓廠廠長、集團工管系統主管和DT（III）產品事業處處長等職。二〇〇〇年，甘克儉擔任MPE產品事業處處長一職，成功地在華南深圳和華北北富廠組建了手機製造團隊。同時掌管MPE深圳廠和北京廠的經營，擁有十九年製造業從業經歷的甘克儉依然顯得游刃有餘，總能十分出色地完成不斷提升的經營目標。

到二〇〇二年年底，富士康WLBG通訊產品事業群已經擁有MPE、MGE、MSE、MHZ事業處和沖模廠，結構設計中心，北富、杭州、深圳等製造基地，員工達到萬人。MPE做的是公司手機外設訂單；MSE是為公司的手機市場開疆拓土；MGE是從筆記型電腦機殼，逐步實現產品多元化；宏訊從SMT小靈通手機逐步擴展到無線通訊機構件的製造領域；MHZ則將戰略目標放在國內大型手機製造商的代工，矢志成為全中國最大的手機機構件供應商，向客戶提供全方位的軟硬體工程服務。

代工兩大手機巨頭

代工企業很重要的一條規矩是為外包方保密。不過，從富士康FIH公布的上市公司資料中，人們卻可以非常清晰地找到諾基亞和摩托羅拉兩家全球排名第一、第二的手機國際巨頭的身影。

富士康FIH上市之初，有媒體就分析稱：「從富士康公布的數據來看，二〇〇四年前三季度富士康的銷售額大幅上升，達二十億美元，儘管銷售額同比上升了兩倍多，但是淨利潤率卻從一二・三%降至六・四%；此外，富士康還存在著過分依賴諾基亞和摩托羅拉兩大手機巨頭的手機代工業務的問題，二〇〇四年前三季度，富士康面向諾基亞和摩托羅拉的銷售額占總營業額的八九%。」

投行更進一步指出：富士康的兩大主要客戶為摩托羅拉與諾基亞，兩者在全球手機市場占有率分別為十五%及三〇%，兩大品牌加上UT斯達康，二〇〇四年上半年便占了富士康FIH八九%的營業收入。高盛證券在IPO報告中指出，預期摩托羅拉及諾基亞在二〇〇五年將分別外包一五%及六〇%的手機生產給富士康。

二〇〇六年九月十一日，富士康成為香港恒生指數成份股，而聯想則被從恒生指數成份股中剔除。自二〇〇五年二月上市以來，富士康的市值成長了五倍，超過了聯想等公司。

富士康於二〇〇五年二月三日在香港聯交所上市，在近一年半的時間裡，該公司市值已經由二六五億港元增至一、六〇〇億港元（約合二〇六億美元）。聯想市值同期僅成長五十七%，達到二四七億港元。為了削減成本和拉近與高成長市場的距離，諾基亞和摩托羅拉等手機巨頭紛紛將生產業務轉往亞洲，富士康從而成為它們最重要的供應商之一。與此同時，由於中國ＰＣ市場的競爭日趨激烈，聯想一直在為提高利潤而苦苦掙扎。

摩根大通分析師張凱文在研究報告中稱，到二〇〇七年底，富士康FIH將獲得諾基亞和摩托羅拉五〇%以上的代工訂單。二〇〇五年，富士康FIH的銷售額為六十三．六億美元，比二〇〇一年的七六〇萬美元成長近八〇〇倍。二〇〇六年上半年，富士康的淨利潤為三．〇二億美元，比二〇〇五年同期的一．四六九億美元成長一倍。二〇〇六財年第一季度，聯想的淨利潤為五〇〇萬美元，同比下滑八十九%。

富士康進軍手機市場，一開始就把目標鎖定在諾基亞和摩托羅拉這兩大巨頭身上。二〇〇一年十二月一日，接到諾基亞第一個訂單：BEETLE。經過半年的攻關努力，二〇〇一年五月十八日，BEETLE首櫃產品順利出貨。五月二十三日，諾基亞對產品逐一檢驗後傳回消息：產品品質一〇〇%合格。從此，諾基亞的訂單雪片般飛來。

二〇〇三年，富士康收購摩托羅拉的墨西哥工廠，據說簽訂的代工合約就是每年一、〇〇〇萬臺。甚至有人預測，二〇〇六年，富士康FIH的銷售額會超過一〇〇億美元，其中絕大部分來自諾基亞和摩托羅拉。

一般情況來說，諾基亞和摩托羅拉都是世界級的手機大公司，是直接的競爭對手，很難做到讓兩個冤家相聚到一個公司代工製造，因為不僅是競爭的需要，產品保密就是一個難題。但是富士康難能可貴地將兩個巨頭拉到了一起，都成為自己的代工客戶。其中的主要原因就是成本和品質。從品質的角度來說，可能只有富士康能保證一流的品質；從成本的角度講，富士康的產品最具競爭力，為了利潤，為了競爭力，捨掉富士康是不可能的；還有就是技術，富士康已經不是

OEM，也超越了ODM，能為客戶提供系統的解決方案，並能幫助客戶以最快的速度實現完善的解決方案。

近幾年，中國市場明顯感覺到諾基亞和摩托羅拉手機的新產品更新換代加快，新產品層出不窮，而且在高檔機不斷推出的同時，在中低檔市場也開始與中國國產品牌拚搶市場，低價機的競爭力已經不弱於國產手機品牌，從而在中國市場造成了巨大的壓力，諾基亞和摩托羅拉的市場攻勢依然強勁。這實際上是富士康代工製造帶來的變化和競爭力。

攬到思科、華為訂單

在通信領域，手機是消費者手中的終端產品，是顯性產品，成千上萬上億的人天天接觸到，放在包裡，揣在兜裡，須臾不得離身。還有一種產品是電話交換機等電訊設備，手機、電話等一系列產品產生的資訊就是輸送到通訊公司的機房進行處理和交換的。富士康在手機領域大肆擴張的同時，在電話交換機等通訊設備方面也大有所獲。

在富士康的公司事業群中，我們可以找到CNSBG通訊網路產品事業群，在這個事業群下，有兩個事業處：NSD產品事業處和NWE產品事業處。

NSD產品事業處的介紹說：位於深圳市龍華鎮富士康科技園區，是全球最大的網路通訊產品製造公司之一。主要從事多模智慧型手機以及路由器、無線網路設備、VOIP電話、STB機上盒、ADSL、Cable Modem、WLAN等網路通訊產品的研發、製造與銷售。公司以世界級手機及網路設備製造商為重要客戶，並且成為客戶重要的策略夥伴。公司客戶涵蓋全球一流網路通訊公司，公司在ADSL、V·90／Wireless Modem及電腦背光模組等ODM產品的市場占有率世界第一，已成為全球最大的網路通訊產品製造公司之一。公司走國際化路線，秉持「兩地設計、三區製造、全球交貨」的發展戰略，分別在臺灣、香港、深圳、中山、上海、杭州等地及美國與捷克設有研發及生產基地。公司目前擁有上千人的研發團隊，專業從事各類網路、光纖、無線通訊產品的軟體、硬體研發及測試工作，在多模智慧型手機、VOIP Access Gateway、IP／Cable機上盒、Wi—Fi Phone、多功能終端設備等新產品領域具有先進的研發能力。在塑模、成型、壓鑄技術與進階供應鏈專業技術領域具有領先水準。

NWE產品事業處的介紹說：網路產品事業處是富士康企業集團網路系統產品事業群內專門從事網路產品交換機、各類SERVER傳統通訊與光電通訊交換機等結構件生產的公司。現有員工六、〇〇〇人左右，主要分布在美國研發中心，中國深圳、杭州。產品主要外銷思科、蘋果、SONY、摩托羅拉等廠商，內銷華為、中興等廠商。NWE是全球最大的網路產品全方位製造與服務供貨商。NWE具有強大的鈑金模具開發與製造和金屬樣品製造的核心技術，擁有優秀的產品開發與工程服務團隊、模具（鈑金）開發及製造服務團隊、自動化與資訊工程服務團隊。未來NWE將涉足光電轉換模組開發、設計、製造，逐步提升富士康在中國網路設備內銷市場的占有率及量產能力。

從以上介紹可以看出，富士康雖然沒有產品品牌，但是在網路和通訊設備領域的製造能力不可小覷。國際上主要的網路通訊設備商都是它的代工客戶。思科和華為也列在它的客戶名單之中，就說明這種強大製造能力的誘惑力。

在通訊產品領域，廿世紀八〇年代初，中國飽受「七國八制之亂」，市場幾乎被國外巨頭壟斷分割，制式不同、標準不一、市場混亂，並且價格昂貴。華為、中興、巨龍、大唐等中國民族品牌的興起，逐步逼退國外品牌，而在「巨大中華」的較量中，深圳的華為、中興又成為國產品牌的中堅品牌。近幾年，華為、中興更是到國際市場上競爭，積極開拓國際市場，再一次與思科、朗訊等國際巨頭在國際市場展開正面衝突。思科與華為的專利官司，就是這種競爭的一個表現。在通訊市場的這種競爭中，科研和新產品開發是非常重要的。華為就是國內最著名的高科技公司，每年都投入數十億元用於研發。但是在市場競爭中，品質好、性能穩定、價格低廉的產品顯得非常關鍵，而這方面富士康的地位別人無可企及，所以華為、中興、思科等公司都主動找上門來。

華為與富士康只有一路之隔，站在彼此的廠區，就能看到對方的廠房和辦公大樓，可謂捷足先登。

思科是在中國市場成長比較快的國際公司，深耕中國市場多年，自然也與富士康相熟，富士康就曾經使用過思科的系統產品，一九九九年十月，雙方簽署了網際網路商務應用結盟合作備忘錄。多年來雙方建立起了非常牢固的關係，富士康製造成為思科世界競爭的利器。

二〇〇六年，思科把印度確定為其全球開發路由器、軟體及網路管理業務的中心，將在印度南部城市清奈興建一座製造工廠，並已與富士康建立了生產合作夥伴關係。實際上，思科的所謂工廠，就是富士康的工廠。

郭台銘也許是從隔壁的華為看到了網路通訊設備的巨大市場前景，決定進入這個領域。二〇〇三年，富士康在芬蘭收購藝模，在墨西哥收購摩托羅拉的工廠，其中也收購了臺灣宏碁的國電。國電實際上是做網路通訊設備產品的，這次收購就是富士康在這一領域的布局。

二〇〇〇年，郭台銘制訂了一個「鳳凰計劃」，決定大力投資「光」領域。這一年，富士康在捷克設廠成立光通訊事業單位，開始邁入網路通信。

無論是想要從製造業涉入利潤更大的網通領域，還是為了穩定現有客戶的訂單，富士康都深知自己必須在提高研發能力、開拓產品開發市場方面下足工夫，而最快、最有效的途徑就是收購一家在這方面具有相當優勢的企業。宏碁旗下的國電以其研發能力強、利潤高、產品品質好的特點吸引了郭台銘。早在二〇〇二年八月郭台銘就主動找上宏碁，要談收購國電的事，但是由於在收購價格上分歧嚴重而最終作罷。然而郭台銘並沒有放棄其收購計劃：二〇〇三年富士康在收購芬蘭藝模和墨西哥摩托羅拉工廠的同時，又和宏碁回到了談判桌上，重新商議收購國電，而這次，雙方終於達成了通過換股方式、溢價一一．八八%收購國電的協議。

作為德國戴姆勒賓士旗下的MBB公司和宏碁公司的合資企業，國電成立於一九九一年，並於一九九八年從宏碁集團中剝離出來，單獨在臺灣證交所上市。從一九九八年開始開發ADSL數據機以來，國電一直在通訊產品生產方面有不錯的成果，如今已經成為臺灣無線通訊的龍頭企業。其主要產品包括筆記型電腦相關產品和無線通訊數據機模組等，特別是纜線數據機，在二〇〇一至二〇〇二年全球市場的占有率為十二%左右，列世界第三位。

富士康收購國電之後，獲得了國電出眾的研發技術以及成熟的市場和客戶資源，大大增強了網路通訊領域的實力。

十二億美元河北廊坊建基地

二〇〇五年二月，富士康FIH香港上市以後，富士康在手機領域的攻勢勢如破竹，衝鋒的勢頭沒有絲毫減緩，反而更為猛烈。

二〇〇五年六月，外界傳出富士康將收購摩托羅拉設在中國天津的手機生產廠。天津工廠是摩托羅拉在亞洲主要的手機生產基地，若此次收購成功，富士康精密可望從摩托羅拉獲得更多手機訂單。這項收購最後並沒有達成，但是富士康關係企業正崴精密卻收購了摩托羅拉在天津的手機電池廠Neosonic。

據一些機構投資者稱，Neosonic天津公司的年銷售額近二十億元人民幣，如果富士康的行動電話生產量達到五、〇〇〇萬部，預計Neosonic的年銷售額將新增二十五億元人民幣。

二〇〇六年二月二十四日，富士康FIH在上市一周年之際，再一次將IPO規模擴大到五十億港元，募資額比以前增加二十五%。高盛和瑞士銀行仍然是富士康上市的保薦人，而中信證券、臺灣工銀證券以及中國石化證券等三家臺灣投資銀行成為富士康上市的聯合承銷商。

二〇〇六年十一月二十一日，一則刊載在香港《明報》上的消息引起了人們的注意：「富士康投資九十三億港幣在廊坊建立手機及其配件生產基地。」富士康公關部門面對記者的提問表示不願透露詳情，但記者從廊坊招商局得到了確認。「廊坊開發區與富士康科技集團已經簽署投資協議書，富士康計劃斥資十二億美元在河北廊坊開發一處約為三．六萬畝的科技工業園，發展手機及手機配件產業，二〇〇七年即可投產。」

中國手機製造有三個產業圈：一是京津圈，是以諾基亞、摩托羅拉、SONY愛立信等國外公司為主的製造圈，發展比較早；二是浙滬圈，部分國內品牌和臺灣企業支撐起此地的手機製造；三是深圳圈，集中了國內手機主要品牌，研發、製造、銷售配套強勁，近年來吸引三星、飛利浦、諾基亞等國外公司紛紛南下。富士康在深圳產業圈已經建立了強大的基礎，河北建廠是要強化在京津圈的地位。特別是，廊坊基地是以手機零組件為主，不但在地理位置上靠近天津和北京的國外手機大公司，而且在產業配套上也彌補了這個產業圈的不足，補上零組件這塊空缺，強化京津手機圈的競爭力。

全球手機市場代工的趨勢愈發明顯，手機銷售價格的不斷下滑，導致諾基亞、摩托羅拉等公司不斷將生產外包，以降低成本。許多企業都看好代工市場。國內大多數手機生產商和設計商都要依賴代工，尤其是二線手機品牌，自己的品牌影響力不足，生產成本往往受制於代工企業。上海等地已經有手機生產企業和設計企業通過富士康進行代工。

中國市場手機品牌格局的改變，使代工企業的地位發生了此消彼長的變化。Strategy Analytics提供的研究報告顯示，全球市場上手機的平均售價一直在下跌，二〇〇五年進一步下滑到每臺一三八．七美元。就在此時，老對手偉創力和旭電近年的業務成長一直相當緩慢。偉創力、旭電此時正面臨著因SONY愛立信、阿爾卡特等老客戶的流失而導致的訂單流失。摩托羅拉計劃將二十五％的製造訂單交給臺灣，設計也交給臺灣廠商；日本企業習慣用臺灣代工；本來少有外包的韓國企業也開始選擇代工，二〇〇六年下半年ＬG為了降低成本，把代工交給了華冠等企業。市場已然打開了一扇窗，如何爭奪這扇窗正是對速度的考驗。

「不停地賺錢，不停地再投入」正是郭台銘的一貫作風。根據富士康國際的公告，二〇〇六年僅富士康在內地新投資總額就達十四．二億美元，在八座城市新建了七家公司，增資了八家公司，不少項目的新增資金遠遠超過以前的投資總和。近百億的廊坊基地的建成投產，可能會導致整個手機代工行業的重新洗牌。

跨過喜馬拉雅山

在中國市場之外，富士康在印度找到了新的疆域，喜馬拉雅山雪山之南的神祕國度，再一次讓郭台銘躍躍欲試。

二〇〇五年下半年，郭台銘兩次來到印度。客戶告訴他，印度市場已經迎來大發展的時代，機會不能錯過。第一次，郭台銘試水考察投資環境，第二次就開始為設廠選址了。

清奈，就這樣被郭台銘劃入了富士康的版圖。

清奈，對大多數富士康員工，甚至國人來說都是十分陌生的名字。清奈是印度泰米爾納德邦的首府，是印度第四大城市，也是印度南部的港口城市。它還是印度第二大資訊科技城市，僅次於位居首位的班加羅爾。清奈擁有四通八達的航空和通往印度各地的高速公路網路，並且擁有眾多英語良好的熟練工人。這些因素使國際投資者十分看好清奈的發展潛力，紛紛投資汽車、電訊和資訊科技業。

被郭台銘看中派往印度的先遣軍就是戴豐樹領導的FIH團隊。作為集團國際化程度最高的事業群，FIH擁有在歐洲的匈牙利、美洲的巴西、墨西哥投資設廠的成熟經驗。接到命令後，FIH上下緊鑼密鼓地展開行動，派出以張高郎經理為首的團隊進駐印度，進行前期籌備工作，FIH龍華廠各生產單位遴選管理和技術的精兵強將派駐印度支援。周邊事業單位在設備安裝調試、人事、訓練、招募規章制度和程序文件的修訂翻譯等方面也成立專案小組，專責應對印度設廠的需求。

到二〇〇六年六月，FIH印度廠承租了兩層廠房，使用面積約一萬平方米，安裝調試了一條成型生產線、十條組裝線，已完全具備了生產能力。接下來就是通過客戶的稽核，下半年已經開工生產。

為什麼要以FIH事業群的人作為進軍印度的先頭部隊？因為郭台銘認為，印度手機市場預計會超越中國大陸。

郭台銘第一次考察後就說，所有電子產品中，手機無疑是最大的焦點。印度是全球各主要行動通信市場中成長最快的國家，每月新增用戶達二五〇萬戶。隨著印度國營電信將觸角伸向鄉村地區，手機用戶的成長將會節節高升。

根據IN—STAT的統計調查，印度手機用戶二〇〇五年接近一億人；另一家知名市場調查公司Gartner也說，印度消費者對於四十美元以下的手機接受度頗高。二〇〇五年印度售出了約三、四〇〇萬部手機，比二〇〇四年成長六十二％，到二〇〇九年，印度手機的銷售量預計將正式超越中國大陸，達到一．三九億部。由於印度手機市場需求旺盛，Gartner認為，在印度政府政策鼓勵、手機資費不斷下降，以及無線網路快速普及的情況下，印度手機產業將迎來高速成長期。

為了爭奪印度的手機市場，全球幾大知名的手機企業都摩拳擦掌、躍躍欲試。繼諾基亞、三星電子等手機大廠紛紛將印度列為研發、生產中心之後，摩托羅拉、SONY愛立信、阿爾卡特也都表示，印度已成為下一波企業投資的重點。可以預料的是，隨著全球幾大手機巨頭紛至沓來，印度已成為手機大廠的兵家必爭之地。

當然，富士康布局印度，除手機產業之外，其他產業也將大舉征伐。印度出色的IC設計工業和軟體業，都被國際公司看中。而富士康看中的還有印度蓄勢待發的ＩＴ製造業。與中國珠三角、長三角地區電子產業已經形成產業集群的情況不同，印度工廠製造業仍然顯得零落分散，遠未形成氣候。但印度引而未發的爆發力卻讓人不敢對其小覷。就像十幾年前的中國一樣，誰會料到今天會生產全球三分之一以上的電腦產品呢？

印度電腦製造商協會分析指出，強大的內需潛力將促進印度製造業的發展，ＰＣ、手機市場將達到一定的規模。印度官方對製造業的扶持不遺餘力。印度國家製造業競爭力委員會在二〇〇五年發布了《印度製造業國家策略白皮書》，其中明確提到印度「欲與中國競爭全球製造業中心的地位」，具體措施包括把製成品的稅率從三〇％降至十五％，以刺激消費，此外，還削減進口關稅、改善交通狀況。在製造業上市公司方面，也逐步讓此類公司「完全擁有管理和商業的自主權」，並表示在未來五至十年內，將努力使製造業出口成長至一、五〇〇億至二、〇〇〇億美元的規模。

在印度近幾年逐漸崛起成為中國之外的另一個世界性製造基地時，這個位於南亞次大陸的國家似乎有意識地將核心競爭力和中國區別開來。儘管勞動力資源幾乎和中國一樣豐富，勞動力價格和原材料成本幾乎和中國一樣便宜——印度有一億多的勞動力人口，在軟體外包業、鋼鐵行業、汽車零配件行業等領域中，人員成本只相當於美國的二十五％左右，中國也在二〇％至三〇％之間——但是無論跨國公司，還是本土企業，更加看中印度製造業強調服務、突出科技含量、定制化生產的特點。不同於中國製造，服務在印度製造業發展中扮演了更重要的角色。

因此，郭台銘認為，儘管印度在ＩＴ產業發展上還存在許多不和諧之處，但「大象開始跳舞」已是不爭的事實，富士康應該踏著經濟持續多年以八％的速度成長的歡快節奏，與這頭大象的ＩＴ舞步一起翩翩起舞。

第八章　消費電子：隱身潛行

富士康最大的產業是什麼？電腦？手機？都不是！是消費電子。誰是老大，誰就排在第一。二〇〇六年的年終盤點，《爭權奪利是好漢，二〇〇六富士康十全十美》的排名中，消費電子事業群CCPBG就赫然排在第一位。

連接器、模具、零組件、電腦是富士康高調生產的顯性產業，手機是FIH上市之後暴露出來的巨無霸產業，然而這些只是「6C」產業中的「2C」，第三個「C」是消費電子。二〇〇三年，消費電子已經占到富士康科技集團總銷售收入的二十九%，差不多是三分之一。不過翻遍富士康的公開資料，很少能夠看到關於消費電子產品的介紹，因此，我們只能旁敲側擊，捕捉其隱身潛行的MP3、DVD、遊戲機、數位相機、智慧型手機等產品的身影。

「iPhone」手機衝擊波

二〇〇七年一月九日，蘋果CEO史蒂夫．喬布斯在MacWorld大會上宣布，公司名稱由「蘋果電腦公司」改為「蘋果公司」。當天蘋果還對外展示了業界期待已久的iPhone智慧型手機。iPhone於二〇〇七年六月上市，售價四九九美元。iPhone具備音樂播放、上網等功能，並運行Macintosh作業系統。喬布斯稱，iPhone將在功能上完全超越當前各類智慧型手機。他還表示，之所以更改公司名稱，是因為蘋果正在由一家電腦製造商轉變成消費電子產品供應商。

在發表主題演講的過程中，喬布斯還展示了蘋果新型電視機上盒等產品，同時宣布，Itunes音樂商店銷售曲目總量已超過二十億首。

不久前，富士康總裁郭台銘在股東大會上對喬布斯大加讚揚：「蘋果的CEO喬布斯真是個天才。他把公司專注在軟體，改變商業模式，而他贏就贏在商業模式的改變，贏就贏在軟體，贏在將來的數位內容。」

喬布斯，早在廿世紀七〇年代精英雲集的矽谷，就已名揚四海。一九五五年二月二十四日，喬布斯生於舊金山，一九七二年，進入波特蘭大的里德學院，第二年被勒令退學，隻身去印度參禪修行。一九七四年返回美國，並加入「家釀」俱樂部，不久在阿泰利找到工作。一九七六年四月一日，和沃茲尼克在養父的車庫裡，創立「蘋果」。

郭台銘與矽谷的那些創業精英們息息相通。一九七四年，郭台銘用母親給的錢創辦「鴻海塑膠企業有限公司」的第二年，也就是一九七五年，比爾．蓋茲創辦「微軟」，同年，名為Alfair 8800的全球第一臺個人電腦問世。再過了一年，一九七六年，喬布斯和沃茲尼克在車庫裡也鼓搗出了電腦，蘋果公司成立。接下來，IBM推出第一臺個人電腦，英特爾退出DRAM市場，專注於CPU。

當時的郭台銘與太平洋彼岸的那些年輕人是不相識的，誰也不會想到他們創立的IT科技事業在改變世界面貌、改變他們命運的同時，也讓他們在多年後最終走到了一起。

這是一代絕頂聰明人的相聚，雖然相隔千里萬里，他們的心靈卻是相通的。大個子的郭台銘在東方世界的一隅，面壁十年，從普通的塑膠加工開始，通過一個小小的連接器，把他與那些IT精英們聯結到了一起。這種因緣際會似乎是一種神明的指引。因此，郭台銘才說「阿里山上的神木之所以大，四千年前種子掉到土裡時就決定了，而絕不是四千年後才知道的」。這句話充滿了禪意。

當年在大學裡不安分讀書被勒令退學的喬布斯，離開繁華的美國都市，到印度靜謐的寺廟參禪修行了兩年，下山後，憑著一份靈感在車庫裡製造出電腦，蘋果公司曾經是數一數二的電腦公司。現在，他又拋棄電腦，進入消費電子領域，他總是比別人提前一步感知市場和消費的變化，這一次他的預測和轉變會準確嗎？

市場也對蘋果的行動反應敏感：蘋果電腦宣布推出智慧型手機iPhone後，好似丟下一顆不定時炸彈。二〇〇六年一月九日當天，亞洲手機股全面下滑，但記憶晶片和手機零組件業者直接受惠，股價走高。蘋果公司的股票則應聲上揚了四．二美元，報每股八九．六七美元，漲幅達四．九％。

「iPod」風暴

二〇〇六年六月十四日，英國《星期日郵報》報導，蘋果的旗艦產品iPod主要由女工生產，她們的月收入僅為二十七英鎊，約合人民幣三八七元，但每天的工作時間長達十五個小時。

這篇報導名為《iPod之城》，提供了大量拍攝於iPod中國工廠的內部照片，這些工廠隸屬於蘋果的代工廠商富士康集團。《星期日郵報》記者參觀了一些工廠，並同一些員工進行了交流。報導特別指出：「富士康深圳龍華工廠擁有二十萬名員工，這座『iPod之城』的人口比英國的紐卡斯爾還要多。」

報導中稱，龍華工廠的員工一般住在可以容納一〇〇人的宿舍裡面，而且外來訪客未經允許不得入內；工人每天工作十五個小時生產iPod，但他們每個月的收入只有二十七英鎊；蘋果「iPod nano」在一座五層高的工業大樓中生產，專門有警察負責大樓的安全。

《星期日郵報》記者還採訪了位於蘇州的一家「iPod shuffle」工廠，工人在工廠之外居住，每月收入為五十四英鎊，約合人民幣七七四元。不過，他們需要自己支付食宿費用，這要花掉一半的收入。一位保安在接受採訪時稱，生產iPod shuffle的工人大多為女性，這主要是因為女工比男工老實。

報導還指出，iPod nano由四〇〇個零部件構成，是全球化生產模式的縮影，因為它的很多部件都來自於全球各地的多家科技公司。蘋果只是眾多在中國設廠、利用中國的人力和設施進行生產的企業之一。低水平工資、較長工作時間以及良好的生產保密性，這些都對國外企業產生了巨大的吸引力。與此同時，由於市場競爭日趨激烈，消費者的期望值愈來愈高，企業必須推出具有價格競爭力的產品才能在市場上生存。

就是這篇報導引發了中國不明真相的媒體的追縱報導，富士康被描述為「血汗工廠」並引發了一場索賠額達三、〇〇〇萬元的訴訟官司。

在這場訴訟官司中，蘋果站在了富士康一邊。

二〇〇六年六月底，蘋果公司派人員趕赴龍華，就富士康勞工案展開全面審查。八月十八日，蘋果公司公布了對富士康iPod代工廠勞工案的調查結果，經過十個星期的調查，蘋果認為，富士康的運營情況符合公司針對供應商的政策，但仍指出了部分不足之處。

蘋果在報告中稱，「我們認為，在大部分接受審查的項目中，富士康都遵守了相關政策」，「但是，我們的確發現有違反蘋果公司《行為法則》的地方，及需要改善之處，我們正同供應商一起努力解決」。

蘋果表示，調查人員隨機訪問了超過一〇〇名富士康工人，並檢查了工廠設施，查閱了員工工資表及檔案，並未發現存在雇用童工及強制加班的行為。

蘋果調查人員還查看了富士康員工的居住環境，發現儘管富士康未違反蘋果的《行為法則》，但調查人員對三間宿舍的環境並不滿意。目前，富士康已購買了土地準備修建新員工宿舍，以改善居住條件。

此外，蘋果還發現，儘管富士康的薪酬制度過於複雜，但並未違反蘋果的相關政策。蘋果公司透露，所有富士康工人的工資水平都符合當地最低工資標準，甚至有超過一半的員工的工資超過最低標準。

此外，蘋果未發現強制加班行為，富士康工人也證實，如果拒絕加班並不會受到處罰。但蘋果發現，富士康工人的上班時間超過了《行為法則》中每周最高六十小時的標準。

蘋果公司對富士康工人的總體待遇較為滿意，工廠還為員工提供了申訴通路，比如熱線電話、CEO投訴信箱及意見箱等。在隨機受訪的工人中，投訴最多的是工廠在淡季的加班時間不足。

蘋果還表示，二〇〇六年將完成對所有Mac及iPod最終裝配供應商的全面審查，以保證他們遵守《行為法則》。

媒體雖然仍然抓住「超時加班」不放，但給人的印象已經是無理糾纏了。對於到深圳打工的那些打工妹來說，怕的不是加班，而是沒有工做，沒錢賺。現實是賺錢比享受生活更重要。中國的現實是就業比「保護」更緊迫。

蘋果iPod是深圳富士康生產的，這個工廠有二十多萬人，訂單還多得要不停地加班，富士康也開始為外界所知。

SONY的「無雙之劍」

微軟是以軟體稱霸於世的，但是近年來，它也涉足消費電子領域，推出媒體播放器Zune與蘋果iPod搶食，推出遊戲機與SONY PSP競爭。

比爾．蓋茲被稱做「神童」，奉做「軟體之父」。他目光看向的地方，必然是遍地黃金。一九九八年，比爾．蓋茲訪問深圳，拋出了他的「維納斯計劃」，「維納斯的微笑」迷倒了不少中國企業家。但是，過了一段時間，這些中國企業家突然感覺「維納斯的微笑」太遙遠了，有些虛無縹緲，紛紛放棄。但是今天，當一些彩電企業看到創維在數位機上盒領域拿下國內市場的半壁江山、同洲電子的機上盒在國際市場走俏的時候，後悔晚矣。數位機上盒就是「維納斯的兒子」，創維堅持了下來，幾年孕育，一個新的產業壯大起來。而比爾．蓋茲的「維納斯計劃」時間並不長，不過六，七年左右的時間。

比爾．蓋茲看中消費電子領域，說明這個產業前途光明。不過，微軟的行動都涉及到富士康。蘋果iPod出自富士康代工，SONY PSP遊戲機也是由富士康製造。富士康為比爾．蓋茲製造了兩個強大的競爭對手。

二〇〇七年一月九日，蘋果喬布斯在舊金山發布iPhone手機的同一天，微軟在拉斯維加斯國際消費電子博覽會上宣布包括X360與ＰＣ的聯動以及X360網路電視業務等許多重大決定。X360即將大幅度降價，降價幅度甚至可能會達到一〇〇美元左右。

專家評價說：「在二〇〇七年的CES上，微軟公開了多項與X360相關的新業務，這充分說明了微軟早已瞄準了家用機和遊戲以外的其他領域。特別值得一提的是，微軟把X360定位為家庭多媒體娛樂的核心設備而不是普通的遊戲機，寬頻網路連接服務以及通過網際網路向用戶提供傳統媒體節目的網路電視服務都從側面說明了這個問題。」

更有業內人士認為微軟此舉「是一場爭奪市場占有率的戰爭」，而SONY就是其最重要的競爭對手。

然而，SONY是以一個勝利者的姿態回擊微軟的。也是在一月九日這一天，媒體刊出了標題為《產能大增，PS3已經獲勝！微軟蹣跚而行》的報導。SONY在周日晚間宣布他們從PS3在二〇〇六年十一月底上市之後到這年年底已經向美國經銷商供貨一〇〇萬臺。並且宣稱他們仍然期待在三月結束之前完成供貨六〇〇萬臺的目標。

這個供貨六〇〇萬臺的目標對電玩產業的分析師來說是個驚喜，分析師曾指出完成正常主機產量對SONY來說是個不小的挑戰。他們同時懷疑PS3的高價或許會嚇跑不少主流消費者。分析師預估SONY的出貨量應該會在四〇〇萬至五〇〇萬臺之間。

「現在你已經可以宣布我們是贏家了。」評說二〇〇六年全球遊戲機市場的時候，美國SONY市場首席副總裁Peter Dille說。

這一幕在上一年也曾經上演過。二〇〇五年十月二十日，媒體曾評論說，這將是一個載入遊戲業界史冊的日子。在這一天，SONY宣布，其推出的便攜式掌上遊戲機PSP自二〇〇四年十二月推出後，只用不到十個月的時間，全球出貨量即已突破一、〇〇〇萬臺大關，創造了SONY遊戲機銷售的新紀錄，又一個銷售神話就此誕生。而PSP也逐漸顯露出王者之相。雖然與NDS的纏鬥仍在繼續，但SONY推出PSP絕非僅僅是為了和任天堂爭奪掌上遊戲機市場，而是瞄準了未來掌上娛樂終端的王座。MP3、MP4播放、UMD影片、記憶棒對應……可以說PSP全身每一寸都是致命利器。

然而人們往往忽視這些功能而將其僅僅視做是遊戲的「附加」功能，可有可無，其實大謬。看看UMD影片全球高達一、五〇〇萬的驚人銷量，就不能把PSP當做一臺單純的掌上遊戲機，PSP的每個功能，可以說都隱藏著伏筆，都是克敵制勝的王牌。如若不信，那就讓我們來檢閱一下這把SONY傾力打造的王者之劍，到底有多鋒利吧。

在全球遊戲機市場，SONY是一把鋒利的「無雙之劍」。

那麼是誰鑄造了這把「無雙之劍」呢？就是富士康在深圳的工廠。

SONY本來是不願找別人代工的。但是到了二〇〇〇年，微軟的XBOX問世，攻勢猛烈，二〇〇一年全球發貨量就超過六〇〇萬臺。微軟XBOX是由新加坡工廠代工的，這促使SONY改變以往的方式，不得不尋找代工廠商。二〇〇一年，富士康和華碩分享了SONY PS2二、〇〇〇萬臺的代工訂單，富士康負責其中一、二〇〇多萬臺的生產。二〇〇二年，郭台銘透露，富士康已經與SONY共同成立了一個PS3研發小組。據報載，富士康志在拿下數年後SONY未來新遊戲機問市時的所有訂單。

二〇〇五年初，SONY就聲稱要在夏天將其手持遊戲機PSP的月產量擴大一倍，到年底出貨計劃達到一、二〇〇萬臺。這些訂單也是在富士康完成的。

有關方面的資料顯示，富士康代工的SONY遊戲機原本每年二十多億美元的營收，近年來大幅攀升，成為消費電子代工的重要產品。

同時，富士康也是另一個日本遊戲機品牌任天堂的代工廠。

在富士康二〇〇六年的年度報告中寫道：「二〇〇六年九月，CNE產品處成立，十月W產品投入量產，年底即一〇〇%達成客戶出貨要求；憑藉集團強大的製造、研發、檢測能力，協助客戶的產品從傳統遊戲控制方式提升到『3D虛擬實境』的遊戲方式，此舉開創了遊戲機產業的新紀元」。

報告還指出：「二〇〇六年，CCPBG憑藉一流的雙色成型與高光UV技術，為客戶完美解決了市場供貨嚴重不足的問題，N公司董事局高度嘉許，競爭對手望洋興嘆。」當然，這裡指的可能不是遊戲機，而是其他消費電子產品。

結盟英群進軍DVD

在中國，光碟機行業是一個尷尬的行業。在VCD時代，中國企業應該說是第一個把產品產業化的，開拓出光碟機市場的一片天，但是日本等國外企業迅速進一步研發，DVD完全替代了

VCD，而在VCD產品上具備技術優勢的中國企業，在DVD產品方面的專利幾乎一無所有。最初，國外公司把技術無償轉讓給中國企業使用，無知的中國企業免費享受著精美的「午餐」，一時間，深圳及周邊出現了成百上千的光碟機企業。但是當中國企業完成布局和投資後，國外公司組成的3C、6C聯盟就宣布要收取專利費，如果不交專利費，出口到國外的產品就會在海關被扣押，損失慘重。如果做，每臺機器就要交給國外公司二十多美元的專利費，自己不但淪落為外國公司賺錢的工具，而且還要做賠本的買賣；如果不做，以往的投資就打了水漂。最後，不少企業還是選擇了關門大吉。富士康周邊的深圳寶安就出現過一個月內五十多家光碟機企業倒閉的情形。

在這種現狀下，富士康也代工DVD就讓人有些不可思議了。但是在富士康的產品目錄中，確實赫然列著「DVD」的字樣。

從資料看，列入富士康DVD客戶名單的有日本SONY、松下等公司，而與臺灣英群的結盟則曾引起業內少有的關注。

二〇〇四年下半年，單月營收超過一〇〇多億元人民幣的富士康宣布為單月營收只有兩億多元人民幣的英群代工光碟機，兩者之間的懸殊差距，被認為是臺灣電子業垂直整合互補的新模式。

在電子業進入微利時代以及產業「大者恒大」效應的影響下，廠商之間的代工關係也不得不產生微妙的變化，以往大廠發出訂單，讓小廠代工，以降低成本，如今產能規模不足，無法進一步降低，反而造成大廠如「吸塵器」般吸納小廠訂單，為小廠代工的情況，旨在為雙方尋求更大的利益。

而對中小企業來說，委托大廠代工，成本遠比自己生產低，而產品品質更好，有大廠充足的產能做後盾，可以全力做通路行銷，衝刺業績，競爭力也隨之提高。

英群在郭台銘參與投資後，股價從六．〇一元人民幣開始漲至近日的一二．九元人民幣，漲幅高達一．一四倍。

二〇〇五年上半年，富士康透過與英群策略聯盟，進軍光驅領域並成功開發出DVD燒錄機，除了支持英群既有品牌以外，更攜手進軍光驅代工業務，對於同為代工競爭對手的建興與明基造成威脅。這款十六倍速DVD燒錄機第二季度初零售價還要人民幣五六六元，與同業價格差不到五%，第三季初同規格機種價格差擴大至十二%，富士康憑藉生產優勢，降低成本提高了競爭力。

二〇〇六年七月，光驅產業再起漣漪，外傳富士康接獲日本松下半高型DVD燒錄機訂單，引起光驅業高度關注。同業指出，富士康光驅技術若獲日商肯定，將不僅影響國際光驅代工大單流向，對富士康的個人電腦接單也大有幫助，因此拿下松下光驅OEM訂單具備指標意義。

買下湯姆遜深圳工廠

富士康也遇到了國際專利的困擾，它的應對辦法是收購國外收費者。

二〇〇四年五月，富士康以四、七〇〇萬歐元的價格收購了法國湯姆遜在深圳的兩家DVD相關企業。這兩家工廠的核心技術集中在激光頭上，是光碟機等產品的核心元件和技術。

全球光驅產業經過兩，三年淘汰洗牌後，大者恒大態勢逐漸確立，產業合併結盟相當明確，富士康以其精密模具與規模經濟的競爭優勢，包括主機板、機殼、顯示卡與準系統等產品，已在全球市場上站穩腳跟，奪得一席之地，不過，在光驅產品的布局上，卻仍欠臨門一腳。

雖然富士康的光驅布局落後競爭對手如廣達（擁有廣明）、仁寶（收購宇極）、明基與光寶（建興）等，屢進屢出光碟機產業還踢到不少鐵板，不過，它的高度企圖心仍展現無疑，收購法國湯姆遜光驅部門，並積極挖腳臺系光碟機廠R&D人才等行動，顯示出後來居上的決心。

相較於其他電子產業，光驅除進入技術門檻高外，對光碟機廠而言，最重要的就是專利收費的問題，因此，韓國ＬＧ積極與日立合併成立HLDS，明基與飛利浦合資成立PBDS，三星與東芝共同設立TSST，主要是為了規避專利費的繳納。

雖然湯姆遜在所謂的３Ｃ、６Ｃ與１Ｃ成員中，並非是最重要的廠商，不過，富士康在收購湯姆遜後，在專利費支付上，相較以往已取得較為有利的競爭地位。

二〇〇四年年初，富士康還通過轉投資鴻揚成立鑫禧科技，全力涉足光驅領域，並由集團副總裁戴正吳擔任董事長。

由於光驅代工製造牽扯到龐大的專利收費議題，臺系光碟機廠對於轉投資布局多採取低調態度，成立於二〇〇四年底的鑫禧也一直相當低調，除由老臣戴正吳擔任董事長外，監察人由郭世華擔任，主要專注於高容量DVD光碟產品的研發與製造，並投入次世代藍光技術的研發。

數位相機企業的不利消息

二〇〇六年六月，臺灣電子業又爆出一件讓人意想不到的事情，富士康宣布以換股方式完成對著名數位相機廠普立爾的收購計劃。業界評價說，記得思科總裁錢伯斯有一句至理名言：「打不過的對手就吃掉它，遠比打敗它要容易得多！」事實再一次印證了這一句話的正確性。

這是富士康為拓展數位相機業務領域所進行收購中的一個項目。此項全部以換股方式進行的交易已在宣布前悄悄完成。按富士康有關上市公司當時的股價計算，交易總價值約為八．六六億美元。此舉顯示出了富士康拓展光學影像業務的雄心壯志，同時也使富士康在為全球一些大電子品牌生產的產品清單上增加了一項內容。分析師們表示，從長期來看，此項交易對富士康而言可能是筆好買賣，因為該公司已明確顯示出了希望拓展數位相機業務，並且提升相機關鍵部件產能的意圖。分析師們認為，在完成收購後，富士康的數位相機訂單可能將獲得令人矚目的高成長，估計該公司二〇〇六會計年度的收益將因此提升四％至五％。

同時亦有分析師指出此項收購交易可以使富士康的行業地位提升至與頂級日本品牌——如奧林巴斯和賓得等相當的水平。收購還可強化富士康的產品組合，因為普立爾科技在生產投影機和光學組件方面具有豐富的經驗。

在二〇〇六年十月深圳第八屆高交會上，富士康展示了其在光學領域的技術水平，由於精密模具製造設備方面的突破，富士康已經能夠製造奈米級的光學鏡頭，精密度已經達到日本公司的水準。富士康所代工的手機的照相鏡頭能夠自己生產製造，不再依賴日本公司提供。當然，這項核心精密技術還能夠運用到數位相機產品上。

二〇〇六年十二月，市場調研機構IC Insights公布最新調查報告稱，由於許多業餘愛好者和專業攝影師將把他們的膠捲相機替換為數位相機，全球數位相機每年的收入將穩定在大約一八〇億美元。二〇〇六年全球數位相機發貨量將成長十三%。二〇〇七年全球的數位相機銷售將成長七%，達到約八、二〇〇萬臺。

在全球數位相機市場銷量占據前列的依然是佳能、SONY、奧林巴斯、柯達和富士等公司。

富士康人員顯示的目標是全球數位相機業的老大地位，這對一進入一個產業就以摧枯拉朽之勢衝擊市場、占據市場主導地位的富士康來說，並不是簡單說說的話，而是預示了數位相機產業版圖的改變。當然對於現在的那些數位相機企業，這確實不是一個好消息。

二〇〇六年十二月一日，普立爾正式加盟富士康，富士康組成「機光電事業群」，正式向數位相機等領域發起進攻。

一場沒有完結的可查書考試

DVD、MP3、MP4、遊戲機、數位相機、智慧型手機……一路走來，在消費電子領域，富士康還要走到哪裡去？

有兩個產業可能是富士康要涉入的。一是影印機、印表機、傳真機等自動辦公設備產品。在產品分類時，數位相機往往是分在此類產業之中，這一類產品目前基本上控制在日本公司手中。雖然深圳聚集了佳能、理光、富士施樂等重要日本公司的工廠，但都是日本獨資。這類產品有兩點非常重要，一是關鍵技術和元件控制在日本公司手中，二是光機電一體化產品製造非常精密，需要非常高的管理水平。因此中國企業還沒有能力進入這一產業。這些產品的技術不少發明於美國，但後來被日本公司買走。

應該說，富士康在關鍵技術和元件上已經突破了日本企業的壟斷，管理生產的精密性也已經過關，但是要讓日本企業放棄此類產品的製造，也還不是一件容易的事。

二〇〇五年六月，郭台銘就曾放話進軍印表機代工，人們當時猜測可能是與正在分割印表機部門的惠普合作。接下來，又傳出戴爾委託富士康代工生產印表機的消息。也有內部人士透露，郭台銘甚至從國際印表機大廠挖來核心團隊。但是富士康的印表機代工究竟如何，現在外界還難以瞭解。

第二個產業是電視機。這是中國企業比較成熟的產業，加上日韓企業在中國大陸的設廠，中國電視機的產量占了全球的三分之二。在深圳就有TCL、創維、康佳三家排在國內前四強的企業，總產能達到五、〇〇〇萬臺。不過，在LCD液晶電視的時代，富士康已經占有了進入彩電產業的優勢，群創TFT—LCD面板，就是液晶電視的面板材料。大陸彩電企業還沒有一家能夠生產LCD面板，而面板占了液晶電視七〇%以上的成本。做彩電已經沒有技術上的難題，現在面臨的問題是，哪一家企業能讓富士康代工？恐怕大陸企業不會有，日本的SONY、夏普、松下會不會找富士康代工，也還是一個問題。

二〇〇七年二月，已經有消息傳出，富士康代工的液晶電視已經獲得SONY公司的檢測認可。SONY是世界最大的彩電品牌。

另外，二〇〇五年，業界就有傳言，創維集團董事長黃宏生在香港遭遇「虎山行」事件之後，富士康就曾有心挖角創維總裁張學斌，目的就是為進軍彩電業做準備。

英特爾亞太行銷總監黃逸松曾有一個生動的比喻：以前ＰＣ在Wintel架構下，就像是閉書考試；消費電子時代，現在沒有規格，就像可查書考試。

過去，ＩＴ的主要市場在「企業」和「學校」，現在則拓展到了「家庭」，這就是消費電子時代。這個時代是一個產品多元和市場多元的時代，最重要的布局其實就是走「數位家庭」的路線，像數位家庭裡的「多媒體中心」就是現在全球大廠在消費電子中最重要的布局。英特爾、微軟組成的「數位家庭聯盟」，主要就是如何把過去ＰＣ與ＰＣ之間的聯結，拓展到ＰＣ與其他Ａ

V家電的聯結。當然，在這種聯結中，電腦、彩電、手機，誰將成為中心，這是這個產業競爭的重點。

過去的ＰＣ主要是獲取資訊和辦公的工具，消費電子就延伸到娛樂功能，影像、音樂、遊戲的功能突出了。應該說，富士康在這方面已經開發出不少產品。另一個就是家庭服務，這方面還有很大的潛力沒有被開發出來。還有一個功能就是「聯結功能」，也是「決戰客廳」的一個方面。

讓家電和ＰＣ聯結，等於就是讓書房和客廳聯結，這也是數位家電的重要一步。全球大廠先推出的DMA概念產品，就是未來可以繼續向PVR個人錄影機和PMP個人多媒體播放器的概念布局，而這也是富士康的網路通訊部門的關鍵角色。正是這種布局，促使富士康以七十五億元人民幣的價格併購國電。

富士康內部代號「WHN」的計劃，主要是指「無線家庭網路」計劃，主要目標就是對準家庭網路戰場。全球最大的網路公司思科最大的目標之一，就是走向家庭及更接近消費市場，如果富士康能參與思科的成長，就會在這一領域大有作為。但是走入「家庭消費市場」，就意味著產品開發速度要更快。「消費產品晚推出一個月，利潤就會掉二〇％。」郭台銘在為了合併國電而召開的臨時股東會後說道。

消費電子成長快速的三個關鍵是「半導體愈做愈便宜」、「新人類的消費成長」及「亞洲國家快速的量產能力」。「消費電子有一個特點，大多數人認可後，需求上升快速，沒有爬坡期」。郭台銘認為：「這是韓國和我們的強項。」特別是消費電子的多元產品和市場，更能滿足富士康成長擴張的欲望。

至此，富士康的「３Ｃ」戰略已很清晰：第一個「Ｃ」是電腦方面，就是連接器、準系統等；第二個「Ｃ」是通訊，主要以行動通訊、固網平臺及思科的數據傳輸產品為主；第三個「Ｃ」是消費電子，則是以外觀造型突出的機殼、鎂合金及鈦合金為主的材質作為開發方向。

面對全新的產業變局，郭台銘對公司發展提出六字箴言：虛、飛、韌、合、貼、新。「虛：以虛造實、以智勝力；飛：如虎添翼、連跑帶飛；韌：長期經營、堅韌不拔；合：合縱連橫、網路生存；貼：貼近顧客、傾聽心聲；新：創新求變、日新又新。」

郭台銘要求將這六字箴言融入到富士康的日常事務之中。

第九章　新「3C」：不經意間的布局

電腦（Computer）、通訊（Communication）、消費電子（Consumer Electronics），「3C」產業已經形成巨大規模，為尋求新的產業成長，富士康又進一步延伸到汽車（Car）、通路（Channel）、數位內容（Content）等新「3C」產業，思路已經清晰，方向已經明確，布局正在進行之中，並漸成氣候。如果新「3C」產業成功，企業巨無霸富士康將更加膨脹，史無前例。

誰來支撐每年一、〇〇〇億元的成長？

一九九七年之前，富士康的年成長率在二五％以上，一九九八年銷售收入達到近一〇〇億元人民幣，一九九九年一三〇億元人民幣，成長三五％。那時候，郭台銘就說：「我每年都在創造一個全臺灣前五十大的企業。」

二〇〇五年，富士康一下子成長八〇〇億元人民幣，二〇〇六年成長一、〇〇〇億元人民幣以上，一年就創造一個臺灣前十名的企業。

如何才能保持每年上千億元的成長速度？這是人們對郭台銘提出的嚴峻問題。

挑戰首先來自規模巨大的產品產能。早在二〇〇四年年初，全球ＩＴ產業迎來一波景氣回春，但許多代工廠的EMS和ODM卻不能賺錢。麥肯錫顧問大中華區董事長歐高敦就提出觀點：臺灣代工大廠必須調整思路。代工廠不能賺錢，主要原因是臺灣代工大廠低估了經濟衰退持續的時間和影響廣度，所以沒有實時縮減產能。

歐高敦進一步估算，當時臺灣前十大ODM公司的稅前獲利，從一九九六年的平均九．六%，下滑至二〇〇三年的三%，等於少了三分之二。

但是，郭台銘所要做的似乎不是縮減產能，而是尋找更多的訂單，餵飽那些高速運轉的生產線。按照郭台銘的說法，「產能」是指「生產的能力，也就是某一時間點，由人員、設備、土地、廠房等生產資源的產生能力」。而產量就是「依照需求」生產的數量。如果說為了擴張規模而不斷增加的生產線，愈來愈不能承受空轉的成本，郭台銘就必須抓住每一張訂單來「餵飽」這些生產線。

其次，挑戰還來自客戶。面對那些「被寵壞的客戶」，在經濟衰退期間，代工工廠一心一意努力創造營收成長，以確保廠房和生產能繼續營運，拚命在數量上衝刺，壓低價格、提供更優惠的條件贏得訂單，甚至甘冒不合理的風險。例如工程變更設計（ECG）的費用等，過去應該是由客戶自己負擔的，但是現在代工廠承擔了下來，以服務客戶。富士康最常用的方式之一，就是用自己二十四小時運轉的全球支持系統節約成本，讓資源得到最大運用。這就是郭台銘常向主管強調的：「經營的工作，是取得資源、運用資源、分配資源。」

然而，客戶卻變本加厲地提出各種各樣的要求，得寸進尺，來侵蝕代工企業的利潤。

超大規模的生產線，使得代工企業設備的「固定成本」極高，而這些製造設備的「產能利用」則是管理者的首要責任。

麥肯錫的資料表明，EMS的產能利用率已從廿世紀九〇年代末的七五％，經過谷底時的四四％，回到二〇〇三年的五〇％左右。不論訂單如何苛刻，代工大廠都硬著頭皮吃下來。他們希望通過信守對客戶的承諾，來換取未來需求突然拉高時，快速拉高的產能。代工大廠看準未來的投資，就是希望現在的犧牲，能換來未來的大訂單。

在蘋果推出iPhone手機後，以往為蘋果iPod代工的廠商未必一定能夠拿到iPhone手機的訂單。當然，郭台銘一定是勢在必得，但其中的討價還價將是艱難的。

再次，是成長的極限。任何企業在成長到一定程度時，都會遇到成長的天花板，成長受到阻礙，出現停滯。中國企業普遍認為一〇〇億銷售規模是中國企業成長的第一個「天花板」。富士康已經突破了這一層「天花板」，但下一個「天花板」將在什麼位置？難道富士康果真能創造神話，一直高速成長下去嗎？顯然這是不可能的。高速成長時的急煞車，其震動和後果是更猛烈和危險的。這是郭台銘必須面對的課題。

還有，企業內部組織和產業結構也是決定能否維持繼續高速成長的重要因素。哈佛大學企管系著名教授克里斯汀曾指出：「任何組織都擁有某些特定能力，但是這些能力也使它們欠缺某些能力。」因此，郭台銘時時提醒他的幹部們：「成功是最差的老師，它只會帶來無知和怯懦。」他要求，必須預見成功帶來的「包袱」，特別是過去在代工製造上所打的勝仗。在產品方面，富士康在「３Ｃ」領域已經橫掃市場，成長的疆域愈走愈遠，新的疆域在哪裡？這也是當年成吉思汗立馬廣袤的草原之上所正視的方向。

「賽博」的通路擴張

二〇〇六年十一月八日，賽博長沙店盛大開業，IT業再添強者。
二〇〇六年十二月四日，3C航母賽博武漢店盛大試營業，三百萬豪禮相送。
二〇〇六年十二月十八日，「顯示大亨棋」優派全國巡展在賽博武漢店舉行。
二〇〇六年十二月二十五日，聖誕狂歡，賽博數位廣場平安夜數位嘉年華。
二〇〇七年一月五日，俞思遠《為愛高歌》，賽博瀋陽裕寧店人滿為患。
二〇〇七年一月九日，引爆新鄉IT商圈，賽博數位廣場新鄉店盛大開業。
……

這些二〇〇六年底和二〇〇七年初密集的資訊，描述了「賽博」新店全國開張和節慶盛大活動的場景。

作者在寫作到這裡的時候，正是重慶「賽博通訊數位城」二〇〇七年一月十三日、十四日正式開張的日子。為讓讀者瞭解「賽博」的具體情況，特意記錄富士康《鴻橋》相關報導：

何為「賽博」？

「賽博」為cyber的音譯，源於希臘文kyber，原意為「舵手」。Cybermart借用Cyberport數位港的概念，賽博數位將此概念，延伸為廣義的數位科技。

賽博是富士康科技集團旗下的事業群之一，是目前國內規模最大、最專業的３Ｃ（電腦、通訊、數位產品）數位賣場，也是富士康新「３Ｃ」產業之一，即「通路」（Channel）。

廿世紀九〇年代末，中國的資訊產業正處於迅速成長階段，但當時的ＩＴ電子賣場普遍存在管理不善、經營模式不完整的情形，當時的中國市場存在著引進全新賣場經營模式的商機。

一九九九年，賽博的創業團隊憑藉著對新事業的熱情、對市場需求的掌握，以及優異的執行力，在有限的資源與時間壓力下，克服萬難，在一九九九年十二月二十五日，於上海淮海中路成功開張上海賽博數位廣場旗艦店，正式開啟了中國連鎖賣場的全新時代。

賽博創設之初，富士康網羅行銷經驗豐富的張瑞麟及職業經理人朱家義等骨幹加盟，在內地ＰＣ市場的爆發期，著手大舉登陸。「賽博」是以「二房東」的形式先租下地點不錯的大賣場，加以裝修布置，然後再分割成不同的攤位出租，同時配合廠商的促銷活動聚集人氣，更進一步帶動附近房價的提升。

賽博的定位是提供本地與國外夥伴，進入中國市場的最佳通路，為三方提供一個最好的聯繫平臺，通過對通路的完善管理，建立廠商、經銷商與消費者之間的三贏關係，提供更優質的通路服務。

賽博數位廣場自一九九九年十二月始創至今已發展成為國內規模最大、最專業的３Ｃ數位賣場。作為國內首位提出「數位廣場」概念的３Ｃ賣場倡導者，賽博憑藉其先進的企業理念、獨到的發展眼光和嚴格的管理措施，不斷茁壯成長。到目前為止，遍及上海、深圳、北京、成都、重慶、西安、南昌、烏魯木齊、鄭州、石家莊、太原、長沙等全國三十二個主要城市，擁有超過四十家連鎖３Ｃ賣場，總營業面積超過三十一萬平方米，賣場全國年營業額超過九〇〇億元人民幣，總入駐經銷商超過六、〇〇〇家，賣場內從業人員超過十萬人，獨享眾多相關國際ＩＴ上游廠商資源，擁有最優秀的３Ｃ賣場專業運作團隊，經過五年多市場檢驗成功的３Ｃ賣場運營模式，領先業界。放眼未來，賽博的目標是要建立自身的核心競爭力，成為中國最有價值的營銷通路與平臺。

賽博的願景是：拓展全國連鎖賣場達五〇〇家，以緊密的網路覆蓋全國各大中級城市。為國內外合作夥伴提供在中國市場內最有效的服務平臺。

富士康建立通路有三個方面的考慮：第一，通路本身是一種產業形式，能夠帶來規模和利潤，以富士康的擴張能力，完全可以成為通路中的龍頭老大，掌握通路的發言權；第二，通路能夠通過賣場把廠商、經銷商和消費者直接聯結起來，促進擴大經銷商的銷售，增加廠商的訂單，逐步降低成本，讓消費者得到滿意的服務，在這一良性的互動中，富士康還能夠通過一線賣場直接得到消費市場的資訊，反饋給廠商，開發出更適合消費者的產品；第三，掌握通路，也就掌握了企業的命運，富士康也是在為建立自己的產品品牌而悄悄做著準備。如果來到各地的賽博數位廣場，可以看到組裝「富士康」電腦的服務——用富士康的零組件，根據消費者的要求，組裝電腦。實際上，以郭台銘的三弟郭台成為首，自有品牌的「富士康」在內地市場已經經營多年。

紅利多顯影

「原深圳市紅利多貿易有限公司從二〇〇六年九月十一日正式改名為紅利多數位量販連鎖（深圳）有限公司。」這則公告表明富士康在通路領域的另一形式的成長。

紅利多數位量販簡介稱：紅利多數位量販由世界五〇〇強企業之一的富士康集團投資，目前是資訊科技商品通路商首家結合３Ｃ及數位周邊產品，提供「一體化服務」的現代化ＩＴ賣場，也是全行業中唯一以開放性自選式為經營方式的購物場所。

「紅利多是華南ＩＴ連鎖賣場第一品牌。一個全新的概念，意味著ＩＴ量販購物方式的開始，開放性自選，一站式購足，從此，卓越服務，創造價值。」

賽博之外為什麼又有了一個紅利多？紅利多與賽博有什麼不同。如果簡單地區別，我們可以認為，賽博是「二房東」，租下大賣場，然後分割租給許多個經銷商經營，而紅利多則是富士康自己經營的連鎖專賣店。

紅利多的經營範圍為電腦、通訊、消費電子３Ｃ產品，每個賣場的ＩＴ產品種類約有五、〇〇〇多。經營特色：優越的地理位置及方便的交通環境；一站式購足資訊科技賣場；明亮舒適寬敞的購物環境；商品以開架自選式視覺陳列；明碼、明價標示。

紅利多打破傳統資訊科技產品的營銷模式，實行一站式銷售，即「兩個直接」：直接從原廠製造商進貨，直接銷售給終端消費者。紅利多實現了產銷的跨越，真正地為顧客的利益著想。

紅利多確立的願景是成為服務最快的3C直營連鎖店。

二〇〇三年一月十八日，紅利多貿易有限公司在深圳成立。同年六月，紅利多數位量販深圳華強北店隆重開幕。二〇〇四年，深圳南山店和龍華店開業。隨後，東莞、中山、廣州、佛山都有多家紅利多連鎖店開業，成為華南IT連鎖賣場第一品牌。

目前，紅利多還局限於在華南特別是珠三角地區試營運，取得成功經驗之後，在全國推廣開來也是指日可待。

郭台銘玩電影

二〇〇六年底以來，郭台銘接連被爆出「緋聞」。

二〇〇六年十二月八日，郭台銘第一次出席電影聚會——《父子》的慶功宴，巧遇林志玲，第二天媒體就刊出臺灣首富與第一名模握手寒暄的有趣畫面。

十二月二十四日耶誕夜，郭台銘又被臺灣東森、中天等電子媒體拍到和女星關芝琳先後現身劉嘉玲在上海經營的夜店MUSE CLUB，見到媒體拍攝，他笑稱趁星期天來休息一下。另據店內員工透露，他當晚吃飯加喝酒共消費四．六萬元人民幣。

臺灣媒體報導，郭台銘前晚出現在上海劉嘉玲經營的夜店，被拍到他喝得相當盡興，連外套都脫了，同場合還有香港女星關芝琳，而劉嘉玲和男友梁朝偉也在包廂共度聖誕。郭台銘、關芝琳兩人看到鏡頭嚇了一跳，立刻保持安全距離，更機警地躲開鏡頭，已喝到臉紅的郭台銘則馬上穿起外套。

郭台銘步出店外被媒體包圍，心情似乎不錯，露出笑臉跟媒體打招呼，表示因為星期天而到店中休息一下，強調自己是一個人來的，撇清和關大美人的關係。

這件事也驚動了公司，公司發言人丁祁安表示此為董事長個人私密行程，無關公司經營，不方便回應。富士康內部人員聽聞總裁造訪上海夜店後表示：這就跟一般人會去啤酒屋吃消夜一樣，是單純的休閒生活，沒必要大驚小怪。

十二月二十六日，郭台銘與劉嘉玲飛往北京，十指緊扣牽手出席王菲女兒的「嫣然天使基金」慈善基金晚宴。對於這段「緋聞」，郭台銘不但不迴避，還有些張揚。跨年時郭台銘又飛回臺北聽世界三大男高音之一卡列拉斯的演唱會，談到和劉嘉玲手牽手在北京參與慈善活動造成的轟動，他笑著說：「是她邀請我去的，當然要牽我進去，這是禮貌。」

從上海、北京到臺北，郭台銘的夜生活頗為豐富，他說：「我平常很晚睡，早上全力工作，晚上是我交朋友的時間。」對與劉嘉玲的親密舉動造成的話題，他笑了笑說：「像我回答問題時，也可能碰你手臂一下，沒有什麼特別。」

郭台銘對媒體以嚴厲著稱，但對「緋聞」報導卻態度迥異。在第一次出席《父子》慶功宴時，郭台銘言簡意賅地一語道破：「不要問我鴻海的事，談電影可以，電影要好好宣傳才會賣座，真的要謝謝大家多報導《白銀帝國》，讓大家都知道。」原來這位臺灣首富深知「演什麼要像什麼」，拍電影就要大肆宣傳，能夠「未演先轟動」，觀眾才會掏腰包買票。因此，媒體報導說：郭台銘一句「我找郭富城當男主人公，算是慧眼識英雄」，成為《白銀帝國》最好的宣傳，外界也不得不佩服他懂得「抓住媒體」。

原來，這些「緋聞」不免有為郭台銘闖入電影業造勢之嫌。

科技是「舊愛」，電影是「新歡」。這是人們對郭台銘的最新評語。有人說，郭台銘提起電影就眉飛色舞，非常關心拍電影的事。

早在兩年多前，由大客戶蘋果電腦搭橋，郭台銘就開機籌備拍《白銀帝國》電影，並且投資兩億美元，大手筆興建山西電影城，希望把科技、數位屬性、網路通訊、寬頻技術等科技和電影集成在一起，讓「製造的富士康」變成「科技的富士康」、「數位的富士康」。

在公開場合「喊水會結凍」的郭台銘，形容自己是電影市場的新兵，因此，前三部電影只能算是「學習之作」，大家不要對他有太大的期望。

郭台銘說，《白銀帝國》是他投資的第一部電影，主要講晉商的故事，當前的電影都太重視兒女情長，描寫商戰情節不夠深入，應該深入淺出地描繪晉商的好制度，尤其是員工分紅入股的故事，就值得好好演。

一向要求嚴格的郭台銘，光是寫劇本就花了近兩年時間。他透露，《白銀帝國》的劇本是群創總經理段行健的太太推薦、參與編寫的，為了因應未來在國際市場的發行，還先將劇本翻譯成英文，修改完畢後，再改編回中文，因此無論劇本、製作都可說是國際級水準。

以郭台銘經營事業「要做就做第一」的霸氣，投資電影產業，未來是否會和好萊塢或SONY合作，還是和兒子郭守正、媳婦黃子容一起協作？這些一直是為外界所好奇的話題。

郭台銘的兒子郭守正已表明無意接班富士康事業，與妻子黃子容一起開設電影公司，曾發行《宅變》等片，並投入《國士無雙》的籌拍與宣傳任務。據說，郭台銘原先非常反對，但見年輕人意志堅定，且全力以赴，等孫子出生後，一向剛硬的郭台銘也改變心意，開始注意電影產業了。

郭台銘放言：到二〇〇八年，要投資一〇〇部電影。

二〇〇七年，傳出郭台銘與臺灣新任電影基金會董事長丘復生準備一同合作投資電影《孫中山與宋慶齡》的消息，而且孫中山一角鎖定金城武擔綱演出，宋慶齡則考慮由內地女演員出演。

而二〇〇六年下半年，郭台銘說的關於投資鉅額資金收購臺灣電視臺的話，也被大家認為不只是說說而已，可能是真的。

窺視內容產業「奶酪」

郭台銘曾說：「我的人生規劃大概分三個階段：二十五至四十五歲是一個階段，為錢做事；

四十五至六十五歲是另一個階段，為理想做事；六十五歲退休以後，我希望能為興趣做事。為錢做事，容易累；為理想做事，能夠耐風寒；為興趣做事，則永不倦怠。」

據此，有人認為郭台銘拍電影是為自己二○○八年退休做準備，是在做自己感興趣的事。

其實不然，郭台銘仍然在致力於他的「6C」事業。做電影，是在進入他設計的數位內容產業。

何謂數位內容？打一個形象的比喻，如果把電腦、手機、電視機、MP3、MP4比做公路，寬頻網際網路則讓這些公路變成了高速公路。修了高速公路，就要有車在路上跑，而數位內容就是跑在電腦、手機、電視機上的「車」。數位內容就是數位節目。

數位電視的到來已經近在眼前，觸手可及。在類比訊號時代，電視能夠收十幾個臺、幾十個臺，現在能夠收上百個臺。而數位電視的好處之一就是節目頻道的增加。現有的有線電視的光纖，就能傳輸上千個頻道，還有無線的頻道，衛星頻道，也能接收數千個頻道。誰來為這麼多的頻道製作電視節目？

還有3G手機，現在遲遲不能開通建設，並不是因為技術上有什麼難題，而是因為沒有內容和服務，投資建設那麼多基礎設施，從哪裡收回投資？因此，各個國家在3G手機上都非常慎重。

電影、電視、遊戲、動漫等，都有數位內容，但現在還遠遠跟不上現代科技發展的需要。因此，數位內容產業不但有巨大的發展潛力和空間，也已經成為制約電腦、手機、電視等產業發展的一個因素。

對於這一點，郭台銘已經非常明確地將數位內容歸入富士康的「6C」產業。在二〇〇六年六月十四日的股東大會上，郭台銘進一步闡述了他進入電影事業的思路。

郭台銘說：「手機沒有成長，是因為內容不夠。最近我在瞭解數位內容，我問過一個香港的製片，他是李安、張藝謀後面最大的投資者，他說，日本有家最大的電信公司向他買電影和電視的內容，因為這家日本電信業者缺少內容，結果我這位朋友就提供三分鐘的電影片段給他。我舉這個例子的意思是，整個媒體數位內容正在改變，今天技術存在，市場存在，是數位內容沒有到位，所以數位內容到位以後，市場就會起來，因為人的通訊，從耳朵、嘴巴，一直到眼睛，眼睛看的東西會愈來愈多，所以絕對會成長。」

數位內容產業該怎麼做？現在大家只是有了認識，具體行動還很少。除了電影，二〇〇六年電腦展上，富士康還展出了恐龍寵物——超智慧玩具Pleo。量產後每隻售價二、〇〇〇多元人民幣。小恐龍Pleo，走路一晃一晃，見人會高興地抬頭搖尾巴，被罵的時候會傷心地低頭垂尾，睡覺的時候會打呼嚕，一覺醒來會伸懶腰。當相機鏡頭近距離拍攝時，Pleo還會害怕地縮著身體發抖。

有人說，Pleo之後，下個計劃是「實體化」線上遊戲，讓線上遊戲更逼真、身臨其境。進軍機器人、遊戲產業後，就算郭台銘未來要拍科幻電影，也沒有問題。

布局汽車產業

二〇〇五年二月六日，富士康公司的尾牙晚宴特別隆重。郭台銘大手筆加碼，晚會中送出的獎品、獎金以及鴻海股票，總價值超過新臺幣四億元，折合人民幣一億元。獎項多達四、四〇〇多個，中獎率在五〇％左右。晚宴中的超級大獎是三六〇張公司股票，合三十六萬股，按照臺灣證券交易所封關日公司股價新臺幣一四二．五元估算，市值達到新臺幣五、一三〇萬元，合人民幣一、二八二．五萬元，這也是當年臺灣企業尾牙活動的最大獎項。

也就是在這次尾牙晚宴上，郭台銘宣布，富士康在購並臺灣前四大汽車線束廠安泰電業後，正式跨入汽車業。安泰電業股本二．〇七億元新臺幣，鴻海通過旗下的鴻揚創投以每股一七．九一四元新臺幣的價格，收購安泰電業百分之百的股權，總金額為三．七億元新臺幣。他表示，二〇〇五年將是富士康兼併整合開始的一年，在電腦、通訊、消費電子等「３Ｃ」產業成長後，鴻海將跨入「６Ｃ」領域，正式進入汽車產業。

接著，富士康利用安泰電業的資源，在大陸昆山投資安泰汽車電氣系統（昆山）有限公司及柳州安泰方盛電器系統公司，合計在大陸布局汽車產業的金額，已超過新臺幣三．二億元。富士康原本投資安泰汽車電氣（昆山）廠四五〇．五萬美元，由於訂單逐步回溫，將再度增加三〇〇萬美元，合計將投資安泰電業昆山廠共計七五〇．五萬美元。此外，亦在大陸柳州投資柳州安泰方盛電氣系統公司，持股比重為五五％。

近年來，富士康在山西太原的科技園也不斷擴大，其中汽車零配件園區初步規劃占地三、〇〇〇畝，這將成為鴻海進軍汽車產業的大本營。鴻海集團鎂合金事業還通過了QS9000認證，取得了進軍國際汽車零配件製造市場的通行證。

二〇〇六年十一月更傳出消息，富士康集團規劃生產基地延至武漢和呼和浩特。呼和浩特市以輸往歐洲的電腦、通訊和消費電子產品為主，未來陸運至俄羅斯，再轉至歐洲各地。呼和浩特基地未來將在富士康集團擔當爭取資源的角色。呼和浩特市面積達一・二七萬平方公里，當地資源豐富，煤、鐵和鉛、鋅、銅、岩鹽等天然礦產蘊藏量都相當可觀。

武漢廠區於二〇〇七年年初開工，定位為富士康的光機電重鎮。郭台銘曾與多位集團主管前往湖北考察，他表示：湖北省和武漢市在中部崛起中具戰略支點地位；透過考察感受到，東湖高新區高科技產業發達、自主創新能力強；富士康將積極考慮在武漢發展，與本地產業垂直整合，充分利用本地的產業基礎及原材料供應和人才等優勢。

武漢高等教育資源豐富，有華中科技大學、武漢大學等著名大學；且武漢鋼鐵廠研發的高亮度特殊鋼，富士康採購量非常大。

另外，武漢是大陸知名的汽車城，東風日產總部、雪鐵龍合資汽車廠都設在當地；對極想發展汽車零組件與模具的郭台銘來說，天時、地利、人和一應俱全，吸引力要大於一般城市。

做汽車遠離富士康的核心競爭力嗎？

在新「3C」產業上，通路和數位內容都可看做電腦、通訊和消費電子產業的延伸，而汽車似乎已經跳出了IT產業，遠離了富士康的核心競爭力。

其實不然，如果仔細分析，富士康的核心競爭力是完全能夠在汽車產業上找到用武之地的。何況汽車產業之巨大，是不可能不讓郭台銘動心的。富士康進軍汽車產業有三個優勢：

第一，把IT領域的電子優勢轉化到汽車領域。

「現在的汽車在某個程度上，不就是一個會移動的PC嗎？」郭台銘對汽車的這種理解是非常現代的。

二〇〇四年汽車電子的全球市場規模達到一、二二四．六一億美元，兩倍於筆記型電腦產業的全球市場規模，約為全球高科技產業市場規模中最大的半導體產業的五十六％。如此驚人的市場規模，自然引來各家廠商的垂涎。

高科技產業與汽車工業的結合帶領人們走向另一個全新時代，應用電子化及數位化技術實現人們對於擁有一輛節能、環保、多功能的汽車的願望。同時在行駛過程中，具有更完美的性能表現、更舒適的乘坐體驗、更安全的行車環境，在封閉的空間內更可創造出高附加價值的生活。現今汽車七〇％以上的創新功能都來自電子技術，應用範圍已經涵蓋所有系統。一般來說，汽車電子產品歸納為兩大類：電子控制系統和車載電子裝置。

電子控制系統的基本架構，由傳感器、電子控制器和驅動器等零組件組合而成，配合車上的機械系統使用，並利用電纜或無線電波互相傳輸訊息，即所謂的「機電整合」，因此與汽車性能產生直接的關係。電子控制系統通常與動力系統、底盤系統和車身系統下的子系統融合，且因應各子系統的功能，發展出各式各樣的汽車電子產品。

車身系統內的電子設備主要考量行車安全性、防盜性和舒適方便性。安全氣囊、碰撞警示與預防、疲勞監視、夜視、胎壓警示、照明、自動雨刷等系統，均是為提高行車安全性的概念而設計，借由智慧型啟閉系統、晶片防盜系統、警報器等來強化汽車防盜性能。利用智慧型後視鏡、電動窗、電動門、電動坐椅、氣候控制系統等，增加駕駛人和乘客乘坐的舒適和方便性。

車載電子裝置是在汽車環境下可單獨使用的電子裝置，不會影響到汽車的運作。而且為了方便駕駛者操控，通常位於駕駛資訊系統。駕駛資訊系統擔負傳遞車輛狀況的訊息，還是車內的乘坐者與外界聯繫的橋樑，讓汽車不再是一個與世隔絕的空間。司機可通過行車電腦和電子儀錶板實時掌握車輛最新動態；多媒體系統幫助司機豐富行車時的視聽感受；並且通過導航系統指引正確的路徑到達目的地；汽車行動通訊則保持與車外順暢聯絡。

中國國家資訊產業部的相關數據顯示，國外的汽車電子廠商擁有中國市場七〇％以上的占有率，即使是剩下的三〇％，還有很大一部分由合資公司把持。也因此，中國本土的汽車電子產業尚處於起步階段，急需有研發能力的廠商來彌補技術的缺口。落後國際先進技術水準至少十年的中國本土汽車電子廠商，一直嚮往能借助臺灣電子業上、中、下游完整體系的優勢，共同研發出屬於中國人自己的產品，挑戰國際大廠，這是一個千載難逢的機會。

應該說，富士康在汽車電子方面的優勢是無人可比的。

第二，富士康的模具優勢能夠轉化到汽車車體和關鍵零組件的製造上。

汽車被看做是最複雜精密的機械製造，其中對模具的要求特別高。富士康多年來打造出的模具利器完全能夠使用到汽車製造當中。幾年前，有人到龍華參觀，看到車間裡的二、〇〇〇噸模具沖壓機，就有些不解，因為電腦的沖壓件根本用不到這個龐然大物，用來沖壓汽車零件還綽綽有餘。現在大家恍然大悟了，實際上，富士康就是在為汽車做準備。

再以富士康最擅長的連接器為例，有人統計，二〇〇二年全球連接器市場大約為四七三億美元，其中ＰＣ占十四％，數據傳輸占十七％，電信占十四％，汽車占十一％。但是，在臺灣的連接器市場，ＰＣ占了六十四％，而汽車只有一％。從連接器這一關鍵零組件來說，臺灣企業潛力巨大，而由連接器擴展到汽車電子，臺灣企業也幾乎是從零開始，成長空間無限。

這些都是對富士康巨大的市場誘惑。

第三，汽車材料方面富士康做了足夠的技術與原料儲備。

二〇〇六年五月，第六十三屆世界鎂業大會在北京舉行，富士康展臺引來諸多關注。展臺上展出的雖然是電腦、手機和消費電子的鎂合金製品，但大家談論的卻是鎂合金在汽車領域的應用。而富士康有關人員給郭台銘的報告，也是介紹展會上鎂合金在汽車方面的技術資訊。

另外一些專家的報告，如《用於裝飾和汽車引擎的新型壓鑄鎂合金》、《鎂合金及其防腐蝕技術研究現狀》、《稀土鎂中間合金的研究與應用》、《美汽車用鎂的研究和開發》、《真空壓鑄AZ91D鎂合金的熱處理性能》等，也都送呈郭台銘研究。

日本鎂普協會理事長小原久，似乎看出了富士康在汽車產業的動向，直接就對富士康開發汽車用鎂合金提出建議，認為富士康會對世界汽車製造業產生重要意義。

6C之外的產業

電腦、通訊、消費電子、數位內容、通路、汽車，是富士康的6C產業，其實，富士康的產業遠遠不止這6C，6C無法囊括富士康的全部產業。比如，群創公司的LCD液晶面板，可以歸屬到電腦、手機、消費電子等產業的零組件領域，但也是一個獨立的大產業，從技術到規模到運作，都可自成系統。在原材料產業，富士康的鎂合金產業規模也已經相當成形，它可以為電腦、手機、汽車做零組件的原材料，同時也是一個獨立的產業。

在富士康的產業中，我們還應該注意其半導體產業的動向。半導體是ＩＴ產品的核心元件和核心技術，富士康能在這方面無動於衷、受制於人嗎？

軟體設計被稱為半導體的前工序。這方面，二〇〇二年富士康收購了美國的摩力動網科技股份有限公司。這是一家由一群無線通訊和電子商務技術研究開發的年輕精英於一九九九年創辦的公司，在美國德州奧斯汀市擁有專業的研發團隊，負責開發後端的基礎結構，在臺北擁有業務開發和市場推廣團隊，為客戶設計客制化的前端系統。以此公司為基礎，富士康成立了富盟軟體公司，這家公司也是以上市為目標的。

沛鑫公司是富士康的半導體公司，成立於二〇〇三年五月，生產基地建在昆山。為何名為「沛鑫」？富士康有這樣的解釋：「沛」的源頭就是鴻海的「水」，加上市場的「市」，代表沛鑫將利用鴻海－富士康在精密加工製造領域的能力，持續研發與創新，建立在半導體設備系統及次系統、平面顯示設備系統及次系統、奈米設備開發等產業領域的市場競爭能力。「鑫」即多金，希望能夠贏得市場，創造最大的利潤，回饋國家、社會、股東和員工。

富士康確定，沛鑫公司的發展方向是，由金屬、塑膠、陶瓷加工與印刷電路板組件、線纜和CAD／CAM設計與產品檢測開發，發展到機械組裝、電組裝、次系統組裝，最後發展到系統組裝、同步設計服務，實現垂直系統整合，為集團進軍半導體產業、完善科技轉型布局打下堅實的基礎。

目前，在TFT—LCD液晶面板設備方面，沛鑫已經開發出具有競爭力的產品，以符合此類設備在臺灣實現六〇％以上自給率的要求。

不過人們所關心的是，富士康最終會不會走到晶片製造上去。大陸ＩＴ「缺芯」是一個至關重要的問題，而臺灣在晶片製造方面擁有一定的基礎，富士康也有進入的實力，只是受限於臺灣當局在這一領域對企業投資大陸的限制，和對富士康重大客戶關係的考慮。這些因素，都是郭台銘對涉足晶片製造業的考慮。

第三篇　七大競爭力

第十章　價格：赤字接單，黑字出貨

價格是最重要的競爭手段：誰的價格低，誰的產品就有競爭優勢；在代工領域，誰出的價格低，誰就能拿到訂單。富士康一口氣攬下這麼多國際大公司的訂單，憑的就是別人沒有的低價格。

報價低不是難題，難的是報價低，自己還要有錢賺。要做到這一點，就看壓縮成本、降低成本的能力。

因此，低價競爭，比的就是降低成本的能力。而這正是富士康的競爭力所在。

富士康成長無人能敵

有一次，臺灣金管會委員黃顯華在臺北電腦展上遇到一位老一輩的電子業同行，他對黃顯華報怨：「要是當初沒有讓郭台銘上市成功就好了，因為那樣他就會倒掉，要是沒有鴻海，沒有富士康，大家的生意會好做一些。」

黃顯華是一九九一年參與鴻海股票上市審查的投票人員之一。最後的上市審查投票結果是七票對六票，鴻海以一票勝出獲准上市。顯然，黃顯華投的是贊成票。

一九九一年六月十八日，鴻海掛牌上市時，還只是一個臺灣第一、亞洲第六的連接器公司。而現在，富士康已經是全球ＩＴ製造業的霸主。在電腦、手機、消費電子等領域都是老大，無人可比。只要富士康進入的領域，都會成為它的天下，無人能敵。

臺灣企業眼看著郭台銘在這十多年裡一路拚殺，登上霸主之位，無人阻擋，無可奈何。當初，郭台銘的鴻海不過是一個零件小廠，從電視零件轉到電腦連接器，也沒有什麼過人之處。一九八六至一九九〇年，鴻海上市之前的五年，從一．三億元人民幣成長到了四．四億元人民幣，五年內成長了三倍，產品線包括各種電子連接器等，都是一個一個由射出成型機器打造出來的。

一九九一年，鴻海上市，這一年營業額達到五．七億元人民幣。而同一年上市的大眾電腦當時的營業額是一二．八億元人民幣，是鴻海的兩倍多。在最初的幾年，鴻海也沒有什麼大的作為。一九九五年，大眾電腦的營收是六六．五億元人民幣，還是鴻海的兩倍，到了一九九七年，大眾是七五．六億元人民幣。一九九八年，鴻海無畏亞洲金融風暴，以九四．三億元人民幣首次超越大眾的七四．四億元人民幣。

台達電比鴻海早上市三年，差不多同時到大陸投資，都是最早到大陸投資的臺資企業。台達電和鴻海初期的產品定位相似，都是以電子零組件及外圍零件為主。並且，台達電的產品轉型較早，相當專注於電源供應器的技術，另外也投資了背投影電視等；而鴻海則是從「連接器」進入不起眼的「機殼產業」。因為兩家公司都很早就到大陸設廠，當時許多人喜歡拿台達電的老闆鄭崇華和郭台銘相比，但郭台銘謙虛地說：「我唯一的優勢，就是比鄭崇華年輕了二十歲。」

一九九一年，鴻海上市時，台達電當時的營業額高達一〇．六億元人民幣，是鴻海的兩倍多。然而，鴻海在一九九六年就成長到三三．五億元人民幣，成長了六倍，也正式超越台達電的二〇．二億元人民幣及神達電腦的二七．三億元人民幣；次年，更以六一．八億元人民幣的營業額，大大領先台達電的二六．四億元人民幣。

儘管遭客戶聯手封殺，但郭台銘還是做到了「逆向整合」。一九九九年，鴻海的營收突破一二五億元人民幣大關。二〇〇〇年，鴻海的營收一舉成長到二三〇億元人民幣，從零組件到組裝，鴻海的產品和客戶都開始多元化，從個人電腦到伺服器，從遊戲機到網路產品，也讓鴻海的成長力更強，二〇〇一年達到三六〇億元，首度坐上第一大民營製造企業的寶座。這也是郭台銘口中的「公司成長最重要的轉折點」。其實鴻海就是從「機械時代」，進入了電子、通訊、網路等「數位時代」，從亞洲走向全球，做到「兩地研發、三區設計製造、全球組裝交貨」的境界。

二〇〇三年，鴻海從五七八．八億元人民幣一下子成長到九一一．三億元人民幣，最先創下臺灣公司一年成長二五〇億元人民幣的紀錄。而後二〇〇四年，鴻海光第一季度就成長了二五〇億元人民幣。

此前，郭台銘就放出豪言：「我每年都在創造一個全臺灣前五十名的企業。」而現在，郭台銘的企業一年成長一、〇〇〇多億元人民幣，每年都創造一個全臺灣前十名的企業。

從別人手中搶訂單

為什麼會有人記恨郭台銘，記恨富士康？因為有人認為，富士康迅猛擴張，是搶了大家的訂單。如果富士康的訂單還是由大家來做，其他企業的日子就會好過一些。

臺灣的許多IT企業都是富士康連接器的客戶，後來富士康做準系統、系統，就有人認為這是搶了臺灣廠商的訂單。

有一次，媒體採訪臺灣仁寶電腦總經理陳瑞聰，說富士康要做筆記型電腦了，你要怎麼贏他？陳瑞聰和郭台銘是很好的朋友，經常一起去打高爾夫球。可是此後，有人認為他們之間的關係疏遠了。

郭台銘當時說：「我沒有搶別人的訂單，反而給他們介紹了很多訂單。筆記型電腦不是富士康的重點。我們公司有遊戲機、伺服器、無線產品、網路、光電、半導體等，忙都忙不過來。對富士康來說，最重要的是維持桌上電腦，以發展其他的產品。筆記型電腦是沒有意願、更沒有力氣玩下去的。」

郭台銘又說：「有人說我搶人家主機板的訂單。以華碩為例，是我先做惠普、戴爾的主機板OEM訂單之後，華碩才來接的；SONY的PS2也是我先做，它才進來的。我做機殼、連接器，過去都是不起眼的，我做起來了，大家都做了，就成了臺灣的大產業。大家都說我搶別人的訂單，照這個情形來說，應該是別人搶我的訂單才對啊。」

「廣達接蘋果、康柏的訂單，英業達接康柏的訂單，都是我介紹的。大眾、神達的康柏訂單，也都是我介紹的。所以是它們來搶我的訂單，怎麼會變成是我去搶它們的了？」

由於這一次的不愉快，富士康確實延緩了筆記型電腦業務，後來做SONY的訂單，也是不聲不響。何況SONY是不隨便讓OEM的，更不是從別人的手裡搶來的。

不過這些年，大家仍然眼睜睜地看著這麼多大訂單一個接一個地落入富士康之手。

一九九七年開始，富士康就從韓國ＬＧ集團手上搶下蘋果電腦訂單。

一九九九年，富士康從臺商手上搶生意，包括思科及IBM的伺服器，讓富士康成為思科全球最大的網路設備供應商。

二〇〇一年，富士康拿到了日本SONY公司的遊戲機PS（Play Station）的訂單。日本公司一向不把訂單交給境外公司製造，但是為了節省成本，只能求助富士康。

二〇〇二年，富士康爭取到英特爾的Ｐ４連接器訂單。

二〇〇三年，富士康更同時拿下兩家手機市場死對頭的訂單：諾基亞和摩托羅拉這兩家在市場上拚殺得你死我活的死對頭，竟都放心同時把產品訂單交給富士康。

近些年美國蘋果公司的iPod訂單不斷湧入富士康的工廠，更是讓人眼紅。而iPhone手機究竟會落入哪個公司之手，似乎也沒有多少懸念。

有時候，郭台銘也坦承，有些訂單是從客戶手裡搶來的。有一次，郭台銘在《天下》雜誌的「標竿論壇」上承認，在富士康創新的第二階段踏入準系統時，「部分你所開發的產品，必須跟客戶爭奪市場」，大眾就曾是富士康的客戶。

商界不相信眼淚

二〇〇六年六月二十三日，美國《商業周刊》公布了「科技一〇〇強」名單，富士康列第二位。這是富士康第九次躍上全球科技百強榜。看來，二〇〇七年富士康第十次列入該榜也是沒有懸念的。

有人曾做過統計，這個榜的企業變化率每年都會超過五〇％。有一半的上榜企業都是新面孔，也就是說去年有一半的企業被淘汰出局了。

因為，「科技一〇〇強」不僅僅看你營業收入的多少，還有其他的指標。《商業周刊》首先從麥格勞——希爾公司旗下的標準普爾計算統計公司的財務數據入手，從中挑選出部分公司，其中還根據駐外機構的推薦加入了美國以外的一些公司，作為評比對象。入圍全球資訊技術百強榜的標準是公司營收至少達到五億美元，但是不包括過去一年股價跌幅超過七五％、銷售額縮水，或者未來發展前景堪憂的一些公司。該排行榜以營收、營收成長、股票回報、總回報及利潤為評定依據，對軟體、電腦及外部設備、晶片、網際網路、通信設備、電信運營、ＩＴ分銷商和服務等八類ＩＴ企業進行了評比。

「科技一〇〇強」變化之快之多，說明了科技產業變動之快，不管是在景氣谷底或是高峰，景氣來了，一樣有企業被淘汰。像富士康這樣連續十年上榜的情況，並不多見。

早在二〇〇〇年初，郭台銘就直面新世紀、新科技競爭的挑戰：「新世紀將是『成功崛起』與『失敗滅亡』高速變換的年代。這是『危機』與『轉機』更明顯並存的時代。」

二〇〇二年四月十八日，富士康捷克工廠落成投產，捷克少女唱著精心排練的臺灣原著民歌《馬蘭情歌》將當地象徵寒冬過去春天到來的黃色水仙花獻給郭台銘。富士康兩年內建成二、〇〇〇名員工規模的廠房，晝夜燈火通明、日夜不停地將產品運到歐盟市場。捷克財政部長杰瑞・魯索尼卡激動地說：「富士康對我們是如此重要，因為它讓我們看到什麼是積極而最有效率的做生意的方法。」

富士康的捷克工廠坐落在離布拉格兩小時車程的帕爾杜比采。十六世紀，帕爾杜比采曾因逃過黑死病的侵襲而聞名於世。捷克曾是前華沙條約組織國中最大的武器供應國，現在面臨著從軍火向高科技的轉變。富士康的廠區原來是專門供應蘇聯雷達的工廠，全盛時期有五、〇〇〇人之眾。在富士康接收時，只剩下四〇〇人。富士康接收這些廠區，就是在幫助捷克轉型，那個時候，捷克完全沒有大型電子產業的製造經驗，也沒有和美國大廠合作的經驗。

此前，富士康在蘇格蘭設廠。從蘇格蘭龐大的造船廠，到東歐雷達兵工廠，每次走在那些廢棄的巨大廠房之間，站在那些巨大的船塢和數千人的大廠車間裡生鏽的設備面前，彷彿可以看見他們在第二次世界大戰前輝煌的帝國時期。而新的征服者的感受是，無論是曾一時雄霸世界的海權國家，還是掀起工業革命的製造基地，都無法逃脫競爭的無情。

歷史的無情，任何國家都不可倖免。沒有進步，原地踏步，不到一個世紀就沒落沉淪。國家尚且如此，更不用說一個小小的企業。

低價是最大的競爭力

「你自己做，不如我做便宜；讓別人做，也不如讓我做便宜。」這是富士康銷售人員的口頭禪。

從做連接器開始，郭台銘就將價格作為競爭的利器。「鴻海的價格大約可以降到海外廠商的一半。」這是早期一位大廠採購員的回憶。鴻海的產品品質穩定、價格極具吸引力，雖然當時還是小公司，但大家都願意一試。除了價格有彈性，產品樣式也很齊全，鴻海的業務員對客戶說：「這些連接器，我們鴻海都有賣，你都向我買，我再給你便宜二〇%。」

富士康的連接器和機殼不像電腦中的DRAM或組裝產品單價那麼高，加起來也就是占電腦成本的十分之一左右。但它是電腦不可或缺的零組件。最初臺灣另一家電腦大廠精英集團就曾嫌富士康的連接器太貴，於是只向富士康購買和機構體有關的連接器，自己則成立了一家連接器公司「欽騰精密」。但是成立不到半年，精英就發現自己生產連接器的成本遠遠沒有富士康的低，又賣得不好，與其虧錢營運，不如找富士康幫忙。於是向郭台銘說：「精英未來的連接器訂單全部交給富士康，但富士康必須幫『欽騰』提升技術、改善品質。」

於是富士康又通過旗下的鴻揚創投，以四〇〇萬美元的價格取得「欽騰」五〇％的股權。一九九八年時，已更名「鑫明」的精英每年達一、〇〇〇萬片的主機板連接器，都向富士康購買。像當時Socket 7架構的連接器，富士康占據全球市場的七〇％以上，也是名副其實的「關鍵零組件」。

儘管臺灣廠商對郭台銘搶單有意見，但是對富士康爭取到SONY遊戲機訂單，大家還是叫好的。因為日本公司品質要求嚴是出了名的，沒有幾家公司能伺候得了日本公司，日本公司也很少把訂單交給別人代工。他們可以到中國設廠，利用當地勞動力降低成本，但外設工廠大多是獨資的，不讓別人插手管理。但是郭台銘硬是把SONY遊戲機和手機的訂單都撬來了。

我做的產品品質好，讓你橫豎挑不出毛病來，價格又便宜得讓你不敢想像，有什麼理由拒絕讓我來做呢？

何況近幾年SONY公司的日子並不好過，降低成本也是解困的一條道路。

設立競爭產品事業群

富士康集團的事業群大多是以產品的名稱命名的，但有一個事業群卻起了一個奇怪的名字：「競爭產品事業群」。

實際上這個事業群是專門開發與別人競爭、從別人手裡搶單的產品的。

從一九九三年起，現任富士康科技集團副總裁戴正吳接手「競爭產品事業群」這個名字就沒有改過。二〇〇〇年，郭台銘將其改名為「CPBG」，英文的意思還是「競爭」。郭台銘是要大家不要忘記「競爭」的理念和精神。戴正吳說：「CPBG如果忘記『競爭』本色，就等於失去了靈魂，很容易衰敗。物競天擇，優勝劣汰，就是最佳的詮釋。」

二〇〇一年，IT產業出現不景氣，戴正吳在新幹班新員工培訓講話時表示，競爭產品事業群的目標就是搶訂單：「你們現在來競爭上班，訂單就有了嗎？不容易，對不對？你們能上班，訂單是靠爭取來的，不是天上掉下來的！臺灣正在面臨不景氣，很多公司都深具實力，但就是少了訂單。臺灣要爭取訂單，要用策略，怎樣服務好客戶，怎樣培養好自己的技術能力，用怎樣的策略拿下這個訂單，這些都是各公司面臨的挑戰。富士康在二〇〇一年這樣不景氣的情況下，仍然要繁榮成長，這可大不一樣啊！這還是體現了競爭的精神與挑戰的鬥志。」

富士康需要競爭。戴正吳又說：「我記得剛進公司時，公司在臺灣『一、〇〇〇強』沒有排上名，第二年排到九九七名，經過了十四年，二〇〇一年我們就是臺灣第一名了。這就是挑戰的結果，也是競爭的例證！不是掛在嘴上的『挑戰』與『競爭』，而要付出艱苦的努力和代價。」

競爭產品事業群就是瞄準有潛力的產品，開發製造，爭取訂單，訂單量上來了，就轉移到別的部門去做，競爭產品事業群再做新的產品。因此，在富士康，競爭產品事業群做的產品種類最多。第一個產品是Edge-Card connector，接下來是Riser card，隨後是SMT電路板和主機板，然後是遊戲機插座，再接下來是遊戲機、DVD、筆記型電腦……

因此，戴正吳說，我們轉出了很多產品，同時也轉出了很多優秀幹部。我每到一個廠區，都會遇到我們CPBG調出去的同仁，尤其是在深圳龍華廠區，幾乎每一棟樓都有我們生產過後來轉出去的產品。

現在，戴正吳領導的競爭事業群已經更名為消費電子產品事業群（CCPBG）。事業群現有五大產品事業處：CG（Computer Game）、NBCM（Notebook Component Module Move）、ODD（Optical Drsc Driver）、OACM（Office Automatic Component Module）、PCB（Printed-circuit Board）。

競爭產品事業群更名，是因為隨著富士康的擴張壯大，每個事業群都要強化競爭搶單的功能，僅靠CPBG已經不夠。另外，CPBG已經在消費電子產業扎根，這個產業本身就產品豐富、變化多端、潛力巨大，是最具競爭性的新興產業。

寒冬中的孤雁

二〇〇一年，全球經濟低迷，ＩＴ行業受到的影響最大。第一、二季度已經非常慘烈，第三季度能否回升？臺積電董事長張忠謀認為第三季度應該探底回暖，春燕將歸。但是郭台銘卻認為第三季度還不是景氣最低點，仍將持續探底，且水深難測，產業結構正在改變，要及早應對。二〇〇一年將是「硬著陸」，而不是「軟著陸」。

郭台銘描述當時的情景說：「二〇〇一年的不景氣，是過去二十年少見的。歐洲、美洲、亞洲三個地區同時衰退。一般來說，以前經濟不景氣是推波型的，美洲不景氣，歐洲頂著；歐洲不景氣，亞洲頂著，而今年卻是三個地區都在衰退。」

郭台銘把富士康比做「寒冬中的孤雁」。

在二〇〇一年五月三十一日的股東大會上，郭台銘面對經濟不景氣的大環境，向股東們發出宏願：「若今年營收不到一、〇〇〇億新臺幣，我就向大家下跪。」

二〇〇一年的前四個月，富士康的營收已經超過四〇〇億元新臺幣，如果能保證單月營收一〇〇億元新臺幣，全年就是一、二〇〇億元新臺幣。電子業一般上、下半年營收比例為四比六，再加上上一年富士康營收複合成長為五一％，因此有人認為，富士康二〇〇一年全年的營收應該會達到一、五〇〇億元新臺幣。

果不其然，這一年富士康營收超過一、五〇〇億元新臺幣，坐上了臺灣第一大廠的寶座。也就是在這一年，富士康開始進入手機產業，虎口奪食。

其實，這波經濟衰退一直延續了幾年。二〇〇四年，全球石油價格創下近十年來的歷史最高峰，連高獲利、高成長的ＩＣ設計公司都不再受到投資人追捧，象徵全球科技股興衰的美國納斯達克指數，在二〇〇四年再度陷入谷底，從二〇〇三年的二、七〇〇高點又跌回一、四〇〇點左右。臺灣廣達、寶仁等股票都創下歷史新低。

然而，在這幾年不景氣中，富士康一路高歌猛進，每年以超過五〇％的複合成長擴張。二〇

○四年超過偉創力，成為全球代工大王。

除了公司營收業績的高速成長，富士康在臺灣的股票也大幅攀升。富士康股票在臺灣上市以來，從母公司股東權益報酬率來看，除了一九九○至一九九三年低於二○％之外，從一九九四年開始，都在二六％之上，每一年也都大於資產報酬率。富士康努力為股東賺錢的能力，比臺積電過去十年平均二○％的報酬率還要高。

有人曾經計算，如果有一個人在一九九三年五月三十一日，買了一張郭台銘的股票，到二○○○年五月三十一日，就已經成長了四五．二倍，等於二．五萬元人民幣變成了一一三萬元人民幣。到今天的成長，更是一個大數目。

為什麼富士康能成為「寒冬中的孤雁」，在不景氣中逆風飛揚？

一九九九年，郭台銘留下了一句名言：「我們不知道如何才能成功，但我們可以像蟑螂一樣生存下來。」

面對不景氣，郭台銘是這樣看的：「經濟不景氣對企業是一個考驗。所有的企業最後一定是優勝劣汰，期間要經歷一個過程。景氣的時候，就像順水推舟，每個人都會，只是快慢而已；不景氣的時候，則是逆水行舟，那就要考驗能力了，有的人會成功，有的人會進步，有的人會被淘汰。不景氣會加劇物競天擇，適者生存的過程。」

郭台銘又說：「景氣跟海嘯一樣，一來一去，非常地快。當今經濟結構的調整，就像地殼板塊移動一樣。我認為與其關注景氣好壞，不如先關注經濟板塊的移動。海嘯為什麼來得快？它不是一天兩天形成的，醞釀了很久，能量一旦爆發，就會造成巨大的結構性改變。世界經濟都有景氣與不景氣的時候，躲都躲不掉。但我認為，經濟沒有所謂景氣的問題，只有競爭力的問題。不管景氣來臨與否，都有人成長，有人失敗；不管景氣好不好，都有人賠錢，有人賺錢。」

有人倒下了，留下的訂單就歸勝利者所有。

另外，不景氣讓ＩＴ大廠精打細算，儘量減少成本，有更多的訂單會外包。正是在這個時期，富士康攬來了康柏、戴爾、惠普、思科、蘋果、ＳＯＮＹ、諾基亞、摩托羅拉等公司更多的訂單。

布局大陸是降低成本的基礎

不論是在大經濟環境不景氣時挺進，還是在行業不景氣時虎口奪食，富士康競爭的利器都是價格。

在不景氣時生存發展，要靠努力拚搏，更要靠多年的布局耕耘。郭台銘說：「我們開會、做事的時間很長。因為你想想看，一個『寒冬中的孤雁』要飛翔，必須努力，還要找下一個落腳點。逆風、又冷又餓，只有努力地飛翔。工作時間長，並不是我們的追求，而是現在我們有非常多的事要做。因為全世界的企業正在進行結構性的轉變。尤其是網路企業，誰能在這個過程中脫穎而出，就看你這幾年下的工夫、這幾年努力的程度。『要怎麼收，先看你怎麼栽』，我自己是一個比較喜歡耕耘收穫的人。」

二〇〇〇年，經濟不景氣連續下挫時，不少臺灣企業和國際大客戶都緊急展開動員布局，將目光投向中國大陸和歐洲市場。而此時，富士康已經在大陸落地生根，並登陸歐洲。大陸成為其在不景氣中掌握大局的支撐點。客戶看好大陸蓬勃興起的市場，而富士康則得到了寶貴的製造成本。

郭台銘對當時大陸的投資環境瞭如指掌：未來北京、天津一帶將成為大陸無線通訊網路的發展重地，成為大陸無線矽谷，將是無線通訊製造與研發基地。上海、蘇州、無錫一帶，將成為筆記型電腦、PDA等可攜式產品的生產重地。至於廣州、深圳、香港則是桌上電腦及消費電子產品的製造基地。郭台銘還預言，未來在上海晶圓廠將具群聚效應，由於北京缺水、缺電和風沙問題，未來勢必向南發展。此外，基於供應商的需求，廣州、深圳也將會出現幾座晶圓廠。

在向臺灣同業介紹大陸投資環境的時候，富士康在大陸的布局已經到了收穫季節。別的不說，富士康在大陸有數十萬員工，這些員工如果在臺灣招是根本不可能的，臺灣一個員工是大陸幾個人甚至十幾個人的成本，在臺灣招這麼多人，也養不起。富士康在大陸建了那麼多科技工業園，這麼大的土地，臺灣無法提供，即使能買到一些土地，也貴得要命。而在大陸，政府為了吸引投資，土地可以優惠，並能保證供應，還有各種稅收等方面的優惠。因此郭台銘才能豪邁地喊：「看得到的土地我都要啦！」

正是大陸的資源支撐起了富士康的低成本製造，使其能以低得驚人的報價吸走訂單，讓自己迅速膨脹。

成本控制是基本功

「赤字接單，黑字出貨」這句話最早出自二〇〇〇年的某一個晚上，競爭產品事業群降低成本動員大會上戴正吳的講話中。

戴正吳說：「今天，我們為什麼特別強調成本？其實絕大多數幹部都很清楚這樣一個事實：現在，低價電腦已經成為一種趨勢，我們所做的許多連接器產品已經是『夕陽』產品，本身利潤微薄，但客戶還一再要求大幅度降價。於是行業中已經有許多小廠招架不住，面臨淘汰出局的威脅。但我們還要不要做？做！肯定要做！但我們絕不能做虧本的買賣。我們經常跟市場人員講一種觀念：我們要有『赤字接單，黑字出貨』的競爭能力！即以低於競爭對手的價格接受訂單，通過製造、營銷各個環節的努力，壓縮節省成本，仍以競爭性價格將貨交給客戶。只有這樣，我們才能在激烈的競爭中取得勝利。」

因此，降低成本是保持低價格競爭力的唯一出路。

曾經為富士康做過二十多年顧問的石滋宜博士，常對臺灣企業強調「控制成本」對於企業獲利能力提升的重要性。他舉了一個例子，某一個產品售價一、〇〇〇元，成本是九〇〇元時，利潤是一〇〇元；當售價不變，但是成本降低一〇%，變成八一〇元時，利潤就從一〇〇元變成了一九〇元，增加了將近一倍。當成本進一步降低二〇％，變成七二〇元時，利潤就變成了二八〇元，增加了近兩倍。

反推回來的結果最讓人吃驚：如果這一家公司預定要賺二八〇萬元，用原來一開始的成本去做，他必須出貨二．八萬個產品；如果能省一〇％的成本，則只要出貨約一．四萬個；如果能省二〇％成本出貨，就只要出貨一萬個。

節省成本不只是出貨量少三分之二的問題，從公司整體戰略來看，賺相同的錢，要打下兩倍的市場，花下的人力物力都很可觀，所以最有效的方式還是成本控制。

因此，富士康的幹部都認定，要讓公司在賺錢之前，先要成為一個懂得省錢的企業。

特別是當景氣持續不振的時候，節省成本就顯得尤其重要。富士康副總游象富就做過一個深刻的概念解釋。他把過去大家的基本概念「利潤＝售價－成本」，重新排列組合思考，變成了「成本＝售價－利潤」。從這個角度來思考，就等於客戶開出的售價，減去了中間應有的利潤，剩下的就是成本目標。這樣的思考主要是在不景氣的現實環境中，產品售價不斷下降的情況下，用以刺激消費的情形。如果一定要維持住預定的利潤，就必須持續降低成本，因此便特別把成本移到等號左邊，放在首要的位置。

陳明俊經理舉了一個更生動的例子。天花板好比產品價格，地板好比生產成本，在層高固定的情況下，天花板愈高、地板愈薄，我們的生產活動和發展空間就愈大；天花板愈低，地板愈厚，空間就愈小，直至無法活動，甚至被擠死。在市場售價急劇下降的現狀下，天花板已無可避免地在下降，地板也在增厚，如果不想坐以待斃，面對天花板的墜降，唯一的出路就是儘量削薄地板的厚度，維持一個相對寬鬆的空間，並積極去尋求得以撐起天花板的支柱。

而除了售價不斷降低之外，周圍的競爭對手也一直在四周擠壓。在這種情況之下，誰有辦法降低成本，誰才可能撐到最後。

因此，郭台銘說：成本控制是企業的基本功。「基本功做好了，才能談變化。」富士康這樣的基本功是怎麼得來的？「飛檐走壁，劍術精湛，是因為閉關自學了很久。」

成本是幹部考核的績效指標

「我們早就把降低成本能力當做幹部的績效指標。」戴正吳認為，不是想省錢就可以省的，考驗幹部對每一個成本發生環節的瞭解程度，以及找出可壓縮空間何在的能力，正是衡量幹部價值的標準。

富士康認為，幹部必須對成本有正確的認識。

「企業不賺錢是罪惡的」。這是富士康一再向幹部強調的首要觀念。如果企業連年虧損，它就失去了自下而上的經濟基礎。沒有盈利，如何保障員工的薪資及福利？反之，如果企業辦得紅紅火火，不僅員工福利待遇得到改善，形成一種良性互動，同時能增加就業機會，對社會和人民都是一種回報。

其次，要搞清成本定義。成本的定義，包括了「策略成本」和「非策略性成本」。所謂「策略成本」，包括為工廠爭取客戶，仍舊生產一些沒有利潤的連接器等產品，或是一些必要的公關開銷，接待來訪客戶，正常的交際費用等，這些開支是必需的。不能因為節省成本就失禮，讓客戶留下不舒服的印象。但是沒有必要的「非策略性成本」，就沒有理由浪費。

再次，「效率不等於效果」。有時一味追求一〇〇％機臺運轉率，反而只是讓機臺白白切割空氣，空耗機臺和電力。表面上機臺運轉率很高，但實際效率很差，所以機臺要「該動則動」，不一定要二十四小時連軸轉，這才是一種節省成本的策略。

另外，唯有擴大營業額才能提升競爭力，降低經常性費用。這麼大一個公司，在經常性開支方面，既然無法節省，就只能用「擴大營業額」的方式來分攤降低費用成本。

特別是對富士康來說，其實最貴的是「時間成本」。富士康的核心競爭力之一，就是快速開發模具，能夠抓到新產品的開發周期，但是如果量產時沒有快速衝起來，反而失去了先機。特別是富士康龐大的機器設備和人力，每一分每一秒都要運轉。時間對個人和企業來說，都是最珍貴的無形財富，而在這方面往往揮霍浪費最嚴重。

另外，郭台銘和高管們還一再交代，富士康有三個「金庫」：閒置設備區、倉庫不良品區及垃圾場，幹部應該經常去走動看看，發現閒置材料，讓「寶藏」可以再利用。水費、電費、電話費也是每每提起的三項費用，這裡面也有「黃金」。

郭台銘一再說：「關鍵是做正確的事，不做錯事。」富士康發展這麼迅速，關鍵是戰略正確、思路正確、策略正確，特別是在決策上沒有失誤。

大陸企業出大問題，往往出在決策上，特別是投資決策、項目決策。一個項目幾千萬元、上億元、十幾億元、數十億元，投出去顆粒無收，或者成為企業的包袱，投了鉅資，項目還要維持，不斷地虧損，往裡扔錢，最後企業給拖死了。在中國企業中，這樣的例子數不勝數。

即使是企業死不掉，決策、投資失誤造成的損失也要攤到成本裡，攤到每件產品上，成本怎麼能不高？怎麼能降得下來？

富士康投了這麼多項目，沒有不賺錢的項目，沒有投資失誤的項目，這是最了不起的，也是最大的一項成本節省。

如果一個員工失誤，可能是一個產品或一批產品的問題，損失還小，但是那些大大小小的幹部，如果出現失誤，損失就大得多，嚴重得多。因此，幹部不能犯錯誤，不能有失誤，因為代價太大了。

一九九六年，曾有一名幹部沒有看好Edge Card上的Core-Pin放電加工尺寸，致使所有產品慘遭退貨，那一次富士康大約損失了二、五〇〇萬元人民幣，當年三七．五億元人民幣的營業額，就整整損失將近一個百分點，也難怪郭台銘一直強調，公司愈大，幹部要負的責任就愈重。「決策錯誤，是浪費的根源之一」，這句話也是郭台銘的名言。

節省是一種心態

在富士康，節省是一種文化，一種心態，一種習慣，一種自覺的行動。

沒有倉庫的工廠

郭台銘老家山西晉城百餘名幹部到富士康學習，他們看到，有的廠房門口掛著小黑板，上面寫著上次發生安全事故的時間、原因、肇事者。仔細看看，儘管是一年前的事故，還在不斷提示員工：必須杜絕事故發生。參觀時人們還看到一個現象，主機箱配套安裝好以後，不是存放在倉庫裡，而是直接搬運到大型集裝箱貨櫃車上。難道他們的產品這樣供不應求？還是運到別的地方存起來？工作人員介紹，所有廠區已經通過國際標準化組織ISO9002國際標準品質認證，他們沒有倉庫，是因為產品沒有積壓。

富士康有句名言：「庫存是企業的墳場。」

沒有豪華辦公樓的工廠

晉城百餘名幹部老鄉還看到，單從服飾上看，分不出誰是職員誰是領導，只能從名牌證上看到員工的職務，但卻看不到冷若冰霜、傲氣十足的官架子。相反，職務愈高，態度愈好，謙遜得令人頓生敬意。最令人稱奇的是，在富士康集團，漂亮豪華的廠房很多，而指揮中心、企業總部卻設在氣派的餐廳對面一排不起眼的平房裡。是的，在富士康，高級職員是沒有優越感的，只能懷著平常心去工作。

不買汽車的工廠

富士康不但沒有豪華辦公樓，甚至不買汽車。幾十萬人，那麼大的公司，沒有汽車怎麼成？其實，工廠有一、〇〇〇多輛車，只是不是買的，而是租賃的。公司需要什麼樣的車，就在網上招租，很多車主報名，有關人員通過網路決定租賃者。公務接待用小汽車和一般的貨車，都是租賃的。購車費省下一大筆不說，運營費用也省下一大筆。一輛金杯麵包車，開始租賃費每月一．二萬元，現在六、〇〇〇元還有人爭著出租。其他油錢等費用，全都包在裡面，公司什麼事都不管，有什麼事，打個電話，車就開來了。此項措施，一年節省的運營費用就近億元。

工人免費洗衣服

富士康員工有一項福利，免費洗衣服。公司成立了一家恒立華衣公司，專門為員工洗衣服。

員工下班後，把衣服放在指定位置，做好標籤，就有人把衣服取走，第二天衣服就送回來了。

其實，這不僅僅是員工的一項福利，還是公司節省成本的一項措施。一九九九年，當時公司才一．三萬人，公司算了一筆帳：公司廠區宿舍晾衣間占宿舍面積的一九．八%，宿舍樓每層三十個房間，晾衣間占了六間，免費洗衣後，晾衣間改造成宿舍，僅此一項年節省投資利息二七六萬元；每人每月補助洗衣費二十一元，一．三萬人一年就是三二七萬元，免費洗衣後，一年節省九十七萬元；最重要的是，個人洗衣，每人每月用水三．八噸，浪費嚴重，年洗衣用水一四八萬元。

免費洗衣後，減輕了員工的勞動負擔，增加了員工休息時間，保障了工作效率和安全，減少了汙水排放。

一九九九年，公司才一．三萬人，現在富士康深圳基地已經有二十五萬人，差不多成長了二十倍。僅免費洗衣一項節省的錢就是一個可觀的數目。以一九九九年為基數計算，晾衣間節省投資利息五、五二〇萬元；洗衣補助節省一、九四〇萬元；水費節省二、九六〇萬元，三項費用每年節省也超過一億元。

周邊人員自己掙錢發工資和獎金

在富士康，十大事業群之外，總部還有一些人事、培訓等服務部門和人員，被稱做周邊部門和人員。機構再精減，這些部門和人員是少不了的。當然，有部門和人員，就要發生費用，就要發工資、獎金和福利。

富士康對周邊人員要求自力更生，自己掙錢發工資和獎金。你不是搞培訓嗎？就給你建個培訓工廠，員工培訓實習，也要生產產品。這個工廠就建在深圳的觀瀾，由負責人事和培訓的副總裁何友成負責。二〇〇五年，這個實習工廠，年銷售額也超過了五億元，基本上解決了周邊人員的工資和獎金發放。

另外，有了這方面的壓力，實習工廠的管理就格外用心，不管是新進員工還是培訓人員，進入工廠後都要保證品質，少出廢品，還要提高效率，相應也提高了培訓實習的效果。

第十一章　品質：企業的生命與尊嚴

光靠價格低是不能贏得客戶的，只有價格低，品質又好，才能贏得客戶信任。高品質，是富士康多年來打造出來的另一項競爭力。

郭台銘摔手機

「一位成功的CEO，必定也是一個優秀的演員。」這是郭台銘在二〇〇二年十月上海高盛科技論壇演講中贏得的媒體讚譽。

郭台銘一上臺，一改硬漢本色，調侃主辦單位高盛公司想拉富士康的生意，但是策略不對。因為富士康不是靠併購、海外投資發展的，而是自力更生成長的。至於高盛多年來一直建議富士康發行美國存託憑證（ADR），郭台銘更是直接要高盛死了這條心。不過演講結束時，郭台銘話鋒一轉，說高盛是他每年唯一參加其科技論壇的投資銀行，他與高盛的交情相當久遠深厚。

郭台銘還幽默地說，為了讓來賓吃得下飯，他在演講時把一〇〇多頁的投影片縮減為八頁，不過「頁數減少但品質不變」。

因為在郭台銘演講時，有人質疑富士康手機代工的布局是否成功，郭台銘一再強調富士康為客戶服務首重品質，為證明富士康產品的品質好、耐用，演講過程中他從口袋裡掏出富士康製造的那款最薄的摩托羅拉手機先展示給與會者，然後突然抬手重重地將手機在地上連摔三次，他的舉動讓臺下沸騰驚愕。郭台銘不動聲色地招呼臺下的好友，思科中國總裁杜家濱給他打電話。當摔在地上的手機鈴聲響起時，郭台銘露出驕傲的笑容和眼神。現場參會的企業領導們禁不住鼓掌大笑。

在這次會上，郭台銘一再強調富士康不但產品過硬，而且公司雖然擴張迅猛，卻不缺資金，運營穩健。在回答法人提問如何在營業額大幅度成長的狀況下，仍能保證股東權益報酬率時，郭台銘先闡述，富士康在對應收帳款的催討上有一套辦法，而在應付帳款上卻另有一套因應措施，只要收到的錢夠多，營運資金就夠充足。郭台銘又說，這麼多年來，富士康營業額持續成長，但營銷費用卻控制得當，甚至有降低的狀況。因此，銀行數次勸他到美國發行ADR，他都沒有答應。因為萬一到美國發行ADR，就要與很多外資法人頻繁溝通，這些費用都是間接的成本，實在不宜浪費。

其實，郭台銘摔手機驗證品質，這不是第一次。也是在二〇〇二年，在龍華F2區多功能廳，面對一、〇〇〇多名富士康員工講話時，郭台銘也突然把手中的手機摔在地上，然後讓別人撥打這部電話，以檢驗它的品質。不過那次摔的不是摩托羅拉手機，而是諾基亞8910。

NOKIA 8910是富士康員工剛剛製造出來的精品。它通過富士康員工的精湛工藝，採用高雅鈦金屬製作外殼，並使用精巧滑升式機身設計，精美鍍鉻按鍵，獨特白色背景燈顯示螢幕，盡顯傲世驕人之風采。加之WAP1.2.1、GPS以及內置藍牙無線技術等卓越領先的功能，將科技與藝術之美共冶一爐，堪稱尊貴與雍容之典範。

NOKIA 8910手機融入了富士康人太多的心血，郭台銘用這一摔，顯示了富士康在製造品質中的硬功夫。

精品是怎樣煉成的

NOKIA 8910，厚二十毫米，寬四十六毫米，閉闔時長度一〇三毫米，滑升式打開後長度一四〇．五毫米，有人把它稱做「匕首」。這部包括電池在內體重僅一一〇克的小型手機，顯示的是富士康的製造品質。

NOKIA手機是科技和品質的標竿，8910又是極品，競爭這一訂單的還有一家著名的德國公司。單從模具而言，該德國公司是富士康的崇拜對象，但是，它並不能滿足NOKIA的品質需求，不得不在競爭中放棄，於是8910歸至富士康麾下。

富士康的精密模具是競爭力所在。MPE產品事業部那些從二十五噸位到二〇〇噸位規格不等的沖床有了用武之地，在它們的強大壓力下，模具可以使金屬板變為任何人們所需要的形狀。

原材料加工成沖壓半成品，需要經沖切、彎曲、拉伸、擠壓、成形等複雜工藝的加工。一般的金屬無法達到要求，於是研發人員找到了鈦。輕而硬的鈦，機械性能優越，成了製作手機外殼的理想材料。

材料選好了，但沖件加工要經過較大拉伸，不能用連續模，只能採用工程模，每一個工站都需要主機手來操作完成。訂單暴增，很多優秀的沖壓作業員在沖床邊一站就是十二個小時，天天如此，經常幾個月沒有休息日。

要生產出完美的沖壓件並不是一件容易的事情。比如沖壓加工，第一站的切片看似平常，其實相當講究：材料纖維方向、平面度、尺寸公差、毛刺等細項，都必須嚴格管控；切口間隙的調整、材料利用率的核算、沖床滑塊的調整，都必須嚴謹對待。

用銼刀銼毛刺，作業員必須是一個「老練的工匠」，用不同的銼刀銼產品不同的部位，必須用不同的手法和力量。一把舊銼刀報廢了，換一把新的，就不能用舊銼刀的力量，用力一大，就會銼出一個小缺口，就是廢品。

去毛刺、清洗、振動、研磨、噴砂、化學拋光等工序，都必須克服髒和累的心理障礙。如果你不能適應酸液、鹼液和工業酒精刺鼻的味道，如果你覺得尖銳的噪音使你的耳根難以忍受，如果你因站在那裡不停地拋光造成手腳酸痛而叫苦連天，那麼你就無法適應表面加工現場的職位。

要將截面直徑不到一毫米的鎖緊銷和螺栓焊接在面板上；將GLID—PIN、LOWER以及GLID—PIN—UPPER焊接到面積不到一平方厘米的PIN—PLATE上面；將把手前蓋和把手後蓋縫焊在一起並且保證焊口光潔平滑；將斯拉夫文、拉丁文、泰文等多種文字清楚工整地刻在鈦板上等等，激光加工生產部面臨著一系列高難度的課題。焊接時，能量太大，會出現焊痕而導致次品，能量太小就會焊接不牢，郭台銘摔手機時，就會變形或分裂。因此，一切要恰到好處，不偏不倚，取「中庸之道」。

為了使手機外殼耐磨、減少色差、有光澤，在手機外殼經過PVD處理以後，還要在手機外殼烤上一層亞光油漆。雖然烤漆是富士康長期磨鍊出來的硬功夫，得心應手，但為了徹底滿足諾基亞的品質需求，在生產現場，人人都穿靜電防塵服，戴靜電防塵帽，並裹上腳套才能入內。光看這身行頭，就能想像烤漆生產的嚴謹程度。事實上，手機外殼烤漆的自動化程度已經很高，具體作業大部分是由機械手來完成，人員主要是加強對品質的管控，以杜絕人為因素而導致的外觀不良。

精品就是這樣製造出來的。在手機市場普遍降價的情況下，諾基亞8910每臺售價六、〇〇〇多元人民幣，在國際市場上還賣到斷貨。

富士康精湛的製造工藝和優良的品質，讓諾基亞無法拒絕。

「九九．九九」境界

富士康對產品品質有什麼要求？達到什麼程度？進入什麼樣的境界？

郭台銘經常講「九九．九九」哲學，就是品質要精確、精確、再精確。要像黃金的純度一樣，即使達不到一〇〇％，也必須達到九九．九九％。

在富士康，關於「四個九」的解釋有幾個版本：

郭台銘這樣解釋：他說，我手裡拿的是日本松下公司生產的白板筆，做得很精緻，手感也很好，寫出來的字非常流暢，假如富士康也要做白板筆，做到松下白板筆九〇%的精密度，可能只需要一年時間，但要做到其九九．九九%，就要付出比一年長得多的時間。又比如中國製造的攝影機、照相機與日本製造的相比，外觀上相差不多，但功能上卻相差很遠，但要從九〇%提升到九九%，就可能要五年的時間，從九九%提升到九九．九%，可能需要十年。從九九．九%提升到九九．九九%，則需要再加一個十年，甚至更長的時間。

這就是中國古人所說的「失之毫厘，謬以千里」。

郭台銘的弟弟郭台強有一次說，「四個九」講的就是「精密」。簡而言之，精密工業就是一個九，二個九，三個九，四個九……比方說，當夏天這個房間外面的溫度是攝氏四十度的時候，裡面坐了二、〇〇〇人在開會，裡面的室溫就一定要控制在攝氏二十五度以下，這是第一個九的觀念，給房子裝上空調，就可以做到；第二個九的觀念，在這二、〇〇〇人的房間裡，空氣中灰塵的粒度必須要控制在每立方米〇．〇〇一克的範圍裡面，所以必須從空調的進氣口到整個的周邊窗臺到地面的設施，包括你進來時腳底的灰塵，都要去設計，把灰塵攔在外面；第三個九的觀念，規格更加嚴格，希望空氣中沒有任何的雜質，不管是頭髮裡掉出來的，還是嘴巴、鼻孔裡呼出來的，因此我們開始要求每一個人都要穿半導體製造專用的真空服裝；第四個九的觀念，你現在所設計的環境，必須是要完全沒有細菌，沒有病毒，所以，不論是蓋一座房子、做一個空調設備，還是設計一件衣服，你都要有「四個九」的觀念，精密工業適合什麼樣的產品？適合所有的產品，主要看你的規格怎麼定。因此要做精密工業，首先一定要先改變觀念，觀念改了以後，你就要自己去尋找方法。

山西晉城的幹部到富士康學習，富士康的幹部給他們出了一道數學題：如果每道工序，每個零件的合格率都是九九%，那麼十道工序，十種零部件組成的產品，其合格率約為九〇．四%。黃金純度沒有一〇〇%，產品品質必須是一〇〇%。美國波音公司生產的波音飛機，每架都有上萬個零部件，哪個零部件的合格率都不允許是九九．九九%，人命關天，只能是一〇〇%。簡單地講，如果三條生產線上的零件合格率都是八〇%，八〇%×八〇%×八〇%＝五一．二%，那麼其組成的產品不良率就達五〇%，若一條生產線有故障，就會有更高的不良率。不算不知道，一算嚇一跳，細節決定成敗，細節決定生存，細節關乎企業生命。

富士康的老師進一步解釋：做一件事，從做到九〇%滿意到九九%滿意如果需要五年，那麼由九九%滿意到九九．九%滿意也許就需要五十年。但是只要有信心、有毅力就一定能做得更好。終極的競爭就是信心、毅力、用心的競爭。

十年鍛造品質之劍

做一個品質優良的產品也許不太難，但打造一個將品質意識融入企業文化、融入員工的血液、融入公司的每一個環節和流程、讓品質成為高度競爭力的企業就不是一件容易的事。打造富士康的品質體系，郭台銘用了十多年的時間。當然，現在富士康仍然在毫不鬆懈地抓品質，但從一九八八年到二〇〇〇年這十多年的時間它花費的心血特別多。因為要將強烈的品質意識植入企業的肌體和血液，在它的早期最為重要。

現在富士康的高品質，就是用許多年品質栽培的心血換來的成果。

到大陸投資開始的那些年，規模不是太大，人員不是太多，對品質，郭台銘可謂是耳提面命、言傳身教。以後，則是品質意識時時講、天天講、月月講、年年講。隨時隨地講品質：每天的早班會首先講品質；月度總結首先總結品質；年終大會，品質是最重要的議題。

如果找到一九九八年富士康的《鴻橋》刊物，你會看到，雖然已經到大陸投資了十年，規模已經日新月異，但郭台銘講話主題最多的還是品質和品質，高層也是處處講品質，公司召開的會議，也是講品質。一本本《鴻橋》簡直就是品質彙編，差不多有一半篇幅與品質有關。

一九九八年初，郭台銘發表了《他山之石，可以攻玉；他山之石，可以攻錯》的演講，號召大家在品質方面勇於認錯、知錯、改錯。

一九九八年六月二十六日，富士康提案改善發表大會，主要是揭露品質中存在的問題，集中提出改善意見。郭台銘發表《走向成功的不歸路》的演講，提出「品質是企業的尊嚴之本，生命之源」。

一九九八年七月十九日，郭台銘在競爭塑件「品質改造」專題訓練班上發表《傻瓜、精密、智慧》的講話，講話以品質為主線，提出具體要求。

一九九八年九月四日，臺北總部九月動員月會上，郭台銘發表《與變動的世界共舞》的演講，提出「品質是生命和尊嚴，但它不講人情」。

一九九八年九月十日，深圳集團擴大動員月會上，郭台銘發表《走出知易行難的怪圈》的演講，指出「頭頂是天，腳下是地，品質與安全，是全員的責任」。

一九九八年九月十四日，在PCE品質再教育動員大會上，郭台銘講話《不流血的革命》，指出「品質，是一場不流血的革命，它靜悄悄地沒有硝煙」。

一九九八年十月十六日，在鴻準公司擴大動員月會上，郭台銘發表《告別健忘和盲目，做全新的3C人》的演講。

一九九八年十月的「品質、安全、學習」專題擴大動員月會上，各事業群的總裁，也都上臺演講。講話稿都刊登在《鴻橋》月刊上，供公司員工學習。

這年的《鴻橋》還刊登了B／M（II）陳清龍經理在富弘公司第四十二周品質周會上的講話——《品質不能打折扣》。可以看出，一九九八年，富士康正在熱火朝天地舉行「品質周」、「品質月」活動，一九九八年實際上是富士康集團的「品質年」。

二〇〇〇年之後，品質在富士康已經建立起非常好的基礎。這個基礎是怎樣建立起來的？

郭台銘有一次講話用了一個生動的比喻：第一次世界大戰德國戰敗以後，戰勝國要求它只能保留三萬人的軍隊，德國讓士兵都退伍回家，只留下了三萬名連級以上的軍官。從量上看，德國軍隊是減少了，但是質的損失並不大，因為它保留了軍隊的精華和骨幹。因此，二十五年後，德國再次軍事崛起，有能力發動第二次世界大戰。因為它留下的三萬人，每一個人至少能立即帶起一個連隊，百萬大軍迅速成軍。留下的每一個人，至少可以帶一五〇人，三萬人就能帶四五〇萬人。當初戰勝國規定德國軍隊只能保留三萬人，但只有量的要求，而沒有質的限制。

富士康就是用十年的時間培養了自己的幹部隊伍，在以後的發展中，能夠迅速擴張，幾年內擴張到幾十萬人，那些骨幹就發揮了中堅力量，起到帶兵的作用，公司的品質意識，就是由這些骨幹向員工灌輸教育、融入正常的工作中的。因此，雖然人員增加了許多倍，反而不用集團高層天天去講品質了。

品質出問題，給你送藍旗

一九九七年三月一日，早晨七點多鐘，寒風刺骨，富士康昆山廠的幾千名員工整齊地站在餐廳大堂裡，進行「一九九七年品質改革宣誓大會」。

春節前，在集團總部臺北的年終大會上，郭台銘頒給昆山廠一面藍旗，上面寫「品質很重要」。當然，這不是優勝旗幟，接過這面旗幟是非常沉重的。

在臺北，只有領導接過這面藍旗，而現在，這面旗要在昆山廠現場再頒發一次，鼓勵全體員工知恥而後勇，在今後務必把品質做好。

會議開始，張副總率領全體員工舉行品質改革宣誓：「我以富士康員工之名宣誓，自一九九七年三月一日起，秉承愛心、信心、決心，絕對要把品質『第一次就做好』，時時不斷尋求改善，將品質做到顧客完全滿意，達到產品『零不良』、機器『零故障』、安全『零意外』之目標，保證今年勇奪富士康集團品質金獎。」

接下來，張副總代表郭台銘授藍旗，李經理代表I／O產品事業處接旗。李經理在會上宣布了一九九七年的品質目標：降低客戶報怨件數，由上年的六十八件下降到一九九七年的二十七件；降低製程異常件數，由上年的七二八件下降到一九九七年二九〇件；降低銷退金額，由上年的七五八、八四三美元下降到一〇〇、〇〇〇美元。

李經理還宣布事業處的品質策略為顧客第一、品質零缺陷、技術成標竿。

李經理接過藍旗後，又將藍旗分別頒給電鍍生產部、各間接單位、各零件生產部、二期廠、一期裝備部等單位。這些單位的領導分別上臺接旗，並進行宣誓。

到一九九七年，富士康昆山廠投產已經三年，從草創初期時廠房裡僅有幾臺成型機，到一九九七年已經是擁有注塑成型、五金沖壓、端子沖壓、五金壓鑄規模生產功能的零件生產部，有力地支持了裝配單位的生產。但是，郭台銘認為昆山廠三年裡的品質提升太慢，僅僅是初級階段，存在大量的製程異常和為數不少的因零件來料異常而產生的客戶投訴，並造成了相當數額的退貨損失。具體地說，一九九六年，客戶投訴六十八件，製程異常七二八件，退貨金額七五八、八四三美元，其中包括相當數量的海外退貨。

因此，富士康向該廠頒發藍旗，給予鞭策促進，以求迅速改變。除了頒發藍旗，富士康針對品質問題的懲罰措施還有一些。對一些小的品質事故，進行集團通報、會議檢討，對一些大的品質事故，懲罰措施就格外嚴厲，比如取消「參加會議資格」。一九九八年九月，集團的月度動員大會上，郭台銘就宣布，有個事業群的最高主管因為品質問題不能解決，而不能參加會議。還有一次大的會議，因為品質問題，一個事業群的與會者被集體罰站四十五分鐘。另外，如果哪一個單位品質經常出問題，新產品就不給它做，已有的產品也可能轉移出去給別人做。當然，年終獎、年度績效獎等也一定與品質掛鈎。有品質問題，就降低或取消獎金，不但讓你面子上過不去，利益上也要受損失。

失敗經驗交流會

「他山之石，可以攻玉；他山之石，可以攻錯。」這是郭台銘整治品質問題的另一招。

富士康每月都有月度動員大會，以前是集團集中進行，然後各個事業群再進行。後來郭台銘改了一個辦法，每月集團的集中大會由各個事業群分別籌辦舉行，事業群的動員大會成了集團的動員大會。但是舉辦大會的事業群，必須在大會上展示自己在品質方面的問題，並進行具體分析，找出改善的方案。

過去講問題，是事業群內部自己講，現在要在集團眾人面前亮醜揭短。郭台銘把這種會叫做

「失敗經驗交流會」、「他山之石交流會」。

有時候，郭台銘還嫌乾巴巴的會議介紹不夠生動、不過癮，就要求把介紹錯誤和改善的過程進行整理，變成一個表演劇，在臺上重現一遍，讓大家看到錯誤出在哪裡，後來又是怎麼改正的。

郭台銘認為，「他山之石」可以是很多錯誤的經驗，讓大家分享。把「事情為什麼會做錯，有什麼樣的辦法把它做對」這個經驗告訴大家，可以讓大家吸取教訓。

經驗是什麼？就是花費時間和金錢買到的教訓。花費時間和金錢，買到的可能是辦錯事的經驗、被騙的經驗、交錯朋友的經驗。我們要把錯誤的經驗說出來，你今天把錯誤的經驗告訴別人，得到最多利益的是自己，因為你已經從這個經驗中得到免疫力。如果我們今天有一個人犯錯、五個人犯錯，就能讓三百個人、五百個人全都看到這個錯誤，使大家能夠不要犯相同的錯誤，那麼我們就用最低的成本學到了最寶貴的經驗。所以，大家要彼此交換失敗的經驗，有了失敗的經驗，離成功就不遠了。

郭台銘舉例說：有一年舊金山地震，死了很多人。發生地震後的第三天，全世界的地震專家都來了，就是來看人家的錯誤經驗的。為什麼沒有及時預測這次地震？橋為什麼會被震垮？將來要怎樣建才不會垮掉？別人地震，損失了幾百億，死了幾百條人命，如果你去學習取經，改建你的橋，豈不就賺了幾百億嗎？

知易行難，根源在學習

為什麼要採取送「藍旗」、「失敗經驗交流會」、「他山之石交流會」這種方式？品質，往往談起來容易、口號響亮、規定全面，但實際做起來仍然會出問題。如何走出知易行難的瓶頸，走出怪圈？儘管一再開會動員交流，郭台銘還是要從「學習」上找根源。

第一，品質與安全只停留在口號、標語上，只知道一點皮毛就以為自己全知道了，這叫做「知之不深」。「小時候，我左眼患病，醫生拿起藥水非要滴我右眼不可，我說醫生您搞錯了，是我左眼患病，不是右眼。但醫生還是滴了我的右眼。醫生這樣醫治我的眼疾，是因為他知道眼疾有傳染性，只治左眼是沒有用的，必須預防右眼，才能做到深度治療。一個『知之不深』的醫生就不會這樣做。」

第二，設計、製造和品質管理，只知自己單幹，無暇他顧，顧此失彼、全盤皆輸。這叫做「知之不全」。我們人的身體構造，是一個非常優秀的「品質系統」，每一個器官都是一個最好的傳感器，假如你用吸管喝開水，開水剛一沾上舌頭你就會哇哇大叫，再不敢喝。其實，開水只要燙到身體任何部位，都會馬上警示：開水碰不得！每一個部位都是身體這個「品質系統」的品檢員。所以在品質與安全的學習方面，應該把每一名員工都造就成品檢員和安全稽查員。

在工作中，做一件事要瞭解它的整個過程與目的，不能孤立地做事。比如你擦拭沖件的油汙，你只知道「擦」是你的任務，「擦三次」是你的目標，這還不夠。你應該瞭解：擦三次能不能擦乾淨？如果擦一次能乾淨為什麼還要擦三次？有沒有比擦拭更好的辦法？

第三，不斷地學習，有一個很好的工作改善，但是品質和安全事故仍不斷發生，是「知而無用」或「學不致用」。人們都說：「一朝被蛇咬，十年怕井繩。」因為我們知道了被蛇咬的痛苦和危險，所以就時刻注意避免再被蛇咬，這樣的經驗學習是很有用的。小時候，老師常常帶我們去遠足，到了精神病院，我們覺得自己是正常的人；到了醫院，覺得自己是健康的人；到了監獄，覺得自己是自由的人，這樣的旅行學習，教導我們日後要努力去做一個精神正常、身體健康、人身自由的人。

如果學而無用，學不致用，就會造成很大的學習成本和代價。

第四，我們已經習慣於成本高昂和代價巨大的學習，這是不能提倡的一種學習方式。美國聯邦調查局曾有一個調查報告：九八％的盜竊犯和詐騙犯都不能安享贓物贓款，因為他們基本上都被抓進了監獄。這些罪犯從自己的犯罪坐牢中應體會到：付出了青春和自由的人生體驗和學習代價太不值得！

平時對品質和安全漠不關心，只有到了客戶大批退貨、拒絕再下訂單，或者同仁斷了腿、斷了手、出了車禍丟了人命，才痛定思痛，大張聲勢地檢討一番，這種學習方式，成本太高，代價太大！

因此，郭台銘強調：不正確、不嚴謹、無品質的治事與治學方式，要徹底檢討改善。失敗是一種希望，但重複失敗卻是一種絕望。學習要付出代價，代價有大有小，要以最小的代價去學習，而得到最大的收穫。頭頂是天，腳下是地，品質、安全與學習，是全員的責任，必須依靠大家深入、扎實地去努力，花拳綉腿和虛張聲勢是下一次失敗的徵兆。

總裁親自向客戶道歉

廿世紀八〇年代初，美國的一家筆記型電腦公司對使用的富士康連接器提出品質投訴。這是全世界最早做筆記型電腦的公司，當初是因為富士康的競爭對手交不出貨，富士康才獲得了這個訂單。

接到投訴報怨，郭台銘提著包就坐飛機親自來到美國芝加哥密西根湖畔的這家公司，當時天氣非常寒冷，攝氏零下二三十度的樣子。到了現場他發現，身處臺灣，對美國的寒冷天氣沒有感受，因此沒有做攝氏零下五十度時的環境試驗，產品在美國的冬季就出現了問題。

不論什麼原因，郭台銘先做檢討，然後到工廠，把有問題的產品全部從生產線上挑出來。而臺灣這邊馬上開始生產經過嚴寒測試過關的產品，三天後，合格的產品已經空運到美國公司，兩個星期內把貨全部換完，沒有耽誤客戶的生產，滿足了客戶的要求。當然退貨的損失肯定是有的。

即使是以後規模做得相當大了，富士康在全球ＩＴ業界已經有了相當大的名氣，每當遇到品質事故，郭台銘都會親自向客戶道歉，並且大多是到客戶所在地當面檢查道歉。

因此，郭台銘才在富士康的大會上說，品質是生命，是尊嚴。「我們的很多幹部到海外處理品質事件，都有非常難忘的經歷，都有有失尊嚴的體會。因為一次一次的品質問題，客戶對我們的質疑總是使我們陷入相當難堪的境地，就好比警察審問疑兇時說：『你已經有幾次犯罪前科，這次肯定又有犯罪嫌疑，你承認不承認？』——這非常沒尊嚴，非常嚴重。」

那麼怎樣才能有面子，有光彩，有尊嚴？「客戶願意出兩倍以上的價錢來買你的產品，回去還很高興，認為物超所值，這就是品質。」郭台銘更進一步舉例：但大家都喜歡用賓士車，儘管它價格昂貴，但依然鍾情。很多年前，在臺灣買一臺賓士車需要差不多六十多萬元人民幣，而買一臺臺灣的裕隆車只需二十多萬元人民幣，但大家還是去排隊買賓士。這麼多年過去了，裕隆車已經換了四五輛，而賓士卻完好如新。這樣一算，還是買賓士合算。

因此，品質做好了才有尊嚴。

品質就是生命線

富士康還經常請在第一線與客戶打交道的業務經理回來講述他們對品質的感受。

英特爾設定的指標是，一個季度只允許有四個「QAN」。整個富士康只要有四個「QAN」，品質指標就是零分。只要有一個「QAN」，就會被通知去開會，到會的人員簡直連頭都抬不起來。

陳清龍經理就講述了自己參加客戶投訴會的感受。

由於大多客戶對富士康的產品是免檢的，因此，一旦發現問題，產品可能已經在生產線上了。客戶發現問題，在三個小時內，富士康人員就會收到電話，同時Email也發過來了。在弄清楚問題的狀況以後，必須在八小時內把它反饋到工廠，而工廠的品保單位則必須在二十四小時之內拿出8D報告。在收到8D反饋之後，又必須馬上趕到客戶那裡，同客戶的工程師對8D的內容進行一項一項的審查——「哪裡有錯？」「為什麼會出錯？」「如何才能不犯錯？」這些光說是沒有用的，客戶要的是具體的改善行動。做出了改善對策與承諾之後，工作並沒有結束，通常情況下，還必須要面對他們的上級主管。一般在七十二小時到一周的時間，客戶便會約定一個時間叫你去，通常會有八，九個人和你吃飯。吃飯中不停地對你討伐，等到吃完了，你才發現其實什麼都沒有吃，哪有吃飯的心情啊，恨不得鑽到餐桌下面去。

陳清龍經理說：「品質是前提，是基本，做好品質是必需的，是不能通融的，是不可以討價還價的。品質出問題，會丟訂單、丟生意。面對客戶投訴的時候，最讓我頭疼的是，為什麼同一個問題在不斷地發生？我們沒有按照系統去做？我們的作業員一定要端正心態，嚴格按照標準去做事。」

品質就是企業的生命線，對於任何一個企業都是如此，不過對於富士康這樣的ＩＴ企業，這句話尤其重要。郭台銘看得更宏觀、更深遠。

一九九八年九月，亞洲金融風暴強勁襲來，在邁向二十一世紀的大門口，ＩＴ產業的市場環境和經濟氛圍一片慘淡。當時，在美國，迪吉多已經被康柏兼併；在臺灣，味全更換門庭。全球汽車、金融、醫藥等產業的併購案一宗接一宗。

曾幾何時，迪吉多是當年比爾．蓋茲心儀的標竿企業，但是今天，比爾．蓋茲已經成為全球軟體業的霸主，可迪吉多則落得從美國紐約股票市場退市消失的悲慘結局。

這些都表明，企業經營如逆水行舟，不進則退，退則消亡。經營企業是一件非常艱辛的事情，在「進」的過程中，進慢了也會被淘汰，進錯了更是失敗。

郭台銘認為，人可以活到七十歲，但任何一家公司能存活三十年已經不容易。尤其是在電腦、通訊、消費電子的３Ｃ產業，日新月異的快速變化，更對企業經營提出了挑戰。既然進到這個行業，就是一條不歸路，沒有選擇，也沒有退路，只能繼續往前走，並且要走得快、走得對、走得準，又富有變化，才能走得更長遠。

郭台銘還表示，沒有品質就沒有生命。企業要活過三十歲，必須依賴品質，沒有成長就沒有明天。「我們這種產業打拚，只有成長一條路。品質與成長，都來自對『快、穩、準』的把握。『快、穩、準』是３Ｃ產業的特性，強調『穩』是應該的，但我們同時要適應快速的變化和準確的變化。在快速變化的時代，如果你不能及時變化，變得不準，如庫存建立不準，產品研發預測不準，對經濟的景氣循環預測不準，你就只能落伍、只能被淘汰。」

品質管理四觀念

如何保證品質？富士康有四項觀念，融入公司上下各個環節。

轎子觀念

做好一個產品，需要產品設計、製造、營銷各單位緊密配合。營銷單位設立的海外據點仔細瞭解客戶的真正需求是什麼，產品設計單位徹底瞭解真正的問題所在，製造單位把客戶的需求製造成產品，這是一個環環相扣的過程，需要團隊協同運作。

郭台銘將此比做抬轎子。開發單位的人員在轎子前面抬，製造單位的人員在後面抬，前後互相搭配，一起上山、爬坡、下山，遇到絆腳石，前面的人抬腳不告訴後面的人，後面的人看不到，就可能被絆倒。

郭台銘認為，富士康犯了很多的錯誤，主要原因就是因為未利用團隊的力量來做事：製造單位未瞭解客戶的真正需求在哪裡，營銷、設計單位瞭解但未及時告知製造單位。所以，首先要弄清客戶的需求，不清楚客戶的需求，製造單位不要去接，不然只會造成客戶的抱怨。

傻瓜觀念

新產品開發出來後，就進入了量試到大量生產階段。為了確保品質穩定，製造單位把作業規範、檢驗規範完全書面化，進而制定成可以控制的作業系統，由此來控制品質運行。什麼是可以控制的作業系統呢？比如成型機開機後，模溫如果達不到規定的溫度，成型機就不能生產；成型生產條件一經確定，在製程中達不到或有變化，成型機就會自動停止，確保任何一個人去操作都是一樣，從而保證品質。

郭台銘要求把控制作業系統設計成像傻瓜相機一樣。手動照相機的時代，一般人不經過培訓是不會使用的，照相時要先調好光圈與焦距，有時調了半天，照出來的相仍是模糊的。隨著傻瓜相機的問世，使用就方便了，沒有接觸過相機的人，也能照出清晰亮麗的照片來，人人都能操作。這個理念可以用來改善成型條件的控制，可以給成型機配備一臺電腦，用來控制機臺壓力、水、模溫等。成型條件達不到規定要求，電腦便自動要求停止，還可以配備自動照相機顯影設備來進行檢測。為了精確檢查產品外觀及尺寸，可以精確到小數點後面三位。

紀律觀念

郭台銘舉了一個案例：日本有一家非常有名的餅乾公司，每天有大量觀光的客人來參觀。餅乾生產特別強調製造過程的環境衛生，但客人們出於對該廠產品的羨慕或好奇，都會禁不住去觸摸產品，有時候上完廁所後經過生產線也要摸一下產品。這就產生了一個困擾——由於日本冬天洗手很冷，很多客戶不洗手就出來接觸產品，肯定會造成產品品質的問題。怎麼辦？開始這家工廠僱人督促客人洗手後再出來，但是不行，因為監督的人總會有百密一疏的時候，照樣會有人不洗手。後來，這家工廠想出了一個妙法，在水龍頭和廁所門上安置了一個光系統，你不洗手就無法開門出去。這樣，就杜絕了餅乾的觸摸汙染。

但是對於一個像富士康這樣龐大的工廠，徹底靠系統、標準管理是難以做到的。雖然有標準，但是八〇%以上的品質事故還是由人為原因造成的。有的產品第一批沒有問題，到第六批時突然出了問題，就是因為有人沒有按標準來做。

執行標準，必須依靠紀律。因此，郭台銘常說：「走出實驗室，沒有高科技，只有執行的紀律。」

智慧觀念

富士康要求公司主管要成為知識工作者，用腦子做事、用思想做事、用知識做事。知識即權力，知識即財富，知識即希望。

郭台銘認為，一個人只掌握書本知識還不夠，那只是一名知識工作者，還要不斷提升自己的實際動手能力，快速掌握最先進的技術；在工作中遇到挫折與失敗不要氣餒，要注意積累經驗，吸取教訓，舉一反三，鍥而不捨地追求新知。知識＋技術＋經驗＋毅力＝智慧。富士康的幹部應該成為智慧工作者。

品質管理還要依靠現場全體員工的智慧。富士康廣泛地開展了QCC品質管理小組活動，很多問題就是由QCC發掘的。因為現場人員最清楚問題出在什麼地方，領導匆匆到現場看過一遍難以看出問題，品質管理員在現場巡視，也不能看出全部問題，只有生產線上的員工才能把問題找出來，也一定能知道解決問題的方法。比如，一個人肚子痛，痛在什麼位置，痛到什麼程度，只有他自己最清楚。但他可能不知道是什麼病，吃什麼藥，該怎麼治。要靠所有的現場活動把問題發掘出來，然後大家集思廣益，去改善和解決問題。

第十二章　速度：永遠比對手快一步

「看千年，看西安，千年古都；看百年，看北京，百年古城；看十年，看深圳，十年變化；看一年，看龍華，富士康速度。」富士康員工的一句話，表達了富士康成長發展的快速。

富士康的速度還表現在快速研發、快速生產、快速產能爬坡、快速供貨上。速度成為富士康強大的競爭力。

中國第一家保稅工廠

二〇〇一年一月十二日，對富士康來說是非常重要的一天，對中國海關來說也是非常重要的一天。這一天，深圳海關向富士康頒發了保稅工廠牌匾，鴻富錦保稅工廠被正式批准掛牌運作。富士康成為中國第一家保稅工廠。

保稅工廠實際上是一種具有現代科技和觀念的海關運營單位，它以分秒必爭的效率，提高了企業和海關的營運速度。

「口岸一堵塞，全城都感冒！」這是一段時間以來深圳經常遇到的情況。而IBM的副總裁也說過一句名言：「深圳到香港的公路如果塞車，全球ＰＣ就會缺貨。」

改革開放以來，深圳海關公路通關業務每年以超過一〇%的速度大幅成長。皇崗、文錦渡、沙頭角三個公路口岸進出境車輛數由一九九二年的四四六萬輛次增加到二〇〇一年的九三一萬輛次，翻了一番，日均進出境車輛約三萬輛次。經深圳各口岸進出境的人數高達一・二億人次，占全國進出境人數的一半以上；進出口貨物總值超過一、〇〇〇億美元，全國第一。試想，如此頻繁的人流、物流一旦受阻，後果不堪設想！

在傳統模式下，關員驗放一部車輛除了要核對、登錄多種作業單證外，還要加蓋六至八個章次，整個作業過程耗時一至兩分鐘。遇到過境高峰期，貨櫃車往往要排上一兩公里長的「車龍」。

有了新的模式，轉關車輛經過電子地磅自動讀取車輛及貨物重量，然後在指定線圈前停住。前方懸掛的識別系統立刻自動讀取司機和車輛資料，監控室內電腦則對所採集的數據進行核實。如數據核對正常，閘門開啟，車輛放行。整個通關過程，司機、監控關員不需要動身，全由電腦操控，放行一輛車只需四至五秒。

而通過海關的這種高效率，就源於把很多工作前移到保稅工廠，並且通過高科技監管服務。如果循著海關關口進出的這些車輛的路線跟進，相當多的車輛就來自深圳龍華的富士康工廠。在工廠的西大門，進出車輛車輪滾滾，每天有六、〇〇〇多輛集裝箱大貨車進出。而裡面就是富士康的保稅工廠。保稅工廠是這樣運作的：

封閉式監管：保稅工廠需用長達數公里的圍牆與外界隔離，只留一個物流備用閘口和兩個人流閘口，採用全封閉式監視器監管，光纖網路鋪設到工廠的各個廠區角落，固定式和移動式監視器能將每個廠區、每個出入口、每個貨櫃碼頭以及廠區的每個角落都納入「光眼」的視野。廠內監控中心和主管海關監控中心均可隨時巡視調看任何地方的現場情況。

二十四小時駐廠監管：深圳梅林海關外派一個科駐在保稅工廠，實施二十四小時現場監管。閘口內移：口岸海關驗放功能轉移到保稅工廠閘口。由海關駐廠監管科負責的內容為：廠區監管；閘口監管；辦理料件、產品進出廠區的具體手續，並負責錄入聯網電腦；驗收放進廠區的貨物，收取有關單證；開啟並實施關封關鎖，核銷進出口關封車輛；清倉、核對倉庫帳冊和財務帳冊。

直通式轉關：進口貨物經口岸海關封閉後轉關運送至駐廠海關查驗放行；出口貨物經駐廠海關查驗後，施加封條，轉關至口岸海關直接出口。

EDI聯網：保稅工廠與海關實施EDI聯網，海關通過查詢平臺調閱企業出口和生產庫存的即時數據，企業也借此實施電子報關並回覆海關所有必需資訊。

備案一天，報關五分鐘

富士康保稅工廠的設立，極大地提高了通關的效率。

直至二〇〇一年，深圳海關實行的仍然是核發《登記手冊》，進行備案的監管模式，傳統人工操作的紙面手冊從備案到核銷結案，要經過外經、海關、銀行、稅務等五、六個部門，十七道手續，需時十五至四十天。實行「聯網監管」後，海關將三、五本紙質備案合約統一為一本「電子帳冊」，通過電腦聯網，將加工貿易合約備案時間縮短在一天之內，緊急時最快僅需兩小時。由於手續簡化，也節省了大量人力，過去富士康僅報關員就有十六名，每天要用八輛小貨車運送大量的合約手冊往返海關辦理業務，而現在各項業務在網上即可完成，報關員驟減到四人。特別是過去需要幾天的進出口報關作業流程，實行「聯網監管」後只需要五分鐘就能完成。

成長不得少於三〇%

從一九九六年以來的近十年間，富士康每年以超過五〇%的速度成長，是郭台銘「速度」理念的表現。每年，郭台銘都給各個事業群下達營收指標：成長不得少於三〇%。

二〇〇五年一月二十九日，CCPBG事業群在龍華廠區舉行了二〇〇四年度表彰大會。但是事業群領導戴正吳卻心情沉重。此時，CCPBG事業群的DT Mother Board及手機PCBA轉到了其他事業群，存留在CCPBG的產品也都到了成熟期，業績成長的潛力不大。也就是說，戴正吳必須找到新的業務成長點，保證業績在新的一年成長三〇%以上。二〇〇四年，雖然業績成長完成了指標，但卻是事業群成立十多年來成長最少的一年。

這個時候，戴正吳反復注視著筆記本第一頁貼著的當年康柏電腦執行長伊克德·皮費佛宣布辭職的新聞報導，其標題寫著：做不好就下臺。幾年來，每換一個筆記本，戴正吳就把這篇報導貼在第一頁。戴正吳說，天天看這則報導，就是要督促自己真正地負起責任，時時提醒自己不得讓公司陷入困境。雖然二〇〇四年做了業務的重新定位及轉型，做了很多創新，但時間尚短，成效還不明顯。

因此，在年度的表彰大會上，戴正吳要求大會發表的資訊全部用黑白簡報，而過去都是用彩色的動畫或簡報。用黑白簡報的目的就是要營造凝重的氣氛。在這次大會上他宣布了新的一年的成長目標：「業績倍增，利潤倍增」。

二〇〇四年，出於事業群重新定位的需要，戴正吳領導的事業群由原來的競爭產品事業群改名為消費電子產品事業群，向消費電子轉型，但仍然保持原事業群的競爭精神，積極開拓市場，爭取客戶，擴大產能。

到了二〇〇五年十月，CCPBG事業群就已經完成了全年「業績倍增，利潤倍增」的目標，年底業績成長一、〇〇〇億元新臺幣，即二五〇億元人民幣。也就是說，二〇〇五年，CCPBG事業群的營收規模就超過了五〇〇億元人民幣。

二〇〇五年底，戴正吳發表《競爭永續，挑戰日新——再談競爭》的感言。他說：「競爭就是挑戰，競爭與挑戰是密不可分的。何謂挑戰？挑戰就是與自己所訂的目標競爭，與自己組織所訂的目標競爭。競爭來自於機會與威脅。競爭力是成長的基石，也是科技與創新綜合運用績效的表現。競爭要持續加強就如同一個個齒輪般持續推動，動能愈來愈大，績效則愈轉愈出色。」

快到庫存為負數

業績每年至少成長三〇%，實際上成長的幅度必須超過三〇%。

因為產品平均售價每年下降三〇%，所以只有每年成長不少於三〇%，才能保證利潤不降低。戴正吳進一步分析郭台銘提到的克服「平均單價每年下降三〇%」對於成本的意義。

「當產品定價下降三〇%時，你首先一定要讓訂單數量增加三〇%以上，接下來再多拿下超過三〇%的訂單，才能增加三成營收，但問題是你一定不可以增加三〇%的人力！」這完全要靠管理的能力，意味著你幾乎要靠原來的人力繼續成長，否則沒有辦法增加利潤。

高速成長，還要做到均衡生產，這是管理的最高境界。富士康讓人佩服之處是：「在生產線上，許多產品我們不但沒有庫存呆帳，而且庫存甚至是負的。」

為什麼庫存會是「負的」？戴正吳解釋：主要就是備料零件一進發貨庫房，就被領走，甚至時間還沒到，下一批出貨單就已到了發貨庫房。這要歸功於富士康最嚴格的會計查核系統，要是備料到了一定時間（這段備料時間比一般業界要短很多）還沒有出貨，就會馬上被打成庫存滯料，先折價一半。所以，要是沒有準確計算進貨出貨的時間，嚴格執行時間表，財報上的業績就會很慘，所有人年底都不會拿到獎金。富士康的生產單位幾乎都有這種從進貨到出貨，準確達到預定數目的功力。而為實現消化庫存，達到零庫存的目標，生產製造的速度也是非常關鍵的。

另外，高速成長和擴大規模也是另一項可以克服「平均單價每年下降三〇％」的因素。規模大，富士康進貨的價格就能比一般小廠的折扣要低。一次訂兩萬個零件，一定比一次訂兩百個的折扣要低，再加上購買的次數愈來愈頻繁，達到一定的量後，折扣更低。因此，富士康買的東西，一定是最便宜的。這也是「規模經濟」的好處。

速度本身就是成本。因為早出貨一天，早上市一天，價格就可能少降低一些。這也是富士康所要追求的與其他公司差異化最大的地方之一。對於富士康來說，真正的成本，不只是看得見的機器、廠房、原料和人工，還包括所有組裝、物流和人員訓練等等。

戴正吳分析，管理學者萊維特特別指出，成本領先來自規模經濟、範疇經濟、學習曲線效果及產品設計與製程技術。其中，速度來自「學習曲線效果」與「產品設計與製程技術」的完美結合。

速度和規模的提升對於富士康的特殊意義還在於，富士康每進入一個產業，都不是領先者，不是喝市場高利潤的「頭啖湯」，大多選擇在產品開始出現滯銷的時候，才進入這個領域。這個時候進入利潤微薄，只有大規模才有利潤，而且如果不能夠一舉大規模殺進，在市場也很難有什麼聲音，很快就會被市場大潮淹沒，根本沒有立足之地。因此，只有一下子把規模提升到最大限度，才能引起市場的震撼，才能形成市場優勢。這就是靠速度來帶動規模。

邊建廠邊出貨

雖說富士康速度快得沒有原料和產品的庫存，而實際上有的時候，速度快得甚至讓富士康還沒來得及蓋倉庫，哪來的庫存？這還不足為奇，速度最快時，生產製造的廠房都還沒有蓋好，一邊建廠就一邊出貨了。

這種事情一直到現在還在發生。所以有揭露富士康黑幕的報導說的「二〇〇人住在一間廠房裡」可能是真實的情景。因為事業成長過快，需要招聘大量人員，深圳龍華一年就增加幾萬人，住的地方根本難以一下子解決，大家臨時擠一下，這種情況是難免的。

說到邊建廠邊出貨，富士康人都會說到當年PCE事業處成立時的情景。因為與美國一家電腦公司簽訂了供貨訂單，才臨時上馬成立這個事業處。這項業務製造需要大量廠房和土地，也需要大量員工，廠址自然要選在大陸。

接到訂單之後，有關人員去美國進行產品研發的接洽工作，也有人員在臺北進行關鍵元件的採購，準備產品研發，另一部分人員則來到深圳，勘察土地，為PCE選定製造中心用地。從土地勘察到確定下來，工作進行得非常迅速，所有手續在兩個月內完成，之後龍華科技工業園就破土動工了。廠房日夜趕工，基本框架建成後，設備就已經安裝調試好了，隨即員工上線，開始生產。這個時候，廠區內除了這棟廠房，就是工地，其他什麼設施都沒有。新廠建設兩個月後，第一批產品就已經從生產線上下來，裝箱上船運往美國了。

訂單大量湧來，一兩棟廠房根本滿足不了訂單需要。所幸，可以到別的地方租廠房，安上臨時生產線，進行加班趕貨。不論採取什麼辦法，也不能耽誤了交貨時間。

當年富士康的烤漆廠廠長李清墩回憶說，他是剛剛被招聘到富士康就來到深圳龍華的。當時條件艱苦，連吃飯都是問題，沒有做飯的地方，也沒有吃飯的地方。飯是在外面做好，用車拉到工地的，大家就蹲在工地上吃飯。大家日夜趕裝機器，又缺少必要的工具，只能靠人抬肩扛，累得半死。

「董事長第一次來，是來催工期的。看了我們的安裝進度，說對我們有八〇%的信心。第二次來，機器已經安裝好了。董事長說，只要我保證三天後能生產出產品，我回臺灣他幫我開車。」十多年過去了，李清墩每每說到當年的情景，還是激動不已。

也就是從那個時候開始，富士康擁有了自己的一支營建隊伍——富士康科技集團營建事業處，每天每年不停地為富士康建造廠房。十多年過去了，在深圳、北京、昆山、杭州、山東、山西、臺灣、匈牙利等地建起了一棟棟廠房，建成了一個個科技工業園區。用自己公司的營建隊伍搞建設，就是因為他們對公司的建築瞭解，建設速度快，品質放心，材料、資金也節省。

速度決定客戶

交期就是命令，命令如山，只能提前完成，沒有拖後的理由。因為交期是對客戶的承諾，克服千難萬險，也要完成任務。

二〇〇一年，美國一家公司把P80電腦的訂單交給了富士康，這差不多是富士康進入準系統領域後最重要的訂單。P80外形獨特、別致、優雅，集機構、各種金屬零件、高拋光不鏽鋼材為一體，共有零組件三〇〇多個，涉及沖模、塑膠模、壓鑄模、金屬材料、塑膠材料、粘性材料、潤滑劑、金屬拋光、組裝加工等多個領域，結構極其複雜，共有三〇〇多道工序，材料採購涉及美國、歐洲、日本、臺灣、東南亞等多個國家和地區，但交貨期卻非常緊，從產品設計開發到量產和大量出貨，僅有兩個月的時間。還有，跟客戶的溝通非常困難。比如，設計時，富士康提出了更為簡單的能夠節省六〇％時間的製程，但客戶堅決不同意有任何改變，並且還不斷提出一些苛刻要求。

P80在生產製造過程中遇到了很多意想不到的問題，比如供應部件不穩定、經常缺貨、製造複雜、品質要求嚴格等。這一產品表面全部為精拋光處理，不准有碰傷、刮傷，製程要求複雜。生產中就打破作業的常規模式，製作了一種泡沫保護盒，生產時將產品放入盒子，金屬部分全部保護起來，只留下需要加工的部分，加工時直接在流水線上將產品拖到面前即可，不用手去拿。這樣，作業時員工就沒有任何顧慮，不用擔心碰壞產品，作業效率大大提高。

由於製程複雜，發現問題追溯困難，出現異常現象不能直接反映出來，在製程中就採用了管制卡，對各個崗位作業的品質及效率進行管控。每一臺產品都有一張管制卡，把所有的崗位工序全部顯示出來，員工生產完後，找到相應的工站簽上工號，產品一旦出現問題，就能直接找到責任人。

諸多問題都是臨時發現、現場解決的。那段時間，負責的高階主管幾乎是吃住在工廠，一天只睡四、五個小時。

兩個月按時交貨，市場反映火熱，客戶的訂單紛紛湧來，而有的交貨期只有十二小時。生產線上的人員往往已經是人困馬乏，但不得不連續作戰。甚至連總部周邊的人員也動員起來，下班後進到工廠，站到生產線上加班趕貨。沒有單位、部門、級別的界限，只有一個共同的目標：以最快的速度把貨交到客戶手裡。

P80贏得了客戶和市場的認可，客戶又把改進產品P79的訂單交給了富士康。其連接器的線材更細，零件更多，線材就像頭髮絲一樣細。不過這時候，客戶同意了富士康提出的製程改善方案，新的作業流程使生產更加順暢，節約了大量人力和時間。

產品進一步更新換代，Q26又代替了P79。Q26要求把所有線材全部焊接在插件上，而每個插件的距離只有〇．三ｍｍ，焊接難度相當大，焊接人員的培訓又成為當務之急。

從P80到P79，再到Q26，苛刻的客戶讓剛剛進入準系統領域的富士康喘不過氣來，但在逼迫之下，保質保量按時完成訂單，也讓富士康經受住了客戶和市場的考驗，從而在準系統和系統領域勇往直前。

時間＝成本

戴爾就是富士康以速度贏得的客戶。

戴爾選擇供應商有四項標準：運送能力、庫存周轉速度、對戴爾全球營運的支持度、通過網路做生意的方法。這四項能力都決定了速度。

另外，面對市場快速變化、需求量劇增，戴爾不但要求供貨商快速運籌，更要求供貨商的「高速產能」。所以戴爾坦承：「我們尋求供貨商的關鍵要素之一，就是『彈性』。」戴爾認為，它們每年可以快速成長五〇％，而且它們的需求不能把代工廠的產能占據得太離譜。戴爾的採購人員會坐下來和供貨商談：「我們的預測顯示，現在需要四七〇萬個零件，但也可能會增加到五八〇萬個，你們的產能有多大？蓋一座廠需要多長時間？你們做得到嗎？我們會消耗你們產能中的多少比例？如果產品組合從十五英寸螢幕改為十七英寸的時間比我們預期的還要快，或是我們還需要更多的量，那你們要如何應對？」

戴爾採取直銷模式，就是針對全球市場快速變化的應對抉擇。電腦銷售的速度愈來愈快，讓產品在市場停留的時間愈來愈短，因此，為全球品牌服務的代工供貨商，也必須跟上這樣的腳步。

時間等於成本。戴爾利用一套叫做「投入資本回報率」的衡量標準，來計算每一個零組件和每一個供貨商之間的成本關係：從距離到時間的成本，都能從中算出。以ＰＣ零組件價格為例，平均每一星期降低〇．五至一個百分點，所以戴爾希望能在最短時間內，把產品交給需要的顧客。

因此，戴爾公司高層曾感嘆：「我們已經快變成賣菜的了。」「青菜」這一生動比喻，指的不但是產品價格愈來愈低，還在於強調手上的產品如果不趕快賣掉，將會馬上成為一堆「廢鐵」，電腦就像新鮮蔬果一樣不能久放。

把物流中心建到客戶身邊

如何快速調整、滿足戴爾等客戶「快速」、「彈性」的需求？富士康的辦法就是把物流和資訊中心建到客戶身邊，縮短與客戶的距離，也就是縮短與市場的距離。富士康把這個物流資訊中心稱做「e-Hub」。

Hub，主要是發貨中心倉庫，也就是物流中心的概念。富士康把「Hub」直接建在客戶旁邊，一方面給客戶提供快速服務，另一方面客戶自己不用增加備料的負擔，要用時，就直接由富士康快速提供，降低成本。

富士康的Hub，往往和自己各地的組裝生產線只有一門之隔，生產線做到什麼程度，零件就可以提供到什麼程度，而貨物一旦跨過倉庫大門就等於出貨，可以開始向客戶計帳。Hub其實就是一個小型物流公司，靠出貨進貨的「周轉率」來自負盈虧，生產線只要拿到零件，幾乎就等於出貨，庫存等於「零負擔」。

Hub其實也就等於是客戶的發貨中心和倉庫。客戶享受到的最大好處之一是，能夠不承擔零組件庫存的風險，而只享受其成本下降的好處。

比如，晶片組、中央處理器、隨機存取記憶體等關鍵零組件的價格非常昂貴，跌價也狠，Hub如果管理不善，光是貨物折價的因素，虧損就在所難免。富士康投資上億元人民幣建立資訊平臺，並且自己開發了軟體，用「e化」來預測庫存，掌握進貨進度。因此，「e-Hub」的存貨不會超過兩天。

「只要停留超過十五分鐘，就要入倉管制！」郭台銘認為不管是零件、物料、組件還是半成品，只要出了發貨中心，還沒有成為成品出貨，都要在電腦上管制、隨時查得到流向。而「出貨」、「銷貨」也都定義得相當清楚，「出貨」是製造地到發貨倉，對客戶尚未收錢的一段；「銷貨」是發貨倉到客戶倉，對客戶收錢的那一段。

「e-Hub」快速周轉，周轉量非常巨大。每周有超過一〇〇個貨櫃的零組件在此交匯進出，富士康的e-Hub甚至還能夠發貨給其他組裝廠，增加流轉業務量。

四十八小時設計接力

除了在客戶身邊設立「e-Hub」，富士康還靠近客戶建立研發中心，提高產品設計能力和樣品快速提交能力，甚至參與客戶研發設計。

為了最大限度地提高開發新產品的速度，富士康還建立了全球四十八小時遠程互動設計體系。比如，透過網際網路，位於美國西岸的開發設計部門下班就寢時，有十六小時以上時差的亞洲正好上班，身處美國的工程師在下班前，將設計重點告知遠在大陸或臺灣即將上班的設計工程師，繼續以接力賽的方式完成設計，而第二天美國工程師上班時，設計稿已經傳回辦公室，甚至已經做出樣品進行實驗了，而中國大陸的工程師經過一天的勞頓開始進入夢鄉。不少產品，經過四十八小時的接力設計就能完成。

「九八二」速度

富士康的速度在不斷地挑戰新高度。

四十八小時完成產品設計。

二十四小時試製出樣品。

六個星期量產新機種……

這些都是全球ＩＴ業創紀錄的速度，無人能夠挑戰。

富士康進入準系統接下P80訂單時，出貨時間是兩個月，後來進一步提速，能夠在六個星期內生產出一個新機種，把時間縮短到一個半月。而其他公司一般約需四個月，速度慢了一半多。

速度的提升帶來的效益是巨大的，不僅在於能夠趕上市場的節拍，快賺、多賺錢，還大大降低了成本。一九九八年，康柏這樣的公司，存貨最多八周，現在一般富士康的客戶只要存一個星期就夠了。因為不管是美國還是歐洲，富士康都能在一個星期內補貨。

在快速量產新機種的過程中，富士康強大的模具能力發揮了神奇功能。「單是一個電子機殼產品，大大小小的模具大概要五十至六十副，彼此的大小尺寸還要搭配，而富士康要做到全球三大洲都有出貨地點，就等於要開三套模具，準備一百多副，做好以後，馬上就可以製造出上百萬個產品。」郭台銘的自信源自強大的實力。

另外，中國昆山「I／O」連接器部門在一九九九年以後，也都成立了「加速加工中心」，幫助客戶處理專門應急件、零星修改件和夜間急件，而像Cable模具方面，從設計、開模、試模到送樣都提供「二十四小時項目」形式支持。富士康高層驕傲地說：「我們不但有大廠的支持和制度，也有小廠的價格優勢和彈性。」

特別是，客戶對交貨期的要求已經愈來愈苛刻。進入二十一世紀，經過上一波景氣的谷底之後，臺灣產業最大的特色，就是訂單來得又快又急，直接考驗臺灣廠商的生存能力。根據有關部門的資料，臺灣在一九九八年時，從接單到出貨，平均要花三二．七天；至二〇〇一年，已縮短至二七．三天。其中，電子業更降至十九天，縮短將近一半。

臺灣電子大廠早就做到了「八五三」的境界：八五％的產品在三天內出貨。現在一般都可達到「九八五」，即九八％的出貨在五天內完成，這也是臺灣產業能夠獨步全球的能力。不過，某些公司的CEO已發出不平之鳴：「現在單子已經苛刻到不合理的地步了！」更有CEO指出，過去還有十二天的出貨期，現在三天就要求出貨，「這對臺灣廠商來說，簡直就是一種成本負擔！」

而富士康已經做到了「九八二」的境界：九八％的產品在二天內出貨。

「速度快的人賺錢，速度慢的人賣庫存。」郭台銘常說。

賣最新的科技產品，只要一般的業務員就夠了，「但是庫存，一定要最優秀的業務員才賣得出去。」而這種優秀業務人員的薪水成本又比較高。一來一往之間，就決定了企業的競爭能力。

第十三章　科技：提升製造競爭力

有一種誤解：富士康是代工企業，沒有什麼科技含量，沒有什麼技術。其實，製造也需要技術，也是高科技。而這正是富士康成長為全球代工大王的奧祕之一。

「大鯨魚」發怒

二〇〇二年，富士康狀告美國安普科技專利侵權的官司引起了全球ＩＴ界的高度關注，因為這是一次原告、被告的大逆轉。

這是一場持續了廿年的專利持久戰。

早年，富士康做個人電腦和接口設備的連接器，到美國打市場，競爭非常激烈。競爭對手安普科技很強大，富士康就改變了策略：安普科技賣一元，富士康就賣六毛，成本九毛，賠錢做。當客戶接受富士康以後，競爭對手還是賣一元，富士康就賣八毛。那個階段，富士康開始損益持平。再後來富士康也賣一元，賺錢了，因為富士康的品質、交貨期，客戶可以接受，同時也有非常好的技術來維持和保證品質。

一九八九年，安普科技首度對富士康開炮。安普科技向美國國際貿易委員會提出控告富士康專利侵權，引用「三三七法案」要求美國停止進口富士康SINM連接器產品，將富士康的產品擋在美國市場大門之外。

所謂「三三七法案」，就是美國《關稅法》第三三七條，主要涉及專利等知識產權侵權的訴訟，如果循此途徑，就可免受法院審理耗時之慮，因為《關稅法》三三七條需在一年內做出裁決。但是使用這個法案最主要的特點，就是沒有「損害求償」的部分，最多就是起到「擋關」作用，使得該項產品不能進入美國。

郭台銘認為，這是富士康技術發展史上最值得紀念的一件大事，說明富士康在這一年開始有實力威脅國際大公司。

但是，此後這類專利官司紛至沓來。富士康律師周至鵬說起當年被告的情形：「以前我們很可憐，有時春節前一兩天，接到美國大公司狀告的通知，整個年假就都泡湯了，要去美國打官司。尤其是早期產品種類少時，這類官司幾乎是致命的。」

一直到二〇〇一年，富士康還在被動挨打。二〇〇一年三月，有美國公司對富士康提出BGA連接器專利技術侵權的訴訟，美國舊金山地方法院陪審團初步裁定富士康應對其「故意」侵權行為負責。對此結果，郭台銘非常氣憤，他認為富士康不是輸在專利，而是輸在法律程序上。如果富士康提出上訴，最遲會在三年內打贏這場官司。這場官司最後雖然在英特爾的強力介入下以和解終結，但郭台銘仍然憤憤不平。

因此，被人告了二十年，一直被動挨打的富士康開始全面反擊，以其人之道，還治其人之身。二〇〇二年，富士康同時控告美國安普科技在臺灣的泰科電子、百慕達商泰科資訊科技臺灣分公司及三商安富利公司連接器基座產品，侵害富士康臺灣新型第一一八〇六〇號專利。

接下來，富士康又在中國大陸對兩家侵權廠商提出控訴。這兩家廠商均是位於廣東東莞的臺商投資廠，其中一家是廣晉電子廠，一家是旭宏電子廠。富士康表示為布建專利防護網捍衛其知識產權，並不會因為侵權廠商異地製造、交貨而放鬆，而之前富士康也曾在臺灣控訴承豐精密侵權。

在二〇〇五年春節前的尾牙大會上，郭台銘親自上臺扮演「大鯨魚」。他在臺上致詞說：「我查了辭典，大鯨魚是溫和的動物，但是大鯨魚也有發怒的時候！」他宣誓，對於以地攤貨擾亂市場的個別廠商絕不手軟，為維護市場秩序，不惜與同業撕破臉。

從二〇〇二年起，郭台銘理直氣壯地策劃起專利大反攻，開始了一場跨國專利訴訟。為此，富士康還將採用侵權產品的電腦廠商也列入了被告範圍。

郭台銘當時說，為維護產業秩序，富士康將優先將產品供應給華碩、技嘉、微星等廠商，對於以殺價生存的廠商，富士康將給予懲罰；對只會殺價、不肯投資研發的高科技業的廠商，富士康不僅不予支持，還將採取法律手段。專利已是新一代遊戲規則，廠商要在新經濟時代存活，就必須遵守這項規則。富士康要通過專利的保護，建立產業經營秩序。

這時候，富士康已經在連接器領域形成絕對優勢。比如在Socket 478連接器的市場占有方面，最初是三分之一，後來就只有富士康具有量產的能力，市場占有率也就從四〇％上升到一〇〇%。壟斷，自然價格就高，於是開始有人說富士康「霸氣」。

郭台銘解釋說，這種市場的絕對占有率甚至是壟斷，就是因為大規模的投資。富士康在設備上就比別人多投資了二．五倍，才能大量生產供貨，投資成本也就大幅度增加，考慮投資成本的回收，所以在出貨時也將設備成本平攤納入考量價格，單價自然上升。

郭台銘還列出另外一個原因：「以價制量」也是為了制止部分小廠亂下訂單。例如，原本只需一萬個產品，卻常常開口要十萬個、二十萬個，隨後又臨時取消，成為市場的亂源。因此，富士康才做出許多限制，包括提高售價，以應付小廠的假性需求。

郭台銘說：「從學種稻子到收割要三年的時間，採口紅卻只要十分鐘。」

小小連接器八、〇〇〇項專利

郭台銘為什麼說話底氣這麼足？因為今天的富士康已鳥槍換炮，絕非昔日能比。

據介紹，到一九九五年，富士康的專利申請量為二七〇件，專利核准量為一六〇件。截至二〇〇六年九月三十日，富士康全球專利累計，專利申請量達到三二、四〇〇件，核准量一七、二五〇件。不到十一年間，專利申請量成長了一一八倍，核准量成長了一〇八倍。

截至二〇〇六年九月三十日，富士康在大陸專利申請累計一二、六〇〇件，版權登記累計一、〇〇〇件，商標註冊累計三六〇件。

二〇〇六年四月，富士康被全球頂級專利品質評鑑機構IPIQ專利積分卡評定為全球電子與儀器領域專利前三強。

在全球華人企業當中，富士康的專利申請和核准量也都名列首位。

富士康專利申請和核准量每年大幅遞增，近年來更是突飛猛進，並且專利層級愈發提高。二〇〇五年，富士康在大陸地區申請專利二、七〇〇件，其中發明專利一、八二〇件，占六七．四%。

二〇〇五年，富士康在深圳地區申請專利二、三五〇件，占深圳全市專利申請量的一一．二%。其中，發明專利一、七五〇件，占七四．四%。

二〇〇五年，富士康獲中國大陸專利申請量第二名，專利核准量第一名，獲中國臺灣地區專利申請量和核准量雙料冠軍。

特別是在連接器方面，富士康已經形成一個牢不可破的專利網，專利申請達八、〇〇〇多項。隨著電子電器產品的精密化程度愈來愈高，連接器的精密要求也愈來愈高。富士康生產的一種連接內存和電路板之間的連接器，不到一厘米寬、五厘米長，卻布滿四〇〇多個針孔般的小洞，讓傳輸訊號的銅線穿過，只要一個洞不通，整臺電腦就無法運作。二〇〇二年，富士康接下配套英特爾市場主流CPU的Ｐ４連接器，僅這一個產品就申請了涵蓋材質、固定角度和散熱方式等方面的一九九個專利。

連接器是富士康做大做強的基石，到目前仍然是公司最賺錢的產品。比如，系統光纖連接器，毛利率達到四五％，以英特爾中央處理器連接主機板的連接器，毛利率超過四〇％。

富士康職員陳清龍說，要維持富士康在連接器領域的霸主地位，就一定要有新產品，真正的挑戰在於大規模地投入資金到研發上。他舉例說，像新產品研發不可缺少的檢驗設備，一臺二十多萬美元的電子顯微鏡，可以放大三十萬倍，為的是看連接器上鍍膜的分子排列。甚至還有「風洞」實驗來檢測散熱片，做零組件的散熱實驗。富士康的連接器已經做到了藝術品的境界。

五〇〇人的法務部像個小聯合國

鯨魚屬哺乳類，卻能潛水超過一小時。纏在海底電纜上的抹香鯨標本顯示，鯨魚最深可潛至水下二、二〇〇米的深度，超過一公里。鯨魚同時是海裡最大的生物，游速可達每小時五十六公里，與游速最快的魚類虎鯊相比也不遜色。

體型大、游得快、潛得深，這些特色富士康都有，因此郭台銘才會在尾牙會上扮演「大鯨魚」。

在很長的一段時間內，富士康都像大鯨魚一樣深潛水底，臥薪嘗膽。因此，郭台銘才說：「安普過去告了富士康二十年，富士康是被告大的。在小的時候，安普打我、告我、罵我，我沒有死掉。現在角色已經轉換了，我終於有專利告他了。」

那些高舉棍棒的大廠出手決不留情，主要策略就是把事情搞得愈大愈好，包括三大步驟：發警告函、刊登廣告、召開記者會。而這種大規模行動，就是要告訴富士康所有的客戶：不准和富士康往來！

被動挨打，首先就要學會躲避，不被人一棍子打死。當年，美國安普告富士康就是因為一個金屬卡扣侵權，富士康採取的策略是把金屬卡扣設計成塑膠的，躲過了專利大棒。當時，業界都為富士康捏了一把汗，但富士康很快做了回避設計和開模，迅速整合設計、製造、銷售的規劃，來解決這個法律問題。這件事情讓郭台銘認識到，打專利官司，不僅是一個法律問題，打官司的人必須要熟悉技術、生產、製造等各個環節的業務，做出全面的考量，才能讓整個訴訟策略順利地發展下去。

安普的官司以後，郭台銘迅速將當時只有五個人的法務團隊進行擴張，成立法務部，也就是富士康的律師團隊。到現在，富士康的法務部已經兵強馬壯，人數多達五〇〇人。在許多場合，郭台銘都讓法務部顯山露水，突出它的重要性。在二〇〇五年的尾牙大會上，第一個上臺接受郭台銘頒獎的，就是法務部。甚至連法務部表演的節目，都獲得頭彩。

富士康要求法務部人員，不但要有法律知識的背景，還要有工程背景。而工程背景又包括非常多的領域：材料科學、機械、電子、化學等，涉及廣泛，分工很細。比如光通訊，就要有光通訊的律師和知識產權工作者，不熟悉這一領域的人員，就無法擔當這項任務。

怎樣才能具備工程背景？富士康規定，進入法務部的人員，必須在事業單位、製造單位磨鍊過至少三個月。郭台銘的領導方式，就是要以產業做一切的根本，主要是訓練ＩＴ人才的法律知識。法務人員上班第一天，就要去學拆解「專利地雷」的工作。所謂拆解地雷，就是去找公告過及競爭對手申請的專利，找出專利定義不足、技術漏洞之處，提出異議，讓這個專利「破功」。經過如此的訓練，未來才更能扎實地找到富士康的專利組合方向，即使在研發上，郭台銘也強調：「機會總是留給有準備的人。」

而法律背景涉及許多國家和地區，臺灣和大陸的律師又不熟悉國外法律，熟悉國外法律也難以考到律師執照，這就要聘用不同國家和地區的律師。因此，富士康五〇〇人的法務部被稱做一個小小的聯合國，什麼膚色、面孔的人都有。

現在，只要有富士康投資的地方，就有法務人員，工作內容也涉及到投資、併購、商業法律和知識產權管理等方面。

獨有的專利管理系統

放眼臺灣電子業，能與半導體產業在專利榜上爭排名的，只有連接器產業。在外界眼中，一個價格不到兩美元的連接器，怎麼能和半導體晶片相比？不過事實上，連接器對專利的依賴是非常重要的，可以說成也專利，敗也專利。而連接器產業的專利奇蹟，就是富士康創造的。

臺灣政大智財研究所所長劉江彬稱，富士康的專利布局，不僅量夠，而且申請項目在事前已經過周密布局，形成了一個專利地雷網，在連接器領域近八、〇〇〇項的專利申請，有效阻止了潛在的競爭對手。一位業內人士更形容說，富士康在連接器領域的縝密專利，已經形成了阻擋對手的銅牆鐵壁，貿然進入，遭控訴的命中率非常高。

但是開發這麼多專利，投入是非常巨大的。僅專利維護的費用就是一筆巨額資金。富士康工研院院長李鐘熙就說，專利如同「商品」，如果企業或研究機構用不到，就等於是企業的「庫存」。專利的運用、儲存或處理，企業都應當有適當的管理，否則庫存太久，不但會壞掉，還需要付出不少的「倉租費」，也就是專利維護費。為此，工研院就曾經將本身用不到的三八〇件專利拍賣掉。富士康僅P4連接器就登記了一七九項專利，細數連接器的專利件數更高達近八、〇〇〇件，富士康公司核准的全部專利，到二〇〇六年有一七、二五〇件，每年的專利維護費需要高達數千萬元的資金。

一九八六年，周延鵬到富士康應聘的時候，郭台銘跟他說：「只要把專利知識產權的投資做好了，以後的路就寬了。」

周延鵬後來升任法務部部長，富士康也建立起了一套獨特的專利管理系統——ICM&A（Intellectual Capital Management & Analysis），即智慧資本的管理與分析系統。

法務人員最初的工作是向原告學習。當時，全球最大的兩家連接器公司，一家是安普，一家是Molex，掌握了大部分市場，而連接器領域的技術布局愈來愈深，就算富士康自己開發技術，也很可能會侵犯了別人的專利還不知道。那些海外大廠常常是開始默不作聲，等到你的產品開始大量出貨時，就開始告你。這個時候，你已經做了大量投資，可能損失巨大。

有幾年，法務人員把每一家競爭者超過一〇、〇〇〇件的專利報告全部買回來，每天不眠不休地去分類，去看，然後終於領會到人家是怎樣玩這樣的東西的。

專利管理系統的開發成為法務人員工作的強大武器。

首先，要確立專利技術開發的方向和項目。臺灣有錢，卻一直無法做研發，就是對技術規格和知識演進到市場趨勢的瞭解太少。英特爾創新研發中心總監林榮松博士指出，臺灣廠商不敢投入研發，主要還是「根本不知道自己要做什麼」。因為，過去的代工模式不符合未來的趨勢，所以投入研發後的風險太高。

富士康的專利管理系統，每天監視全球相關產業產品、技術、專利的變動和發展，若和富士康的相關產品有關，就特別鎖定相關問題，思考下一步該如何布局。而富士康的專利工程師在全球各個角落，只要拿出一臺手提電腦，接上電話線，就能進入富士康全球的ICM&A系統，用自己建立的知識軟體，做每天的自動統計分析，監視整個產業每天科技的變動。

富士康專利管理系統的主要流程是：每天匯整全球各個點的最新研發產品，然後把它「權利化」；第二步是到全球不同的市場、國家去申請各種專利，除了自己的研發成果以外，還要充分比對競爭者在各主要銷售國家新申請的專利。為此，富士康還建立了龐大的資訊整合模式，這也是「專利系統制度化」的體現。

有系統地整理產業的專利、技術和市場情報，富士康為此已經投入了近二十年。「真正的知識經濟，要做到每一天都可以控制每一分錢。」周延鵬說，把富士康的專利架起來，可以看到整棵「產品樹」，看到核心技術在哪裡。只有IBM、英特爾這些公司能夠做到這樣的效果。科技產業的下一步，就是從ＩＰ（智慧）到ＩＣ（半導體），知識產權成熟以後，就變成了資本。

「機械零組件是根，電子組件是本，材料知識是基礎。」這是郭台銘要求核心技術人員念念不忘的信條。以過去富士康投入的光通訊為例，富士康把光通訊從「材料」到「系統」的產品結構和技術結構攤開，把所有技術專利全部展開來分析，然後找出自己的路徑。光通訊涉及幾個基本的技術：玻璃材料、鈮酸泥、鉭酸泥晶體等整個技術，過去二、三十年的演變非常複雜，也有很複雜的知識在裡面，專利又散布在不同的國家和地區。所以，要理清這些專利，就要建立非常龐大的資訊庫。這也是「零件製造知識化」的極致。而理清每一項專利也要花費大量的資金、人力和時間。光是法務部瞭解競爭者專利的花費，就不少於二、〇〇〇萬元人民幣。單是光纖預置棒中的專利，整份報告就有半米高；而梯度折射率透鏡的專利報告厚度更超過一米，內含將近三〇〇個專利。而且這些專利來自美國、日本、俄羅斯和韓國等多個國家。

富士康的核心技術

截至二〇〇六年九月三十日，富士康全球專利累計，專利申請量達到三二、四〇〇件，核准量一七、二五〇件。

富士康以做電腦連接器起家，連接器專利累計已達八、〇〇〇件。近年來，在一些新興科技領域的專利也有了大量積累。熱傳導二、六〇〇件，奈米技術六〇〇件，網路通信四〇〇件，無線通信一、二〇〇件，平面顯示器三、〇〇〇件，鏡頭模組九〇〇件，在3C領域也有大量的專利積累。

二〇〇二年的尾牙宴上，郭台銘曾公布過富士康的核心技術研發方向。

無線網路技術無線區域網路就是把上網所需的線路變成一個小小的無線網路卡，再經過加設在外面的無線接收器連接上網。無線上網的速度更快，不論用於企業內部網路、傳送電子郵件還是下載龐大的資訊資料，都游刃有餘。

光學鍍膜技術——光通訊重要元件的重要製造過程。它可能只是薄薄的一片鏡片，但卻能改變原本傳輸容量的方式，使頻寬的容量以倍數激增。光學鍍膜主要分為薄膜濾鏡、陣列波導、光纖光三種技術。其中AWG製程不僅需要六英寸以上的晶圓廠配合，而且設備也要從三億美元起跳，沒有實力做不了。

網路晶片設計技術——網路晶片是網路卡的靈魂。沒有它，所有電腦都不能經由線纜、電話線，甚至光纖連上網路。

奈米技術——奈米是微小化元件的衡量單位。奈米科技對人類的貢獻大於醫療影像、半導體、電腦輔助工程、塑膠材料等的貢獻之和。其多重優異特性極具研究與應用價值，是二十一世紀最具顛覆性的科技，跨越電子、材料、光電、化工、生物等多產業，是各個國家的重點發展項目。

超精密複合奈米級加工技術DVD激光讀取頭、手機相機鏡頭等光學元件體積微小，歸屬於奈米級加工技術中。

奈米級測量技術——建立量測技術，開創奈米級元件。

綠色環保製造技術——配合全球性綠色環保法規要求，建立完整無鉛等新製造技術，應用於電鍍、BGA及SMT等生產製程上。

CAD／CAE技術——這是富士康全力追求的模具技術。以數位模擬，在電腦螢幕前滿足客戶的設計需求，以達到設計準確、快速的最高境界。

另外，郭台銘還指出，熱傳導技術、SMT、同步並行e供應鏈技術等，都是富士康投入研發的重點項目。

二○○六年十月召開的第八屆高交會，是對富士康以上科技研發成果的一次檢閱。

竭盡所能地做出產品

如果仔細分析富士康的技術方向，都指向「製造」這個核心，這也是富士康最核心的競爭力。一類是製造精度和速度，一類是關鍵元件及其材料。

二○○二年，在上海高盛科技論壇上演講時郭台銘說：「企業科技應該回歸基本面，即技術的提升，包括管理技術、研發技術、製造技術和品質技術的提升。如沖壓時別人一分鐘沖五個，我一分鐘沖十個，技術比別人好。我們賺的就是製造技術的錢。因此，先進的製造生產力就是先進的製造技術。」

富士康連接器事業群總經理游象富在他所領導的其中一個產品事業群製作了一幅主要項目「技術魚骨圖」，把不同的工作項目所涵蓋的技術分類整理，並分成已經成熟需要推廣、已有技術但需要改善提高和適應未來發展需要開發的技術三個層級，要求圍繞這個「魚骨圖」進行技術開發。

游象富進一步闡釋說：技術——竭盡所能地做出來。占有市場的前提是要把產品做出來。這裡靠的就是技術。現代社會已不是依靠手工的「家庭工廠」時代，也不是一個產品做十年的大工業時代。現在講求的是少量多樣。在這種情況下，比對手做得更快更好，要有過硬的技術。這裡的技術不是單一的，而是全方位的。比如，富士康要做出產品，不但涉及到產品開發技術、裝配技術、自動化技術，還涉及沖壓技術、成型技術、電鍍技術、線纜壓出技術，再往上就是模具開發技術、抽線技術、銅材生產與分析技術、塑膠生產與分析技術、檢測技術等。

廿多年來，郭台銘天天強調模具技術對製造業的核心價值，到現在，他仍然認為富士康在模具技術上還有潛力可挖。他舉出生動的例證：你用鐵塊加工螺絲，用在一般機臺上和用在光學設備和半導體上，價值相差一〇〇多倍。差別就在精密度上。麥當勞的門釘沒有幾家工廠能夠製造，門釘的電鍍規格，鍍鎳是三〇〇μ，量測是測螺牙裡面，一般電鍍工藝根本無法達到。一顆小小的門釘為什麼精密度要求這麼高？一位麥當勞主管說，麥當勞的客人八成是十歲左右的小孩子，門不停地開開闔闔，如果門釘生鏽造成門扇鬆動，把一個小孩子擠傷或擠死了，麥當勞用一〇〇億美金也彌補不了這個有形或無形的損失。麥當勞為什麼可以把店開到全世界，就是它不斷地強調精密。

富士康的技術開發堅持三大方針：「核心技術扎根化」、「專利系統制度化」和「零件製造智慧化」。「零件製造智慧化」是強化先進製造技術的重要內容。

對於「零件製造智慧化」，郭台銘描述得非常具體。二〇〇〇年，郭台銘到富士康昆山基地視察時稱讚B／M（II）產品事業群業績成長了兩三倍，但人員只增加了一〇％至二〇％。這是自動化設備帶來的功效。

郭台銘說：「我比較偏重製造技術，認為我們的塑模機、沖模機要發展成智慧型的，將許多感應器裝在模具裡，在塑料射入模內後，通過熱感應器，將溫訊號回饋到ＰＣ板內，控制加熱器的工作，以達到控制模內溫度的目的，同時還可對模內壓力、流速進行自動化控制。這是最新的製造技術。沖模也是一樣，在沖模過程中，沖頭的溫度、材料和模座的溫度，怎樣才能測出來，怎樣控制沖模過程，這些都是技術。」

「一臺自動機就是一臺電腦。我們要發展自動化中的軟體，這是一個產業趨勢。自動化要用腦，不要用手，手的速度是有限的，而人的大腦創造的機器可以快到人手工的五〇〇倍以上。英特爾在無錫成立了一個包裝廠，將三八六、四八六送到中國來做包裝，作為工業控制用。我們就應該把這些三八六、四八六應用到自動機、射塑成型機和模具上。一臺自動機用一片

三八六、四八六製成的卡片，灌入程式，就可以達到控制機器的目的。今後，一臺自動機就是一臺電腦，加上幾條連接線接到生管的PC機上，然後再輸送到洛杉磯，那裡就會知道你的產量是多少，庫存是多少了。」

連接器智慧化，也是郭台銘的設想。臺灣地區已經有半導體連接器，現在是裝在PC板上，將來會裝在通路上，這就需要相當的半導體包裝技術。半導體八寸晶圓切割後做成晶片，放在很小的導體上，導體可以是塑膠、陶瓷、PC板、磷青銅玻璃等等。這些導體放在電線裡，使電線由被動元件變為主動元件。

因此，有人問郭台銘，富士康的連接器有沒有高科技？郭台銘肯定地說：「我們不但有高科技，而且站在高科技的前面。我們在注重科技研發的同時，將更加追求高精密的製造技術。」

科技來自基本功和現場

打籃球需要基本功。郭台銘年輕的時候，喜歡一個號稱亞洲第一神射手的籃球明星，他平常每場球都能投進三十分以上。郭台銘看過他的一則報導，說他在家裡做了一個籃球筐，每天練完球回家後，還要在自己家裡投進五〇〇個才睡覺。郭台銘下決心向他學習，於是晚上也像他那樣投五〇〇個籃，可是堅持兩個晚上後就放棄了。

郭台銘舉這個例子是為了告訴員工，富士康在世界市場上競爭，怎樣才能把機會從競爭對手那裡搶過來，怎樣才能長久地站穩腳跟？並不是要買最好的儀器設備，而是在於怎樣把基本功練習好、掌握好，這一定要成為大家的基本觀念。如果沒有這個基本觀念，富士康的競爭對手就會有喘息的空間，富士康就會有被打敗的可能。任何科技，一定要從基本功做起。

過去的工程師沒有很好的儀器，但是他只用一個電源產生器和一個訊號分離器，就能測出精確的數據。現在儀器很多，也愈來愈精密，人對機器的依賴度也愈來愈大了，測量時反而常常出現誤差。大家都知道三三得九，三六十八，可是很多美國人現在都不會算簡單的乘法了，他說我要問電腦。這很可笑吧，過分依賴機器、依賴電腦，人的大腦反而遲鈍了。所以，科技的關鍵還是在於基本功。

富士康要的是扎扎實實的基本功。「什麼是我們的基本功，射出成型、沖壓、電鍍、自動化、材料、檢驗、晶管、模具、IMD、Wire Gauge，這些都是我們必須練好的基本功。我們要做好實驗室的建置、材料開發、數據的管理和品質的管理。」

郭台銘把科技競爭比做新的世界大戰。這是經濟的戰爭、人才的戰爭。今天的戰場上，男人比氣概、女人比氣質、產品比品質、企業比生產力、國家比競爭力。技術的比拚在現場，人才成長的搖籃也在現場。檢測實驗室的人員，一定要走出實驗室，走向製造現場，參加技委會，發表不同的技術案例，學到很多的理論知識，還要回到現場去做驗證。就像學游泳，如果沒有游泳池讓你下水，你永遠也學不會。

郭台銘舉出磁浮列車技術說明現場和應用的重要性。沒有技術應用的舞臺，任何技術的發展都將止步於實驗室。德國研究的磁浮列車技術為什麼會在上海取得成功？因為德國實驗磁浮列車技術選擇偏僻的小鎮，那裡沒有人口，沒有市場，所以技術不能得到應用。而上海就要人口有人口，要市場有市場，能夠應用這項技術。

先進的製造技術來自哪裡？來自現場。當初中國與德國簽訂協議，有一項非常重要的條款，就是技術的轉移。中國派了一批人去接受培訓，掌握了非常多的先進製造技術，包括道路的施工、軌道的鋪設等等，然後才回到上海施工。

一項先進的技術從實驗室研究設計到引進試驗及應用是完全不同的兩碼事，因為真正的問題會暴露在施工現場，真正的技術也會在應用中得到提升。德國人發現中國的施工技術不輸於他們，未來的磁浮列車製造技術將從中國推廣到全世界，所以他們後悔了。

因此，真正的技術在執行的現場，先進的製造技術來自於現場。

科技投入一定要務實

強調立足於提高企業競爭力，強調提高先進製造技術，強調關鍵元件的製造，強調現場和應用，都透露著富士康務實的科技原則和方針。這種務實的風格，也滲透在科技的投入中。

科技要有大筆的投入。目前，富士康在臺灣企業中已經是科技投入的前三名，只是略遜於一兩個半導體企業。

二〇〇〇年，郭台銘宣布了進入光通訊的「鳳凰計劃」，一開始就投入七．五億美元。他還特別解釋了這個數字的由來，是比照當年日本鋼鐵準備到美國矽谷投資時，日鐵股東會核定的三十億美元的數目，其中十億美元用來「交學費」，十億美元用來併購，十億美元用來執行生產。而進入光通訊，光是研發就花了二、五〇〇萬美元。其中「梯度折射率透鏡」專利報告堆起來高度超過一米，內含專利三〇〇個。

以往，富士康的研發費用大約占到營收的一．五%至一．七%。近三年，僅奈米項目每年就投入三十億元人民幣以上。

科技需要燒錢，需要投入，燒了錢還可能出不來產品，這就是風險。怎樣才能規避投入風險？

首先，重大科技投資由技委會討論決定。郭台銘還特別指出，過去社會要求商人少說話、賺錢就好，所以「商」字的「口」被圍在裡面，而鼓舞「官」員多說話，所以就「官字兩個口」。但是現在不但從商應該要多問，而且強調要會問。郭台銘甚至指出，「技委會以後要成為『技術擂臺會』，把上面的人考倒！」郭台銘搞「技術民主」，每個事業群下都有技委會，二〇〇二年時，部門研發獎金額度從七．五萬元人民幣提高到七十五萬元人民幣，說明他鼓勵員工往研發發展的決心。

其次，與人合作，降低投資成本。富士康奈米技術是與清華大學聯合開發的，共同成立「清華——富士康奈米科技研究中心」，借助清華的研發技術人員，成為國內投資規模最大、設備最先進、研究實力最雄厚的科研機構之一。二〇〇六年前已經在中國大陸、中國臺灣和美國申請部署專利五五〇項。富士康的工業機器人項目是與國際最頂尖的瑞典ABB公司聯合開發的。二〇〇〇年引進第一臺ABB機器人，半年後就在富士康完成轉化開發，二〇〇二年年底，富士康機器人成功量產。

再次，以快速量產降低投資風險。「我們是量產起家，風險比別人減少很多！」郭台銘曾進一步談起自己對「高科技」的看法，從務實的角度來看待，不會對高科技產生不切實際的期待。而富士康在高科技量產、並以較低成本進入市場方面，也有絕對優勢。郭台銘認為，過去多年，貝爾實驗室等紛紛改組關門，說明了再尖端的「高科技」也一樣會失敗。「但是過去，臺灣對高科技公司往往像對貴族一樣產生一種崇拜。」郭台銘說。外界的尊敬和保護，讓高科技公司忘記了自己的競爭環境。

還有，加快技術的轉化。郭台銘說：「走出實驗室，沒有高科技，只有執行的紀律。」這句話道出了外界對高科技的「迷思」。事實上，郭台銘和高科技產業的淵源極深，從早期參與創辦玉山科技協會，到前往美國設廠，一直接觸到許多高科技人才。但是，郭台銘刻意低調，就是深知務實和儉樸才是富士康的優勢，而不是依賴補貼、享受「高科技的光環」，因為長久如此，勢將積弊日深。有人認為，高科技企業是否成功，只要看過去一年的營收是否至少有一〇%來自於三年內的新產品。新產品也意味著高毛利率，現在產品生命周期更短，「高營收——高獲利——高研發——高營收」是高科技企業的「正向循環」，但關鍵是，新產品推出要靠技術，也要靠執行力。這就是新技術的轉化能力。郭台銘就指出，實驗室裡每天都在發明新的東西，科技公司能不能在市場上成功，「其實不在於『科』的發展，而在於『技』的發展」。

最後，勇於面對現實，及時進行投資調整。二〇〇〇年，富士康的「鳳凰計劃」相當高調，甚至公開登報以年薪一八七萬元的條件，尋找資深研發人員。但科技泡沫之後，整個光通訊市場不見了，郭台銘也馬上縮編，讓「鳳凰計劃」緊急煞車。領導人常因為「過度投入情緒，而不願面對現實」，但是勇於面對現實的領導人會衡量「財務目標」、「內部活動」及「外在現實」，也就是用一種因應挑戰的全新經營模式來處理公司面對的變局，從調整光通訊的「鳳凰計劃」就可以看出郭台銘這種面對現實和及時應對的心態。

技委會：科技參謀部

郭台銘在管理上是強調「獨裁」的，在科技上卻強調「民主」。發展核心技術，需要一種鼓勵創新的制度。技委會，就是富士康貫徹這種制度的成果。

自二〇〇一年起，富士康陸續成立了機械加工、電子產品測試、機構產品工程、工業工程、資訊技術、沖壓、壓鑄、成型、表面處理、電子研發、熱傳導、供應鏈等二十三個專門技術委員會。

各技委會總幹事由各事業群主管兼任，並納入多位美、日籍顧問。每位員工依個人的工作屬性與專業領域，隸屬於不同的技委會。

技委會是一個什麼樣的組織，發揮什麼樣的作用？美國《電子商業》雜誌記者諾麥爾曾寫過一篇文章，以「十九世紀的普魯士軍隊」來比喻富士康，文中提到，普魯士軍隊之所以能夠擊退拿破崙，除了菲特烈大帝旺盛的企圖心與優異的領導力外，一個由十多人組成的參謀本部，專司軍隊間人員調動與俘虜分配，是讓普魯士軍隊永遠保持最佳戰鬥力的關鍵。如果郭台銘是菲特烈大帝，富士康技委會就扮演著類似普魯士參謀本部的角色。

郭台銘對技委會的重視，表現在會議時間上。富士康大多數會議是在晚上開的，但技委會的會議一般會安排在早晨開。郭台銘說：「早晨頭腦清醒。」他鼓勵大家勇於爭論、發表意見、產生摩擦。他要求技委會拿掉各行政單位的牌子，去掉各自為政的習慣，要「集合」、「融合」。人可以按地域分，但技術不能按地域分，不能按行政分。

技委會在富士康的權力是相當大的。一是技委會所有職系的人員的晉升，都要參加相應職系的考試，作為技術評鑑；二是公司發展的各項技術，都要由技委會決定指導方向和原則；三是由技委會決定各職系的薪資水平；四是選送到海外受訓或念書的重要幹部，也要經過技委會的考核，看他們是否有資質能將先進的技術學回來。

從人才發展的角度，技委會對各項工作流程和工作量進行分析測評，形成相對科學的技術人員職位評價標準，使工程技術人員的專業技能得到準確合理的評價。同時，這套標準也有利於制定一個完善的技術人員訓練與晉級體系，讓每一個階層的員工都瞭解自己在目前的職位上應該具備哪些專業知識、核心技術和管理知識，並瞭解未來的發展和晉升通道。

在技術交流方面，技術人員可以將自己在技術上比較好的案例，通過技委會舉辦的技術交流會、提案改善發表會等活動，與其他技術人員進行交流和經驗分享，也可以將一些前沿的技術通過這個平臺向相關人員展示。

另一張特別通行證

富士康務實的科技作風還滲透在對市場和客戶的判斷上。富士康副總經理何友成就專門撰文，闡述科技和創新對市場和客戶的重要性。

對一家公司來說，品質是價值與尊嚴的起點，也是其賴以生存的命脈，品質是贏得競爭力最鋒利的武器。而創新儘管是企業未來的關鍵命脈所在，它卻並沒有像品質理念那樣使人產生切膚之感。比如在３C產業，品質與創新構成其真正的生命力和競爭力，但品質至上的觀念會更深入人心，而創新的觀念卻不一定能貫徹下去。

「品質：客戶頒發的通行證。」儘管品質是自己創造出來的，但它必須符合客戶的規格和標準，客戶對產品品質的評判往往顯得最有分量。

在當今全球產業中，日本企業以提供高品質產品著稱。在當今日本景氣低迷時期，東芝、豐田等日本產業大戶仍在源源不斷地向全球輸送優質產品，但這絲毫沒有消除人們對日本經濟的憂慮，原因何在呢？今日，人們在評價臺灣產業時，莫不對它製造的優勢嘖嘖稱讚，但是，臺灣產業界人士為何充滿了「本重利輕」的抱怨呢？在富士康的大小集會上，念念不忘警醒同仁的就是「執行紀律」與「提升品質」。但設想：當品質達到一〇〇%合乎客戶需求時，就心中舒坦沒有焦慮了嗎？

日本的高品質，臺灣及富士康的最優製程，如此不能讓自己和他人放心稱意，癥結就在於不能掌握當今世界尖端技術的研發優勢，只能做高科技的製造與高品質的奉獻，而產業規格與標準卻掌握在美國高科技公司手中。譬如，美國、日本和臺灣同列全球前三大電腦業中心，可惜電腦關鍵的零組件CPU和軟體卻為美商掌握，後二者只能在此扮演「老二」，去做優化製程、提升品質的努力，並提供全面及全程的營銷服務。

今天的富士康，從規模而言，顯然今非昔比，並且每年都在快速地成長；從品質而言，他們的製造技術與較優製程，基本能滿足客戶需求。他們今天和未來面臨的最大挑戰，就是創新與全球運籌。

當他人擁有土地、資金、廠房、設備和訂單時，同樣可以創造高品質，他只需像富士康一樣強化紀律執行，把程序標準、衡量及監督等例行的、重複性的工作做好，就能成為他們的強力競爭對手。

從企業文化的本質來說，追求品質受制於一些被動的因素，如客戶的規格要求；追求創新可以製造主動的局面，如自己以新產品創造市場。

當你把優質和均質的產品送到客戶手中時，都會懷著誠惶誠恐的心情，等待客戶對你的認可，即所謂「客戶頒發的通行證」。當你以新產品、新標準改寫業界遊戲規則時，贏得的是供應商和市場對你的歡呼，即所謂「自我創造的價值與尊嚴」。

欲創新決勝，必向金科玉律挑戰，掌握研發利器，引導並創造市場，善用知識智慧，敢於容忍失敗，敢於自我毀滅，甚至「吃掉自己的孩子」，才能超越自我。

品質與創新，均是走向未來的通行證，都體現價值與尊嚴：價值與尊嚴是製造出來的，更是設計出來的，而後者無疑是富士康最高的目標。

從OEM到JDM

JDM是EMS代工領域的一個專業名詞，是指聯合研發製造產品。但是JDVM和JDSM這兩個詞卻是由富士康公司創造的。它是指在聯合研發當中進入的不同階段，介入得愈早，關係愈密切。這也是掌握核心技術給富士康代工製造帶來的形態上的變化。

最初級的中國製造是「三來一補」的來料加工，製造零部件或產品，不但圖紙是對方提供的，連生產原料都是對方提供的。中國企業只是賺一個簡單的勞動加工費，然後進入到OEM階段。

OEM，英文原意為「原始設備製造」，就是委託生產。實際上是一種「代工生產」的方式，其含義是品牌生產者不直接生產產品，而是利用自己掌握的「關鍵核心技術」，負責設計和開發新產品，控制銷售通路，具體的加工任務交給別的企業去做，承接這一加工任務的製造商就被稱為OEM廠商，其生產的產品就是OEM產品。產品設計圖紙是由對方提供的。

OEM是在電子產業大量發展起來以後才在世界範圍內逐步形成的一種普遍現象，也是市場細分的必然結果，如今已成為企業生產經營的新趨勢。比如像微軟、IBM、惠普、康柏等國際主要大企業均採用這種方式。「用最直接的方式賺錢！」這是康柏總裁菲費爾的名言。他曾在美國《商業周刊》上公開表示要省去那些所謂的資產，比如廠房、設備、辦公樓等帶來的財務負擔。因此，康柏大量採用OEM（委託生產）和ODM（委託設計）的方式進行生產。用Turbolinux產品市場經理羅維的話講，OEM實際上就是品牌的重新包裝，而對用戶來說，接受的是一個整體品牌。

在OEM品牌的生產流程中，從零部件、組件到整個組裝流程，都有嚴格的品質檢測，因此，它代表著承諾和信譽，更代表著各種服務。

ODM，英文原意為「原始設計製造」。某些製造商設計出產品之後，產品會被別的企業看中，要求貼上該企業自己的品牌來生產和銷售，或者在設計上做一些小的改變後進行生產，並且以自己的品牌來銷售。這樣做的最大好處是後者減少了自己的研發時間和成本，習慣上稱前者為後者的ODM。

ODM和OEM的區別在於，OEM的產品是為品牌企業貼牌定做，生產後只能使用該品牌的名稱，製造商絕對不能冠上自己的名字再進行生產。而ODM則要看品牌企業有沒有買斷該產品的版權，如果沒有，製造商就能進行生產，貼上自己的牌子進行銷售。

JDM，意為「聯合研發製造」。它比ODM又前進了一步，合作雙方的關係更為密切。ODM是製造商研發了多款產品，讓品牌企業來挑選。JDM，則是製造商和品牌企業共同協商確定產品方案，利用各自的優勢，共同研發，然後由製造商製造，品牌企業銷售。JDM，合作雙方已經融為一體，優勢互補、資源共享、目標明確，效率更高。只有製造商在技術上達到一定水準和合作達到更高的信任度之後，才會出現JDM的合作形式。由於合作研發的介入階段不同，就有了富士康更確切的區分，JDVM和JDSM。

從OEM到ODM，再到JDM，展現了富士康在技術上的提升過程，也說明了富士康與合作企業關係的一再提升。

從OEM到JDM，也是「中國製造」向「中國智造」的根本轉變。

甩掉「加工貿易龍頭大廠」的「桂冠」

郭台銘講的「一根扁擔」的故事在富士康廣為流傳。

一位旅居海外的華僑回到闊別四十多年的故鄉重慶，發現兩位挑夫為了爭五毛錢的生意差點打起架來。那位華人感慨滿懷，當年是挑夫挑著他離開家鄉的，而如今挑夫卻為了搶生意而大打出手。從肩膀到大腦只有幾十厘米的距離，為什麼家鄉人民用了四十年時間還在用肩膀謀生？

郭台銘用從肩膀到大腦的故事來啟發集團全員的思考：一個國家如果沒有科技創新，而只有重複靠肩膀謀生的歷史使命，這個國家就難以進步；富士康如果沒有科技創新能力，僅依靠低成本的勞動力優勢，要想在專業製造這一日益擁擠的領域繼續領跑，也幾乎是不可能完成的任務。

從二〇〇二年開始，郭台銘就發出從「製造富士康」轉型為「科技富士康」的誓言：「富士康不會滿足於過去的成功，也不會被過去的成功縛住手腳，富士康未來的希望，就是科技的創新，或者是創新的科技。」

為此，富士康要甩掉「加工貿易龍頭大廠」的「桂冠」。富士康不是一家靠大陸廉價勞動力的低成本做大規模的企業，而是一家靠核心競爭力發展起來的科技製造企業。

如果把中國人的體力和腦力結合起來，把勤勞和智慧都發揮出來，中國製造將會產生出無窮的競爭力。

因此，郭台銘強調擦亮「科技富士康」的品牌。這不是因為以前的富士康企業形象如何不出眾，而是要引導全體同仁思考處於轉型期的富士康究竟要建立什麼樣的形象基礎，以及要具備什麼樣的使命感。從製造轉型為科技，是擦亮富士康形象的關鍵和基礎，只有這樣才能使自身進一步發展為具有活力的、本土的、國際的、永續經營的高科技領軍企業。

到了二〇〇六年年底，郭台銘說，總有一天，會把「科技」這兩個字去掉。他舉例說：「我常講，一個名叫『發財』的人，他發沒發財我不知道，但是他爸爸那一代一定沒有錢，不然兒子就不會叫『發財』了，那些叫『來弟』的人，一定沒有哥哥。同樣，我們叫『富士康科技集團』，也一定是在科技方面有待強化。比如說ＰＣ是指個人電腦，因為它不是屬於個人的，所以才叫ＰＣ。哪一天它真的個人化了，『個人』這個字眼就應該拿掉了。這就如同你早上出門的時候說『我開著個人汽車，帶著個人老婆去上班』一樣，很不妥當。因為汽車已經屬於個人了，老婆也是個人的。富士康哪一天真正有了科技，名稱中的『科技』兩個字就可以拿掉了。因此，我們千萬不能自滿，更沒有資格自傲，畢竟我們離真正的科技，還非常地遙遠，還有很長的路要走。」

第十四章 服務：贏得客戶心

大家都羡慕富士康有那麼多全球頂尖級的企業客戶，有那麼多大訂單，建立起牢不可破的客戶關係。在爭取客戶和訂單方面，無人能與郭台銘相匹敵，只要他看好的客戶，大多都能拉到手。郭台銘到底有什麼樣的妙手高招？

客戶搶到飛機上

二〇〇七年一月二十四日，參加國民黨榮譽主席連戰之子連勝文的盛大婚禮之後，傳出緋聞的郭台銘和香港影星劉嘉玲又一起乘坐郭台銘的私人飛機返回香港，守候在機場的記者拍下了他們登機的畫面。郭台銘的私人飛機第一次曝光在人們面前。

在二〇〇三年股東大會上，郭台銘就提出要購買私人飛機，還準備一次購買二架，但遭到股東和公司高層們的反對，反對的原因主要是考慮安全因素，因而放棄。

而在二〇〇六年，郭台銘最終斥資五億元人民幣購買了這架私人飛機。

郭台銘與飛機的故事很多，但都與客戶有關。

有一次，一家電腦代工廠的協理親自帶隊，在中正機場等待美國的客戶下機，準備把他接回臺北和老闆見面。沒想到在出關大廳，看見廣達董事長林百里親自出馬，率領業務人員正在等候，這位協理心中明白：「沒想到一開始就居下風。」但他還是硬著頭皮，和林百里一起等待客戶，盤算著：至少可以和客戶打個招呼。沒多久飛機降落，所有業務人員一擁而上，準備迎接剛出關的客人。但見下訂單的大客戶有說有笑地出關，身邊卻多了個郭台銘和他一起走出來，所有的人都楞在那裡，無奈地搖頭：「郭台銘又搶先啦。」

原來郭台銘早就掌握了採購大員的行蹤，並在客戶轉機時，和他搭上同一班飛機。

近年，大廠客戶間的競爭常常上演到飛機上。

有一個流傳在業界的故事：在日本SONY公司決定配額及標價的最後一天，臺灣一家公司的CEO得知了另一家對手公司的報價後，當天就指派主管搭乘最後一班飛機前往日本東京，再連夜趕到SONY公司遊戲機部門所在地。隔天一早，當SONY公司負責主管出門時，這家公司的主管已在門口等候並拿出了最新的報價。日本比中國臺灣早一個小時的時差，訂單的最後結果就此改變，這家公司拿到了大幅度的配額。

從一九八九年開始，郭台銘毅然前往美國坐鎮、開拓市場，最重要的一個目標，就是攻下康柏等公司的訂單。「我從洛杉磯飛休斯頓，整整飛了兩年，才拿到第一張訂單。」郭台銘回憶說。

當然還有另外一個故事，郭台銘可能不願意講。當年一個大客戶要到深圳機場乘飛機，郭台銘熱情地乘車作陪相送，路上故意走遠路耽誤了航班。「反正離下班飛機還有這麼長的時間，索性到我們工廠看看。」就這樣，這個客戶被他「綁架」到了富士康在深圳的工廠。一臉懊喪的客戶參觀完富士康工廠就心花怒放了，富士康的工廠規模、設備、管理都非常不錯，再加上郭台銘的率直熱心，訂單就敲定了。

郭台銘一直很喜歡搭臺灣華航的飛機，最主要的原因是早期坐華航經濟艙跑全球業務，培養出了感情。特別是郭台銘最喜歡的一句話，就是華航的廣告詞：「胸懷千萬里，心思細如絲。」臺灣華航周年慶時，還特別邀請郭台銘錄製一段影片激勵士氣，郭台銘也欣然同意。

二〇〇四年七月，「中華航空」公布了一組有趣的數字，過去一年，臺灣有兩家企業會員搭乘飛機飛行的里程數超過了一、一〇〇萬公里，一家是臺塑，一家是富士康。這也從另一個角度說明了富士康的全球布局和國際化程度。

飛機代表速度，深諳速度決定勝負的郭台銘，一改過去專挑班次最晚、票價最便宜的飛機坐的做法，斥鉅資購買了私人飛機。

古堡佳釀待友人

年輕時，郭台銘喜歡打籃球，後來改為打高爾夫球。他說，除了在打球過程中可以達到運動的效果外，引人入勝之處還在於高爾夫是一種向自我挑戰的運動，他認為在打高爾夫球時，唯一的對手就是自己。

高爾夫球不是一種與別人競技的運動，而是一種獨特的自我挑戰。打了多少桿，進了多少洞，每一次擊球都是跟自己比賽，向自己挑戰。球場還設置了各種環境，有沙土、高地、樹林和小湖，如果球打進這些地方，就需要你克服障礙和困難，繼續前行。打完一個洞進到下一個洞，不停地走下去，也需要耐力。而這種自我挑戰的精神和堅韌不拔的耐力，與商場上的企業家精神是相通的。

其實，郭台銘打高爾夫球也是為了生意，高爾夫球場是另一個競爭的場所。因為很多大公司的老闆、主管都是高爾夫球場的常客，高爾夫被稱做「貴族運動」。請別人打一場球，是一種待客之道，在綠草坪上、白雲之下，優雅地揮桿，空氣清新、心情舒暢。特別是高爾夫球場遠離鬧市，常在青山綠水之間，與一兩個好友打球，私密性好，談笑之間，很多生意就在揮桿中談成了。因此，好多公司的老闆、高管、主管都是郭台銘的球友。時間再緊、工作再忙，該打的球還是要打。

讓友人們感動的是，二〇〇一年，郭台銘買下了捷克的一座古堡，專門用來招待客戶友人。歐洲古堡向來具有神祕與高貴的色彩。郭台銘在捷克小鎮Kutna Hora買下的這座古堡，約有一五〇年歷史，占地十公頃，分三層，共有四十多個房間。郭台銘夫人林淑如親自與歐洲設計師討論設計裝修方案。喜歡繪畫的林淑如強調裝修古堡將儘量維護原來的面貌，裝修主要為加固建築物並增加舒適度。由於古堡旁早期有個獵鹿場，古堡內的牆上還掛滿了「鹿頭」戰利品。郭台銘開玩笑說，未來古堡最好加設一個斷頭臺，客戶不給訂單，就發出「卡喳」的砍頭聲來施加壓力；迅速下單的客戶，就可以快點去騎馬打球。這座古堡成為富士康的歐洲招待所，用來招待客人和員工。

郭台銘更是買下了古堡周圍的土地，擴大建設了一個十八洞的高爾夫球場，來到古堡的客人可以品嚐上等的歐洲好酒，還能打高爾夫球，愜意得很。

古堡門前有十餘條「石犬」，與臺北的十八王公廟有些雷同，門前還有一座許願池。此外，古堡內還附有一座小教堂，彩繪玻璃的鑲工極為精緻，未來可用做客戶與員工澄靜心靈的地方。

買下古堡後，郭台銘號令歐洲採購人員分赴法國與捷克，購買當地最好的紅酒與白酒，存放在古堡地窖內，用來招待歐美日等國際大廠的大老闆與主管。

二〇〇二年夏天，歐洲發大水，富士康剛剛曝光的古堡也遭了水淹。不過後來傳出消息說因禍得福，人們在遭浸水後的地下酒窖裡，發現了一批前人珍藏的紅酒。

這是一個非常好的彩頭，郭台銘相當開心，立即邀集大家前來古堡做客，品嚐陳年佳釀。沒有到場的客戶，郭台銘更是派人將酒送上門。

不過，陳酒是否真是被意外發現，還是郭台銘的一個小小的「陰謀」？這些都不重要。有福同享，好事想著大家，郭台銘的待客之道，受到業界一致讚揚。

飛機上的客戶競爭是一瞬間的，而長期的盛情和友誼則需要在球場上、古堡內、杯盞間慢慢培養醞釀。幾年培養一個客戶，這樣的例子不在少數。

為見客戶在雨裡淋四個小時

不過，在創業之初，郭台銘卻沒有買飛機、買古堡這麼瀟灑。有一年中秋節，為了見一個客戶，郭台銘在門外淋著雨站了四個小時，客戶收了禮，卻連門都沒讓進，郭台銘就全身濕透地回了家。

而讓郭台銘記憶猶新的是第一次到美國見客戶爭取訂單的情景。

當時客戶沒有馬上談生意，正趕上星期天，他只好先待在紐澤西公路旁的一家小旅館裡等。沒有車，手裡的錢也少得可憐，怕花錢，只好哪裡都不去，待在旅館裡每天吃一餐飯，每餐吃兩個漢堡。星期一，對方的採購經理又開會，一直等到星期二，郭台銘才見到客戶——花了五天時間，只談了五分鐘。「這是一張產品藍圖，你們試試看吧，把價錢開出來。」

這是郭台銘從美國公司手裡爭取到的第一張訂單。

這一次「一天兩個漢堡」的美國之行，郭台銘利用在小旅館裡等待的時間，完成了美國市場的拓展計劃。「餓的人，腦袋特別清楚。」郭台銘後來說。

第一次美國行，訂單不是很大，最大的收穫是讓郭台銘決定捨棄代理商的方式，改找一位美國當地人做營銷經理，自己開發市場和客戶。

「他不但可以幫我跑業務，還可以順便開車，當司機，又可以讓我練習英語。」郭台銘真會精打細算。同時，因為美國機票不便宜，尤其是距離近的時候更不划算，郭台銘就利用公路，與客戶告別後，開車上路到下一個城市，每晚總要十一點鐘以後，才能在每晚十六美元的便宜汽車旅館登記住宿；隔天早上六點鐘又出發，上午十點前抵達下一個城市的客戶辦公室。幾年下來，郭台銘竟然已經去過美國五十二個州中的三十二個了。

那個時候，為了與客戶三十分鐘的會談，郭台銘往往要在前一天做三個小時以上的準備。

選客戶的獨門絕技

郭台銘評價富士康是「四流人才、三流管理、二流設備、一流客戶」。為英特爾生產電腦主機板、連接器，為惠普、戴爾生產ＰＣ，為蘋果生產iPod和iPhone智慧型手機，為SONY生產PS，為摩托羅拉、諾基亞生產手機組件，為UT斯達康生產小靈通手機，也為思科生產網路交換機……翻看富士康的客戶目錄，每一個都是赫赫有名，在業內都位居前三名。

當二〇〇七年年初，蘋果推出iPhone智慧型手機時，有人說iPhone訂單可能不會交給富士康生產，理由是，增加蘋果這樣一個競爭對手，由富士康代工的摩托羅拉、諾基亞兩大手機巨頭可能會心情不好，迫使富士康放棄蘋果。持有如此看法的人忘了一個最基本的事實，摩托羅拉和諾基亞本身就是全球手機產業最大的競爭對手，在市場上拚得你死我活，不都是富士康的代工客戶嗎？郭台銘自有擺平對手之間矛盾的絕招，讓他們相安無事地讓富士康代工。

出人意料的事不少，惠普和康柏都是世界ＰＣ大廠，二〇〇二年，兩家公司的合併，重組了臺灣ＰＣ代工大廠的版圖。新公司成立，肯定會縮減代工客戶，特別是康柏一直是富士康的大客戶，合併後富士康會不會丟掉訂單，業界頗為關注。然而事實是，富士康不但保住了康柏原有的訂單，而且還增加了惠普的訂單，訂單不減反增。

郭台銘透露自己職業生涯最重要的轉折點是：「我三十歲的生日是在日本松下過的。我去跟他們談合作。那天，日本人把我灌醉。第二天醒來，我躺在床上想，日本能有這麼好的零組件供應廠，是因為日本有很好的母體工業，帶動日本零組件的發展。而我那時在臺灣地區做零件，卻沒有母體工業，且臺灣母體廠商也沒有扶植臺灣零組件廠的打算。於是，我就下定決心不跟臺灣廠商做生意，而與國外大廠做生意。」

就這樣，富士康很早便走出臺灣，與IBM、康柏等大廠做生意。「你想想看，國外電腦品牌願意給你機會，只要價錢合理，它就願意派工程師來教你。這就好像你成天與少林寺、武當派、崑崙派切磋劍法，如果能自成一派的話，就有自己的門派。這些經驗都不是書本上學得到的，這是二十八年來最寶貴的學習、最寶貴的成長過程。」

「經營就是要掌握人理、事理和物理。這些年我學了很多人理和事理，雖然我物理不一定很強。」郭台銘說。

二〇〇一年，富士康營收首度突破二五〇億元人民幣，有人問郭台銘成長的關鍵是什麼，郭台銘回答「選客戶」。

郭台銘選客戶的方法有四個步驟：

第一步，研究客戶有沒有可能和它產生競爭關係，或是受惠於富士康產品的物美價廉，從而增強未來成為富士康競爭對手的實力。郭台銘對媒體透露，他會花很多時間來瞭解客戶，有沒有長期的企圖心、未來的策略是什麼、願景是什麼？

第二步，如果確定沒有競爭關係，或是潛在的敵對可能，就要評估這家客戶的潛力。所謂「潛力」，包括這家客戶的市場位置、優勢劣勢和目前策略，如果這是一家符合競爭策略的公司，富士康就可能全力支持。郭台銘指出，就算是「小訂單」，選客戶也很重要，「有些訂單我們願意接，就是因為我們看好這家客戶！」郭台銘自信地說。除了直覺，郭台銘也用最理性的方式來評估客戶。曾和郭台銘一起出差的人都知道，郭台銘隨身帶著厚厚的客戶資料及產業分析，內容甚至可與國際機構的研究報告相媲美。郭台銘在搭車或開會的空檔，都會「用功」研究客戶。

富士康早期壯大的關鍵之一，就是認識到海外的全球大廠，才是臺灣客戶的「客戶」。未來富士康要壯大，一定要有直接經營這些海外大客戶的實力，雖然初期比較困難，不像攻下臺灣客戶這麼省力，但是未來業務的根基會更扎實。

第三步，比規模。「其實富士康瞄準客戶的方式很簡單，就是市場占有率超過三〇％的客戶。」富士康會將客戶分級，第一等級是全球品牌市場占有率前四名的公司；第二級是全球五至二十名的公司；第三級是地區性市場領導品牌；第四級可能是通路商、組裝市場等。富士康的幹部都清楚，一定要緊盯第一級客戶，及客戶的長期競爭力。

第四步，選人。客戶中做業務的人也很重要，因為做業務首先是跟人打交道。「和郭台銘合作過的人幾乎都升官發財了！」這是很多人的肺腑之言。對於有業務關係的人，富士康會全力支持，讓他在公司和老闆那裡有業績、有面子。特別是許多全球大廠副總裁級以上的人士，看的不是蠅頭小利，而是公司的最大整體利益。不難想像，有了郭台銘這樣的「朋友」在後面協助，升官機會將大增，權力會更大，下單的機會也就更大了。郭台銘看準了哪一個「客戶」會「發」，就會爭取業務往來。

郭台銘得意地說：「我其實是很會看人的！」

竭盡所能地爭取訂單

「一下子就要弄清楚誰是決定下單的關鍵人物。」這是郭台銘對富士康銷售業務員的要求。在富士康業務員隨身攜帶的筆記型電腦裡，都有一份「祕密聯絡圖」，也就是客戶人員的名單。包括關鍵人物的職務、履歷、年齡、學歷、家庭狀況等，有幾個小孩、什麼愛好都清清楚楚。可見「知己知彼」，瞭解客戶動態，是富士康連戰皆捷的必勝原因之一。

其實這還不夠，業務員們還會有一份「客戶權力組織圖」。「我要是沒有清楚地畫好客戶的權力組織圖，一定會被老闆臭罵！」富士康的業務人員說。這實際上是一種情報的收集工作，要清楚這些關鍵人物的職責範圍、互相之間的關係、內部的權力結構變化以及未來的發展趨勢等。當然，業務員要儘量接觸那些關鍵人員，上、中、下都得建立良好的關係。業務員還要廣織眼線，對一些關鍵人物的行蹤有所掌握。

只有這樣，才能清楚及時地掌握關鍵客戶因什麼任務要到什麼地方出差、出差的時間、飛機航班號，甚至飛機票的座位號，只有這樣，郭台銘才能「不期而遇」地出現在同一班飛機上，並且坐在一起，一路上就有了與目標客戶親近的機會。

「如果我的業務員只會對別人說，我的東西比別人便宜、交貨又快，我不需要這樣的業務員。」郭台銘對幹部斬釘截鐵地這樣要求。

現在科技發展快速，業務員一定要具備深入的產業知識和對產品優劣的分析能力，「清楚說出富士康和別人的不一樣在哪裡。」郭台銘要求銷售人員一定要清楚「工程服務」及「生產製程」。

郭台銘還認為，要做好一個業務員，最重要的是能得到客戶的信任。信任是業務員的第一美德，「油腔滑調的業務員，最難得到客戶的信任」。

如何得到客戶信任呢？郭台銘教導，要先從「小訂單」開始，說到做到。「你把小的做好了，客戶就會慢慢把大訂單交給你。」

富士康對銷售業務人員有七項職責要求：

一．選對客戶並建立分類制度。
二．建立良好的上中下層關係。
三．找到新產品開發機會。
四．競爭對手分析。
五．搶奪訂單並配合客戶交貨計劃。
六．忠實傳真，及時彙報相關情況。
七．負責回收應收帳款。

賣出去，就是要奪取市場和客戶。這是富士康副總裁游象富的觀點。「利潤＝售價－成本。」游象富寫出這個公式。賣什麼出去呢？當然是產品和服務。如果沒有產品和服務，也就無所謂「售價」，這個公式也就失去了意義。竭盡所能地賣出去，就要「奪取」市場和客戶，即要用壓迫式的做法主動搶奪市場和客戶，而不是靜態地佔有市場和爭取客戶。

那麼，靠什麼「奪取」呢？對於一般客戶來說，需要的無非是品質、成本、交期和服務，這幾項哪一項更重要，如何排出順序，要依不同的客戶而論。有的客戶成本優先，只要便宜就好；有的客戶則強調品質，只要品質好，價錢貴點也照買；當然，交貨期和服務是每個企業都必需的。因此，要根據不同的企業，制定不同的策略。當然，對於客戶而言，最具競爭力的，就是那種品質好、價格便宜、交期準、服務又好的企業。而對於生產企業，重要的是找到這幾個因素之間的平衡點，讓利潤最大化。

如何奪取市場和客戶？

首先，富士康的策略規劃人員會先把產品每一個部分的零件拆開，分析其中數百個零件的上下游關係、成本結構及供應情況，再決定要用什麼方式一舉制勝。參與大廠策略規劃的人員指出：「我們在決定要攻下哪一個客戶時，先不管會花多少錢，而是先看誰是這個領域的老大，而我們有沒有機會做到最大。」

其次，富士康的業務成長，不外乎是「做到這項產業的最大」以及「跨入新領域」。特別是在跨入一個新領域時，富士康會不停地檢討，且虛心找來更好的人才。一名和郭台銘做過生意的CEO指出，郭台銘的「霸氣」，其實就是他跨入新領域後的「大手筆」：挖人、建生產線，讓客戶對他不得不佩服。

再次，展現實力：用試產線包圍客戶。為了讓客戶瞭解富士康的實力和配合度，富士康會在大廠附近設立具備試產能力的小型生產線和實驗室，像「衛星」般地包圍客戶。其實，這就是在向客戶表達「完全服務」的決心，以取得客戶的信任。

與客戶合作的境界

產品品質出現問題，遭遇客戶投訴和退貨，癥結往往出現在設計環節，表現在客戶使用段與產品設計段，這說明產品設計、營銷、製造人員對客戶的瞭解程度不夠；另外，客戶使用段的檢驗規範跟產品製造段的檢驗規範還有一個落差，設計和製造人員對客戶和製造的瞭解有限，將這一落差進一步擴大。

「設計是為客戶的，設計是為了製造。」郭台銘引用蘋果公司一位高層的這句話，一再強調，設計、銷售、製造都要面向客戶，瞭解客戶，並建立良好的資訊溝通機制。因此，製造單位要儘量地模擬客戶生產，工程師可以去參觀、瞭解產品的客戶使用情況。設計人員一定要到產品製造現場去，瞭解製造與檢驗標準是否已經為現場和管理人員嚴格執行、掌握運用。

郭台銘提出三點要求：

第一，設計人員一定要瞭解製造、瞭解客戶應用，將客戶的檢驗規範模擬到設計和生產中來。

第二，銷售人員的素質一定要往工程上面提升。各單位要有相應的訓練安排，重要的是能把工程師往前線調，瞭解客戶需求，跟客戶一起設計新產品，並把應用問題帶回來，提升設計和製造的品質。

第三，製造人員要嚴格遵守產品檢驗規範，嚴格執行作業流程。

總之，所有環節、部門都要以客戶為中心，所有人員都要心中有客戶。與客戶合作，首先要做到知己知彼。知己，是給供應商定位，也就是為自己定位。

供應商分為三個等級：

第一等，在業界有很高的知名度。客戶瞭解你的實力，在產品開發之初直接找你配合設計、報價，確定將訂單交給你。

第二等，有一定知名度。與客戶以往配合的供應商無法完成訂單時，才會有得到客戶的部分訂單的可能。

第三等，沒有知名度。必須積極找客戶讓他給你做，人家還不肯給，最後即使能拿到訂單，客戶也只是讓你試試，對你並不放心。

對於富士康來說，整體知名度很高，但也有一些新開發的產品只是有一定知名度，或者沒有知名度。

知彼，是瞭解客戶，客戶也分三等：

第一等，自己有品牌，研發設計能力強，是源頭客戶，也是獲利最多的客戶。

第二等，自身有實力，可直接與源頭客戶配合，直接交成品給源頭客戶，是獲利次於源頭客戶的客戶。

第三等，承接二等客戶本身做不完的零組件的單位，獲利水平低於前兩個等級的客戶。為二、三等客戶做單累，利潤低。因為，它們同樣面對上游客戶對它的交期、成本、品質方面的要求，就要對下游供應商提出更苛刻的條件和要求，以保留自己的利潤空間。因此一定要成為一等供應商，為一等客戶服務。

為此，與客戶合作就有三種境界：

境界一：維護客戶。承接客戶的產品後，任何行動，都要尊重客戶的要求，盡可能考量原設計者的意圖，完全按照設計者的要求去做。這樣做的目的是不要因為不尊重客戶的要求而造成源頭客戶的產品聲譽受損，從而失掉客戶的信任，造成不可挽回的損失。

境界二：吸引客戶。不是你如何找客戶合作，而是客戶主動來找你合作。做到這一點就要苦練內功。商場如戰場，區別在於戰場上你能看到敵人，而商場上卻往往看不到對手，不知道如何出手。在一切以客戶為導向的時代，唯一能做的就是以客戶的要求為改善的目標，苦練內功，增強實力。這就好比練中國功夫，只有一招半式是無法打倒強勁對手的，要擁有一套完整的功夫，就必須老老實實地學習，經歷各種各樣的挑戰，練出一套天下無敵的技藝。

境界三：超越客戶。接受客戶的挑戰，與客戶一起成長。把挑毛病的客戶當成拳擊場上的「陪練」，讓技術得到進一步完善。只有與一流的客戶合作、不斷迎接他們的挑戰，才能與其一起成長。然而，這還不是最終目標。最終的目標是超過客戶的成長速度，超越客戶，然後再找更強的「對手」去學習。一個一個地超越，最終可以挑戰對手、選擇對手，成為「擂主」。

為顧客保密

只做代工，不做品牌，這是富士康對客戶的承諾。

郭台銘說：「我們沒有推出自己的品牌，而是為全球客戶提供低成本、高品質、高科技的製造品牌，是由我們與客戶的參與設計以及高效率的精密製造所鑄就的。我們的高效率不僅體現在資金周轉上，更體現在我們在任何3C產品的精密製造中都有能力做到低成本的快速擴張及提高市場占有率。當初做準系統時，客戶殺價毫不留情，可是我們仍有錢賺，把低成本、高效率發揮到了極致。」

其實，富士康不做品牌的原因是，一旦富士康做品牌，客戶馬上就會成為競爭對手，客戶就不敢把訂單給富士康做了。作為代工企業，對客戶的承諾是相當多的。富士康不但不做品牌，而且對外非常低調，被稱做「盡可能將自己隱藏起來祕而不宣的公司」。

如果你從未聽說過富士康精密工業股份有限公司的名字，是毫不奇怪的。公司創始人兼董事長郭台銘從來不在業界會議上發言，並且很少向新聞界發表談話。富士康公司有一個企業網站，可是上面最新的「新產品」項目也差不多已經發布了兩年。公司的財務資訊主要通過臺灣證券交易網站發布，在該網站上，富士康公司只透露法律所要求的最少量的資訊。

郭台銘在事業上確實是春風得意，然而他不喜歡張揚，並且極力避開公眾關注的目光。郭台銘已年過五旬，他是個眾所周知的工作狂。一位分析師稱，郭台銘對下屬很嚴，「像指揮軍隊那樣」經營著他的公司。他讓他的助理隱藏在幕後，這是儘量減少外人探聽公司資訊的另一項策略。

為什麼要把自己隱藏起來？有人認為這種不喜歡張揚的做法在某種程度上是源於中國文化，不過富士康公司是個極端的例子。郭台銘在公布資訊方面相當保守，因而大多數分析師認為這是一種瞞報情況的做法。更有人說，富士康之所以不能暢快地透露資訊，部分原因是為了不讓資訊落到競爭對手的手中。富士康的子公司有很多名字，這使它顯得更加神祕。

有人分析，富士康已經成為行業中產品上市速度最快的製造商之一，這為該公司提供了另一個機遇，即偷偷地接近並打擊其競爭對手。富士康從接受宏碁的委託到批量生產宏碁的新型Aspire RC900和RC500系列ＰＣ，僅僅花了兩個月的時間，從而使宏碁大吃一驚。

外界的猜測都是有道理的，但富士康低調的原因主要是為客戶保密。比如，現在富士康已經公布戴爾、惠普、思科、SONY、摩托羅拉、諾基亞等一批客戶名單，除了這些無法保密的客戶之外，到底還有哪些公司是富士康的客戶，能保密就保密。已經公開的客戶中，到底生產什麼產品、數量是多少、價格是多少，沒有人能夠搞得清楚。這種保密首先是富士康本身對市場競爭的考慮，「悄悄地進村，打槍的不要」，不洩漏自己的意圖，不驚動競爭對手。當然，這種保密對客戶也是有益的，甚至是雙方的協定內容。

保密協議是非常嚴格的。如果有一些客戶資料被富士康員工下載並通過電子郵件外傳，富士康就得向客戶賠償上百萬的資金。

比如，富士康同時為競爭對手摩托羅拉、諾基亞代工生產手機，如何不讓雙方瞭解彼此的產品、技術和生產數量都是非常重要的。富士康只有做到這一點，才能獲得代工客戶的信任。

因此，富士康一般是為一個客戶單獨設立一個事業處，專做這個客戶的訂單。另外，工廠也嚴格區分，即使是在同一棟廠房，不同的事業處之間也不准互相往來。如果不是一個事業處，在三樓生產的員工，是不准到一樓廠區走動的。就一般的員工來說，即使是同一棟廠房，你也只能瞭解自己的生產狀況，而不能瞭解其他單位生產的產品和設備等方面的情況。

比客戶自己更關心客戶

「我比客戶自己更關心客戶。」郭台銘這句話名副其實。對客戶，富士康簡直就是一個保姆。價格低、品質優、交期準、服務好，這些都不在話下，富士康把服務滲透貫穿到客戶的各個環節。

為客戶設計產品

所謂JDVM、JDSM的代工名詞，就是參與客戶產品設計的意思。富士康在客戶附近建立研究室，及時瞭解和掌握客戶產品開發的資訊，研究自己的設計方案。一旦客戶提出設計方案，富士康的科技人員就能迅速提出落實方案，並能夠根據自己的技術和製造優勢，提供改善方案。在產品開發過程中，富士康的技術人員更是積極參與。

而有一些產品，則是富士康提出主導方案供客戶選擇的。有人稱，當今市場上最昂貴的SONY筆記型電腦，就是由富士康提出方案，然後共同開發的。

為客戶建倉庫

當年為了爭取康柏的訂單，富士康就在康柏休斯頓總部附近建了一個衛星工廠，工廠還配有倉庫。此後，富士康在全球客戶總部附近建了不少這樣的衛星工廠和倉庫。零配件就存在倉庫裡面，只要客戶需要，關鍵零配件和成型產品馬上就能送到客戶手中，既加快了速度，又為客戶節省了成本。因為富士康的衛星倉庫實際上就是客戶的倉庫，只是客戶既不用投資，也不用花錢購買產品存在倉庫內，沒有庫存的成本，也沒有庫存產品跌價的損失。可謂為客戶想得周到。

為客戶到世界各地建工廠

富士康在世界各地的工廠，大都是為客戶市場布局而建。惠普的高管就指著富士康的捷克工廠說：「惠普在歐洲沒有工廠，但富士康在捷克的工廠就是惠普的工廠。」富士康在印度布局，也是為客戶布局，富士康在印度的工廠，就是思科的工廠。跟著客戶打市場，走遍世界各地。富士康可算夠哥們，夠忠誠。

為客戶排憂解難

二〇〇三年八月，富士康收購全球第三大手機外殼製造廠芬蘭藝模公司，就是為諾基亞解憂。藝模原本是諾基亞當初崛起時的主要供貨商之一，為了讓供應鏈彈性愈來愈大，諾基亞希望能像戴爾或惠普一樣，將主要供貨商數目減少到原來的十分之一，讓這十多家主要供貨商來負責零組件的供應及其他的零組件整合。藝模成為被諾基亞精簡的供應商，自然有很多不好處理的事項，富士康在這個時候接過藝模，自然是幫了一個大忙。二〇〇三年年底，富士康收購摩托羅拉在北美巴西的製造工廠，也是出於為客戶解套的考慮。當然這種行動是力所能及和有利益驅動的。

為客戶賣產品

富士康曾經購買使用過康柏和思科的系統產品，這是對兩家公司的極好宣傳，因為富士康使用的產品，一定是最好的。這些年，中國經濟迅速崛起，成為全球最大的市場，國際ＩＴ企業都把市場重點轉向中國。富士康在國內各大城市建立賽博連鎖ＩＴ銷售通路，就是為國際客戶銷售產品，以實際行動幫助他們打開中國市場。

第十五章　資源：全球化格局下的競爭

國際化是在全球市場範圍內、在更大的空間內拚搶資源的過程。經濟的不平衡，必然帶來人力、資金、資源、消費、政策等的不平衡，高明和有實力的企業，就是要在國際化中占有更多更好的資源，從而降低成本、擴大市場、提升競爭力。基於此點，富士康基本完成了全球化布局。

名副其實的大陸企業

富士康是臺資企業，但是，它的發展卻在大陸。與台達電、神達電腦這些早期投資大陸的企業相比，富士康當年在臺灣和大陸的規模都比較小。而以後投資大陸的一些臺灣ＩＴ大廠，更是在臺灣已經達到相當規模後才進入內地的，而富士康則是在大陸做大規模的。

一九八八年，富士康到深圳投資設廠，而這一年，它的規模是員工人數達到一、〇〇〇人，營業額正式突破二．五億元人民幣，這已經算是歷史性的突破了。這一年，大陸許多鄉鎮企業的銷售額都超過了富士康，今天大陸許多知名品牌當時雖然剛剛起步，銷售規模也超過富士康。比如，一九八四年剛剛創辦的聯想，一九九八年已經登陸香港，僅香港公司每月銷售額就接近一、〇〇〇萬元人民幣，而十月份接到的AST公司的一個訂單就接近一億元人民幣，利潤三、〇〇〇萬元人民幣。而此時的聯想漢卡在國內正銷售得如火如荼。

到二〇〇六年，富士康營收接近四、〇〇〇億元人民幣，是一九八八年的一、六〇〇倍，而其主要營收來自大陸，臺灣只保留總部和部分研發。

無論如何，大陸對富士康騰飛的支撐，起到了至關重要的作用。

富士康投資大陸從一開始就受到臺灣當局的制約，臺灣金融界抽走公司的銀根就是制裁措施之一。一九九六年，富士康在大陸的耕耘開始收穫，到二〇〇〇年，全球經濟蕭條，臺灣企業普遍不景氣，唯有富士康高歌猛進，已經靠近島內最大的民營製造企業的位置，被稱做「寒冬中的孤雁」。而此時，臺灣企業一致認為，富士康的逆市飛揚，在大陸的投資布局是關鍵的一招。郭台銘也毫不隱諱地說：「我覺得隨著產業積極進入大陸，當地市場的成長將非常大，臺商由於有製造管理能力，不應該在當地前五〇〇強企業中缺席。」「臺灣企業成長的過程必然要走全球化道路，在全球化的過程中一定要走大陸化。富士康走的全球化道路，首先在大陸發展，把主要的生產基地都放在大陸。」

那麼，大陸在富士康的全球化布局中到底發揮了什麼樣的作用？

首先，獲得製造低成本。廿世紀九〇年代初，臺灣基本工資已經超過每月二、五〇〇元人民幣，而大陸作業員則是每月五〇〇元左右，兩者相比差了五倍。大陸優惠政策多多，各地吸引招商除了提供服務、為廠商鋪路整地搞「五通一平」以外，優惠政策從「二免三減半」放寬到「五免五減半」，也就是前五年不用交稅，後五年只交一半，如果繼續投資，還可以繼續享受優惠。

其次，獲得發展空間。在臺灣，人力成本高，也沒有工人可招；土地價格昂貴，也沒有土地可利用。而在大陸，人力成本低，並且是源源不斷，任挑任選，能建成幾十萬人的工廠。土地價格便宜，深圳、北京、上海、山東、山西、湖北，各地政府都來爭取投資，土地可以說是要多少有多少，再加上其他資源，富士康才能有今天從南到北的大陸布局。這樣的發展空間，是臺灣不可能提供的。

再次，深圳優勢獨特。富士康最早是在深圳落腳，並且把深圳經營成大本營，這與深圳的獨特優勢有關。深圳是改革開放以來最成功的經濟特區，經濟成長奇蹟被稱做「一夜城」，二十多年就發展成上千萬人口，經濟總量僅次於上海、北京和廣州，成長速度最快，成為典型的世界工廠。全球五〇〇強企業有二〇〇多家在深圳投資，並且深圳也是中國民營企業實力最強的城市。特別是資訊、通訊、電子產業發達，手機、電腦、彩電、電話交換機等產品的產量都在全世界占有舉足輕重的地位，形成了ＩＴ產業的聚集和規模效應，產業配套能力強，是其他地方所不能比擬的。深圳吸引了國內外大量高精尖人才，國內的高校畢業生更是對深圳趨之若鶩，而四川、湖南等地的打工仔、打工妹更是提供了充沛的製造工人資源。還有深圳貨櫃碼頭排世界第四，而香港則排世界第一，捎出工廠就是海港碼頭，通向世界各地。另外，香港是全世界航班最密集的城市，貨物二個小時內從深圳到香港，二十四小時就能航運世界各地，這樣的便利交通，世界少有。

另外，十多年來，世界經濟起起伏伏，但大陸經濟一直保持兩位數以上的成長，成為全球經濟最景氣的國家，並帶動亞洲經濟起飛，吸引全球的目光和投資。大陸的高速成長，也提升了投資者的景氣指數。

善用大陸勞動力優勢

低成本的勞動力是大陸的優勢之一。富士康對這一優勢的認識也不同凡響。

一家日本公司的董事長對郭台銘說，日本不擔心美國，只擔心中國。日本把工廠搬到菲律賓、馬來西亞和泰國，那裡的工人只會重複用學會的方式做事。當把數位相機、晶片等生產工廠搬到中國後，中國人學得非常快，學會後還能提案改善，讓生產方法更好，效率更高。青出於藍而勝於藍。中國人聰明，只缺乏組織和訓練。

郭台銘認為，美國人只注重技術研發，專注於新產品的研發，但製造技術已經慢慢地丟掉了。比如電腦，美國人已經不能生產了，因為他們已經拾不起製造技術了。

郭台銘還認為，日本人過去從來不把訂單放出來，都是自己生產製造。但是現在他們已經改變策略，因為他們意識到在製造方面拚不過中國人，索性就將製造轉到中國來，他們集中精力搞科研開發，增強科技競爭力。

在與國家資訊產業部官員會面時，郭台銘提出，一個國家及其企業，在全球市場競爭中取勝的要素，除了科技水平之外，還必須結合製造成本、管理費用和供應鏈建置等，才能形成綜合競爭優勢。中國大陸突出的是比以往更強烈地釋放出生產力和競爭力，所有在大陸發展的企業都在參與並確立一種全新的製造方式，將科技的腦力、便宜的勞動力和運籌的活力，以最高效的方式結合起來，去參與全球市場的競爭，世界才剛剛感受到中國經濟的第一波衝擊力，將來的中國將全面改寫世界經濟格局。

如何認識大陸勞動力的成本優勢？富士康副總經理何友成認為，以人為本與勤儉耐勞不可偏廢。他說：「有人認為，純粹低成本造就了富士康；有人認為製造業不是中國的未來；有人認為勤儉耐勞非高科技所需；有人認為以人為本與勤儉耐勞是天生冤家。歧見言之鑿鑿，看似冠冕堂皇，實則罔顧企業發展歷史和現實基礎，也棄中國國情於不顧，甚至視已開發國家工業發展和科技進步的寶貴經驗為無物。若無自上而下的勤勉和務實，無十年如一日的專心和專業，無從製造到科技的扎實和穩健，再漂亮的願景、再宏大的規劃，都會夭折在虛妄的泡沫中。都說，不到矽谷不知高科技之艱辛，不去市場不知高科技之殘酷。科技是人類創造出來的尤物，但邁向科技之路荊棘密布，沒有為科技獻身的道德勇氣和文化毅力，再偉大的夢想都必將死於起點。因此，中國人只有挑戰自己、挑戰世界、推進研發、提升製造，走出一條『科技長征路』，才有真正的明天。」

向日本學技術，到美國拓市場

臺灣在富士康國際化成長方面，給予了兩大動力：

一是臺灣市場狹小，沒有企業成長的空間，必須到國際市場上尋找資源。特別是對於臺灣的中小企業來說，更是受到大廠的擠壓，生存空間更小，要成長壯大必須走出臺灣。也就是說富士康是被逼出來的國際化。從這個角度講，大陸市場廣闊、腹地廣大，市場足以讓一些企業吃飽喝足，反而使企業國際化動力不足，至今難以破題。

二是臺灣企業比大陸企業早二十年經歷了工業化的洗禮，讓郭台銘等臺灣企業家對企業發展的規律有了更為理性的把握和認識，以其製造優勢洞察大陸的發展機遇。富士康副總裁何友成曾講過這樣的故事，廿世紀七〇年代初，他還在讀書的時候，臺灣正在進行工業化，每天放學回家，大人就催著做作業吃飯，吃完飯，一家人就圍在一起做手工產品，直到手工產品做完才睡覺。第二天早晨，大人把產品帶到工廠交貨，領回加工費。下班的時候，再把手工產品的原料帶來加工。何友成這一代臺灣人，從孩童時期就完成了工業化訓練。

資源貧乏成為動力，製造業成為優勢，富士康占據這些資源與養分之後，並沒有滿足，進一步從國際市場上獲取企業資源。

首先，向日本學習技術。創業第三年，郭台銘就把所有資金拿到日本買機器，同時也學習日本技術，特別是在模具技術方面，郭台銘一直稱日本企業是老師。多年來，郭台銘多次到日本參觀訪問，並請日本技術人員到公司任職，傳授技術和管理。同時，公司也派出人員到日本大學留學、到日本知名大廠實習。就客戶市場而言，日本公司很少把訂單外發，然而郭台銘多年深耕日本企業，其用心就在於學習技術和管理。

其次，到美國開拓市場。以模具起家，從電視機旋鈕升級到電腦零件，郭台銘就清楚美國市場的重要性，為了爭取大廠的訂單和時效，他把工廠交給弟弟去管理，自己長駐美國，拜訪客戶、開拓市場。為了接近大客戶，郭台銘就住在大廠所在地，為接康柏電腦的訂單，直接把衛星廠設到對面，拿到新的設計馬上可以進行量產。當時，郭台銘把太太和孩子也帶到美國，等於把家搬到了美國，接到訂單，為了趕貨，太太也親自下到生產線，動手組裝產品。就是用這種辦法，郭台銘陸續拿下了康柏、戴爾、IBM、惠普、蘋果、思科等大廠的訂單。郭台銘成為臺灣少數可以直接見到如邁可．戴爾和思科高層等全球重量級資訊首腦人物的人。

隨IT大廠走遍世界

目前，富士康已經完成亞洲、美洲、歐洲三大洲的布局，在臺灣、大陸、日本、印度、越南、美國、巴西、英國、芬蘭、捷克設立了工廠和研發機構。

富士康隨國際ＩＴ大廠的步伐走遍了全世界。

歐洲市場約占美國大廠四成的營業額，這就是富士康布局歐洲的原因。

「我們在捷克沒有工廠，但是有四、〇〇〇人為我們工作！」惠普高層二〇〇二年四月在富士康捷克廠啟用時表示。跨國企業都想把生產線移往全球最有生產效率、最有成本競爭力的地方，富士康幫惠普做到了這一點。

靠近市場前沿，就是為了速度。在剛剛開放的東歐，富士康再次展現了他們快速量產的超能力，生產線建成後，短短三個月內，就達到了月產能一〇〇萬臺。到二〇〇四年，富士康捷克廠人數高達四、〇〇〇人，營業額約一億美元，是捷克前十大外企之一，未來最大產能將達到六〇〇萬臺。

富士康每年四、〇〇〇萬臺的電腦就這樣在全球的工廠製造出貨。

戴爾要求，供貨商必須自己投資，往歐洲、美洲、甚至南美洲等地進行全球布局，以趕上戴爾的速度，再加上「彈性」的要求，規模是如此龐大，距離又是如此遙遠，設計愈來愈複雜，對供應商要求非常高。以全球營運能力為例，戴爾先向地區性供貨商說明：「我們有全球性的業務，也希望你們能成為全球性的供貨商，供貨給我們全世界的工廠，要做到這樣，你們必須發展出足以服務全球戴爾的產能。」

戴爾電腦在二〇〇〇年以前，供貨商超過一四〇家。但是二〇〇〇年以後，已能做到與不到四十家像富士康這樣的供貨商結盟，就能滿足九〇%的原料需求。戴爾形容這種結盟關係「單純而緊密」。但是要達到這種「單純而緊密」的條件並不容易。「他們必須對自己投資，以趕上我們。」戴爾強調。

海外布局並不僅僅是建一個工廠那麼簡單。過去二十年，臺灣其他大廠也曾在英國、荷蘭等地設立生產組裝線及轉運中心，但是都沒有像富士康一樣與時俱進，甚至挫折重重。

郭台銘形容，海外設廠，兩地同時量產，就像是一架戰鬥機的性能測試，「它考驗你在九十度垂直的仰角上，以數倍於音速的速度爬升，而且不會飛到一半出現零件故障。」

拷貝大陸成功模式

富士康為什麼能夠東討西伐、布局全球？投資大陸的成功經驗是極大的幫助。

廿世紀八〇年代末九〇年代初開始，臺灣企業紛紛將製造大舉外移，往大陸、東南亞、中南美等地，尋找人工成本最便宜的基地，富士康也是其中之一。但是到了二〇〇〇年以後，許多臺灣公司仍留在內地，富士康卻已帶著這種「製造外移」的經驗，開始走向世界。

「內地是我們全球化過程的一部分！」郭台銘不止一次強調，富士康把生產基地從臺灣地區移到大陸的過程中，學到了很多的管理經驗。

只要拉長管理線，無論是貨物運輸、人員招募訓練、供應系統、法令政策或成本結構，都完全不同，而海峽兩岸同文同種，事實上已降低了初步拉長管理線的學習成本。

在建立捷克廠的過程當中，郭台銘採用了英特爾公司獨步全球的生產線管理技術「完全複製」。英特爾晶圓廠擁有最頂尖的製造設備能力，而最先進的十二寸晶元廠在三年內就建了五座之多，就是靠「完全複製」。

所謂「完全複製」，顧名思義就是建造一座和先前完全一樣的工廠，但實際運作上，由於外在環境、建廠人力和競爭方式等都已和過去不同，所以在複製過程中，會遇到許多不同的情況。因此，在實際運作中，富士康總部在派遣建廠小組到當地之後，也會在深圳龍華總部組織一個功能完全相似的小組，來支持第一線的建廠進度。富士康內部稱為「龍捷克計劃」。簡單地說，這有一點像政治上「影子內閣」的方式，以補充第一線人員的不足之處，而遇到狀況時，總部也能馬上知道問題點在哪裡，不會再發生過去「大後方不知前方」的問題，或是「將在外，君命有所不受」的脫節情況。

另外，從大陸派出管理幹部管理海外工廠，選派海外工廠當地人員到大陸工廠實習訓練，也是複製大陸模式的有效辦法。

人才本地化

二〇〇六年三月八日和四月十一日，一〇〇多位印度年輕人分兩批來到深圳龍華富士康總部實習培訓，他們是富士康在印度招聘的大學畢業生。

印度大學生到廠後，各實習廠部按每組三至四人的標準分組，每組安排一位輔導員，具體負責實習安排和工作指導；同時，實習單位廠部主管指定兩名總輔導員，與所有在廠部實習的印度大學生及各小組輔導員建立聯繫。輔導員不僅是印度大學生工作中的師長和同事，也是他們的朋友和親人。周一至周五工作期間，盡可能安排時間與印度大學生一起就餐，晚上還要陪他們看足球比賽。因為如果這些印度大學生考核時不及格，老師就要負連帶責任。

考核有兩種方式，一種方式是考核職位技能，主要是按照印度大學生掌握職位技能的熟練程度，對其表現打分，共分熟練進行職位作業、獨立進行職位作業、需在指導下完成職位作業、須進行補訓四個等級。另一種，召開每周一次的印度大學生實習報告會。會上，各組成員輪流報告，由輔導員、輔導老師和廠部主管進行點評，現場答疑。

在三個月的實習中，這些印度大學生基本適應了富士康的工作節奏，初步瞭解了富士康的企業文化，如「融合、責任、進步」的公司經營理念，「愛心、信心、決心」的企業核心文化，富士康「速度、品質、工程服務、彈性、成本+附加價值」的五大核心競爭力等。

這些印度大學生到中國工廠實習，並不僅僅是為了學習技術，更主要的是瞭解和理解富士康文化，讓企業文化和核心精髓在心中落地生根。

海外工廠當地幹部到大陸工廠實習培訓，是富士康人才本地化的重要措施。富士康在捷克建廠時，主要幹部都來自蘇格蘭，只有其他工程支持、行政支持是來自大陸和臺灣地區，郭台銘就特別向捷克員工強調，未來這四、〇〇〇人的工廠，外籍幹部不會超過十人！

「我們一開始就是有計劃地建廠，而不是歐美公司美式早餐式的做法，在全球到處併購。」郭台銘把『本地化』視做富士康與其他全球EMS大廠的不同點之一。」

所謂「美式早餐」的做法，指的是有些EMS公司併購外國企業時，都用原來的那套併購和重組方式，就像美式早餐中，主要組合就是「雞蛋」、「香腸」和「吐司」，雞蛋就用「炒蛋」、「煮蛋」和「荷包蛋」等做法來變化，只求速度、產能的擴張，不求深入扎根。

為了在當地長期發展，所以特別強調「人才當地化」。這也是富士康最特別的管理模式：「全球化」和「當地化」同時進行，所謂「全球化」就是「當地化」。郭台銘說：「集團要國際化運作，就必須在人力結構上，找到派駐幹部和本土幹部的一個平衡點。」

建成全球網路工廠

全球建廠，如何管理和控制？現代網路科技提供了有利的幫助。富士康就是通過網際網路將分布在世界各地、相隔千萬裡之外的各個工廠聯結成一個工廠的。因為，在科技生產競爭中，如果一個工廠建好了，但是「資訊流」沒有建好，等於是「廢廠一個」。

比如，富士康接到了一、〇〇〇臺機器的訂單，管理人員在供貨商那一端就要開始思考：什麼時候零件開始進貨、什麼時候進行組裝、在哪裡開始組裝等，都要靠電腦計算出成本。假設歐洲廠需要一個零件，但是發現亞洲還有「呆滯庫存」，系統就會阻止歐洲工廠下單，設法讓亞洲提供零件。

在工廠裡，也要計算成本：到底要分成多少的量來採購最划算？什麼樣的零件從哪裡進來最便宜等等，這也都要靠電腦運算。

在地區總部，則要用電腦系統管控，「品質」、廠商的備料、交期規劃等等，都在稽核的範圍之內。所謂「交貨」，在郭台銘的定義中就是要「適品、適質、適時、適量」。一直到產品出廠之後，如何運送到不同地方、如何追蹤、如何拉貨等，全部都是網路控制的一部分。而三地製造，就像接力賽跑，「第一棒在跑，第二棒在跑道上準備，第三棒也要在跑道旁熱身。」

富士康的網路系統不但把全球所有的製造工廠聯結在一起，還把研發、製造、採購、行政、法律等單位聯結起來，這也是富士康最重要的中樞神經，保持企業反應靈敏。

富士康也會和客戶的操作系統連接，最早是康柏的供貨商開發系統，後來戴爾和惠普等也都有相應的系統。一開始，先和客戶一起投入系統開發，從如何布線開始，如何在SAP系統之上繼續發展，都要達到客戶的要求。

與客戶聯機的同時，也要完成內部的流程改變，資訊人員必須在有限的時間內，重新導入資訊系統。整套新的系統也要有「安全性」。對內而言，得把不同的客戶和後勤支持、行政人員等資源，用同一套標準把資源聯結起來。

這是一個複雜的浩大工程，不比建一座廠房簡單。當年的「捷克之戰」就變成了資訊之戰。在「沒有顧問」、「不能延期」、「沒時間訓練員工」這三大不利條件下，所有資訊人員把一天當三天用，以趕上惠普在歐洲出貨的訂單：早一天完成，就可以早一日從較近的捷克出貨。

捷克是那種「多樣少量」的廠房，當一個主要的資訊進來之後，就要「分」。歐洲分成二十六個國家市場，每個市場的語言又不一樣，任務艱鉅。過去內部的流程都是用英文或中文，但在歐洲，不但要把所有數據和流程「文件化」，還要再翻譯成捷克文。

國際化四大課題

縱觀富士康國際化的成功經驗，在四個方面為大陸企業提供了經驗，而這四個方面也正是大陸企業的困惑之處。

課題一：海外設廠如何保持成本優勢？

中國企業的競爭優勢在於成本優勢，特別是低廉的勞動力成本是其他已開發國家無法提供的。美國、歐洲等已開發國家和地區，勞工的成本可能是中國大陸的幾十倍，另外，這些國家和地區的勞工法律也非常嚴格，不能隨便炒人，炒一個人可能比養著他的成本還高，上班時間規定也非常嚴格，工作時間也非常少，別想讓他們超時加班。如此一來，大陸企業擴張到這些地方的時候，優勢盡失、競爭力盡失。富士康海外設廠，全球布局，是跟著產業分工的趨勢走的，和客戶一起布局全球，布局策略相當清楚：布局全球，不外乎是以最短的時間、最低的成本支持客戶。

首先，郭台銘要求主管們要弄清楚的第一個問題是：在海外設廠，成本一定會比從內地出貨運送成本要低嗎？如果是肯定的，富士康大軍便毅然開拔。

第二個問題是：如果一定要設廠，選在哪一個地點最完美？最符合設廠的經濟效益？比如歐洲的工廠設在捷克、收購美國摩托羅拉公司的製造工廠之後儘量南遷，都是為了尋找成本最優的落腳點。

第三個問題是：布局之前，一定要先確定這是一個長期策略還是短期策略？如果是長期的，就和公司未來發展的戰略極其相關，和母公司的關係就更緊密；如果是短期的，投資的方式就不一樣了。比如說富士康當初在蘇格蘭設廠時並沒有買地，而是以租用當地廠房為主，就是認定蘇格蘭工廠只是短期策略。

最後一個問題是：要自己蓋廠，還是用併購的方式更好？儘管鴻海的建廠速度快，但是牽涉到產品線愈來愈多元化且複雜的情況，用併購方式保留原有體系的戰鬥能力，也是全球布局的方式之一。

富士康衡量海外設廠成不成功，主要是看三項指標：「有沒有拿到預期中的大單子」、「員工的忠誠度如何」、「成本有沒有確實下降」。從這三項指標來看，其實在蘇格蘭和美國印第安納波利斯設廠都不算完全成功。畢竟每一個全球工廠，要在一定時間內同時完成「品質做到」、「人員快速銜接」以及「資訊流水平接上來」並不容易。

課題二：海外併購如何成功？

近年來，中國企業加快了海外併購的步伐，但不僅遇到了一些阻力，而且併購後也出現了一些困難，進退維谷，從富士康海外併購的成功案例中到底能夠分享到哪一些成功的經驗？

為何併購？併購的目的和出發點何在？是為了擴大市場占有率，還是為了消滅競爭對手？這是海外併購首先要回答的問題。

富士康海外併購的目的之一是靠近國際大品牌。比如收購諾基亞芬蘭的藝模廠和摩托羅拉的巴西工廠，就是為了進一步貼緊這兩家全球手機巨頭。這兩個收購對象原本都是兩大巨頭的下屬工廠，為了精簡供應商和供應鏈，這兩家企業才會脫手。脫手後由富士康接手，是解決了兩大巨頭的包袱，當然不會受到抵制，而且樂觀其成，同時又變換了一種形式讓這兩家企業繼續成為兩大巨頭的供應商，保持和擴大原有的業務關係，被收購對象也樂意接受。從另一個角度講，通過併購，富士康只是買下了國際企業大船的一個貨艙，能搭上大船在市場的海洋裡乘風破浪，是借助企業品牌的力量。

而大陸有的企業海外併購是買下國外品牌，試圖以此品牌為動力，推動海外市場的擴張。這種併購，付出的代價如何、被收購的品牌狀況如何暫且不論，收購等於買下整條船，船長和舵手都換了，許多水手也下了船，如何繼續航行就是一個大難題，因為收購者甚至不懂得駕船，最起碼對那段航程並不熟悉。這就好比一個單位的人要坐船到一個地方去，本來可以通過買票坐別人的船到達，如果一條船受限，可以選擇更多別的船乘坐。但是現在這個單位索性把整條船買了下來，把別人擠下船，座位是多了，但自己卻不會開船，或者不清楚航程，出航的速度不但慢了，而且還可能遇到風浪，造成翻船。

富士康併購的目的之二是創造新的業務。比如，收購湯姆遜的深圳工廠，就是為了進入光領域。這是富士康的缺口，收購之後就補上了這塊業務缺口。收購普立爾是為了進入數位相機領域，這也是富士康的新業務，雖然自己也有個別技術儲備和研發，但收購普立爾就能讓富士康一下子稱雄市場。

而大陸企業在併購時，往往是在已有業務上擴張，以求增強產能，擴大市場占有率。這種併購，時間上可能快了一些，但需要解決的其他問題很多，可能還不如自己建廠更得心應手。

課題三：海外企業如何實現文化磨合？

海外設廠、企業併購，文化的磨合是最大的難題，失敗往往不在投資和市場，而在雙方不能融合。特別是海外併購，如何讓當地企業接受中國企業的競爭、效率和快速出貨等觀念，確實不易。富士康對併購中的企業如何融合也有特殊手段，值得借鑑。

因為全球競爭的觀念和「當地化」未必會完全一致，所以富士康的「當地化」除了人才的培育，也包括了觀念的培養。首先，瞭解當地人的文化和想法。到捷克設廠，就要弄懂捷克人想什麼，他們其實自尊心很強，但是要如何慢慢改變他們的觀念、建立準時出貨的概念，就要很有耐心。在進行「企業文化」改造時，除了保留既有福利，更採用「重賞制」來誘導他們改變，此外，還舉行密集的業務討論，有時他們根本覺得這些目標不可能達成，就帶他們到內地的廠去看。這些歐洲幹部其實都很聰明，也都發現自己其實還有很大的改進空間。最後，富士康還是會拿出企業積極有魄力的一面，用福利和數字說服他們，承諾共同的目標，「我們還是採用全球一樣的模式，如果做不到就換人，讓人才可以出頭，讓產能可以充分發揮！」

把被併購當做合併，也是文化融合的重要態度。併購普立爾之後，富士康在此基礎上成立了「機光電事業群」。郭台銘就大講，這不是「併購」，而是「構並」，是「構建平臺，並肩作戰」。「購」是見「貝」如見錢，拿錢去買，得錢就賣；「構」是眾「木」為臺，「並」是肩並肩、心連心。企業「構並」在一起，就可能發揮出一＋一＞二的效應。

富士康與普立爾合併的消息發布後，股票雙雙大漲，因為看到這種合併不是為追求金錢收益，不是純粹追求成本與財務運作，也不會強勢推行人事精簡或調職降薪等動作，追求的是公司雙方和員工的三贏，給區域甚至國際產業和市場帶來更具想像力的發展前景。

課題四：自主品牌才是國際化出路？

近年來，以自主品牌進軍國際市場成為中國企業的一種呼聲，似乎以往的OEM、ODM過於簡單，利潤太低，主動權又操控在別人手裡，因此只有自主創新、自主品牌，才是國際化的唯一出路。

然而，富士康的成功卻是對以上觀點的一種否定。首先，為別人貼牌，也能做出品牌，這是大家所始料未及的。傳統意識中只有產品品牌，而富士康創出的是企業品牌。富士康有什麼產品，說得上來的不多；哪一些產品是富士康生產的，數得出來的也不多，但說到富士康的名氣可就大多了，特別是在全球IT業，富士康可謂如雷貫耳。

郭台銘曾說，許多業者認為現在是品牌的時代，但富士康不會發展自主品牌，除了條件不夠外，現在的品牌意識趨於薄弱，連知名廠商戴爾都推出「白牌」的組裝電腦，顯示消費者更重視功能和價格。不過，曾有產商使用「富士康」過去的商標，而且用了這個名稱後，產品報價也高了不少。顯示富士康在製造零組件產品方面也有一定的地位，不能說專業代工就沒有品牌。

其次，貼牌或者自主品牌，要看企業的實際情況而定，不能評優論劣。特別是在一定的發展階段，企業有沒有能力自主品牌，是非常重要的因素。國際化之初，借船出海，貼牌出口，也不失為一種好途徑。如果以利潤和成本來衡量，貼牌利潤低，但成本也低，自主品牌開拓市場的成本是相當高的，風險也是相當大的。

再次，全球經濟國際化分工愈來愈明顯，企業沒必要上下游通吃，而在全球供應鏈中截取最具優勢和競爭力的一環，做大、做強、做精，可能是一種產業和市場趨勢。因此，「貼牌」永遠會有它的產業地位。

第十六章　製造：CMM模式

富士康的產品價格為什麼低？產品交貨為什麼這麼快？產品線為什麼這麼豐富？都可以從製造的競爭力上尋找原因。這就是富士康獨創的「CMM模式」，它是富士康的武功祕籍。

祕訣

富士康做得這麼大、這麼強，到底有沒有祕訣？它的祕訣是什麼？它的競爭力到底是什麼？一九九七年十一月十五日，郭台銘為《鴻橋》年終特刊撰寫題刊詞，提到了「富士康集團競爭能力的基礎四項原則」：

第一，企業「贏的策略」所憑藉的不只是選對客戶和產品就好，而要依賴是否有一套完整有效率而又快速運作的作業系統（包括工管、生管、品管、經管系統）。

第二，競爭的成敗，在於企業能否有效地將主要作業系統（新產品開發作業系統及產銷平衡作業系統）與企業「贏的策略」（並行開發、同步製造、全球發貨）相結合，進而使全企業上下一致兢兢業業朝著此經營策略目標前進。

第三，對公司結構性所需的周邊支援單位必須進行符合經營方向的策略投資，讓周邊支援功能變得更專業化、效率化、融合化。

第四，全公司最高層級的經營主管必須充分瞭解什麼是公司的競爭能力，在資源分配的決策過程中，必須以符合競爭能力需求作為優先分配資源的考量。

在郭台銘以上四條原則中，第一條點出了企業「贏的策略」是什麼，而後面三點則是分別就企業「主要作業系統」、「周邊單位」、「經營主管如何理解贏的策略」的策略並且貫徹執行提出的要求。

「贏的策略」是什麼？「一套完整有效率而又快速運作的作業系統」。「系統」即「祕訣」。富士康的「系統」是什麼？

二〇〇二年五月，郭台銘終於將富士康的「系統」祕訣公之於眾：「CMM機電整合製造」。

在二〇〇二年第一次擴大動員月會上，郭台銘發表題為「競爭力成長的基石」的演講，對公司長期經營方向，提出三個目標：第一，不做品牌，而是有製造品牌的低成本、高效率的「3C產品製造公司」；第二，機械零組件為根、電子組件為本、材料知識為基礎的「CMM機電整合製造公司」；第三，以業績每年成長三〇%，利潤每年成長三〇%、速度每年加快三〇%為努力目標，且為「科技應用在傳統製造能力的科技製造公司」。

第一點是「方向」，第二點是「方法」，第三點是「結果」。「方法」最關鍵。

後來，「CMM」進一步擴展為「CMMS」、「eCMMS」。

解密

「CMM」是富士康對「製造」的理解和創造，是智慧的結晶。讀懂「CMM」，才能理解富士康。

郭台銘說：「我早就說過，誰能理解富士康CMM製造模式的精髓，誰就會毫不猶豫地買我們的股票，誰就會賺大錢。看不懂CMM模式，就沒有資格買股票。」

「CMM」是英文Component Module Move的縮寫，是郭台銘發明的一個詞組。他進一步解釋，為什麼要確立從產品設計開發、工程服務、小量生產、大量生產、關鍵零件到全球生產與交貨、客戶服務與全球維修的全方位製造服務能力？因為科技製造企業的成長奧祕，必須包括製造技術的持續精準與國際化能力的不斷強化。即使國際知名科技製造公司SONY，除了它在自有品牌、市場營銷和產品設計方面的堅持，也執著於產品研發與生產、關鍵零組件的設計開發、全球供應鏈的建立與維護，以追求一種從生產到設計和客戶服務的水平整合。SONY的這種EMCS（Engineering Manufacturing & Customer Service）模式，可以說蘊含了富士康CMM模式的精華。

富士康為什麼要獨創CMM經營模式？因為它是一家機電整合的製造公司，以機械零組件為根、電子組件為本、材料知識為基礎。機械零組件裡面，不管模具、塑膠、成型、沖壓、電鍍，還是自動化組裝，零組件是根；電子組件裡面，做主機板、手機模組等，電子組件是本；以上都是富士康能在機電整合製造領域稱雄的根本，絕對不能丟掉。材料知識裡面，機械的上游是材料，電子的上游也是材料，所以要做材料研發：熱傳導、高速傳輸、塑膠粒、合金等，材料知識是基礎。

高科技，要從最基礎的科技去延伸和升華，因此，CMM模式適用於3C高科技製造，是基於自身在機械零組件、電子組件和材料知識上的深厚根基，以及在全球化經營上的緊密網路。CMM這個模式在全世界電子工業製造領域建立了一個全新的成功基座，並且預示著整合競爭力與模式競爭力的一個新的成功範本。

零組件是「根」

「CMM」中，第一個字母「C」指的是零組件（Component）。郭台銘把「C」比做整個產業大樹的「根」。

在PC產業中，但凡電路板、DRAM、顯示卡、電源供應器、中央處理器CPU、連接器、機殼、光驅等等，都可以被歸類為「零組件」，而其中有些零組件具有取代性低的關鍵地位，也被稱為「關鍵零組件」。比如說CPU或LCD液晶顯示器等，只要缺貨，整部PC產品就無法出貨，因為有能力供應的廠商並不多。CPU就掌握在英特爾等個別公司手裡，幾乎形成壟斷，而LCD液晶顯示器由於投資巨大，也都掌握在日本、韓國和臺灣地區的幾家公司手中。這也就是富士康為什麼堅持投資LCD液晶項目的原因。但是像電源供應器、連接器、機殼等，供應的公司較多，毛利率就相對降低。

富士康是從做連接器起家的，最早就是一家電子元件廠。對於連接器在電腦產品中的重要性，前面已經介紹得非常詳盡。由於電腦及消費電子產品的輕型化、微型化和多功能化，連接器的技術要求愈來愈高，製造愈來愈複雜，品質愈來愈精密、靈敏，品種也愈來愈繁多。

連接器產品的特性逼使富士康在製造上向三個方面延伸：

第一，一部電子產品，特別是電腦，使用的連接器比較多，使用在不同的部件連接上，連接器的大小、形狀、精密度要求不盡相同，再加上眾多不同的電子產品，連接器的品種就會相當繁多。連接器表面接觸必須非常精密，才能起到良好的連接功能，一個小小的連接器可能要與幾百個元件或者幾百條線路連接，毫厘差池，都會出現品質缺失或整個產品的報廢。

第二，繁多的品種，精密的技術要求，都需要模具生產快速而精密，這就促使富士康不得不繼續向下扎根。在這種產業鏈裡，連接器就是一顆「種子」，向上發芽之前，首先向下生根。因此強大的模具生產能力成為富士康最深的根基。連接器等關鍵元件向下扎根的還有材料科技，電子產品的小、微、精、薄以及強大功能的要求，在散熱、傳導、節能、環保等方面需要新材料，奈米、鎂合金等新材料、新技術由此得到開發。特殊功能的新材料讓電子元件體積變小，但傳導、傳輸功能強大，散熱、節能等功能更佳，而這些技術讓富士康的「關鍵零組件」成為高科技產品，增強了市場的競爭力。誠如郭台銘所說：「材料知識是我們的基礎。」

第三，連接器是聯結相關電子元件的，這就使富士康必須瞭解更多的電子元件，並製造這些元件，而強大的模具能力也支持其生產製造出更多的「關鍵零組件」。比如，電腦機殼就成為富士康的一個重要產品，甚至發展成一個產業。這就像有的植物，強大的根系可以在地下橫向不停地延伸，形成龐大的根系。

「關鍵零組件」之所以「關鍵」，是因為它能夠決定能否成長培育出一棵產業大樹。比如微型超精密光學鏡片鏡頭，就是綜合光學設計、精密光機、光學模具設計、奈米模仁加工、精密光學多層鍍膜、CMOS／CCD圖像傳感器等各種技術開發出來的最佳成像奈米光機產品。這種「關鍵零組件」直接影響到相機成像的清晰度和真實度。由於製造工藝複雜，世界上沒有幾家公司能夠生產。正是有了這樣的「關鍵零組件」，富士康的手機代工才能迅速成長，數位相機產業也迅速布局。因為掌握了「微型超精密光學鏡片鏡頭」，就打破了技術與產品的壟斷，大大降低了代工成本，別人就願意把訂單交給你。

模組是「幹」

第二個字母「M」指的是「模組」（Module）。

富士康在掌握了連接器、機殼等「關鍵零組件」之後，向上聚合，進入「模組」化製造的階段。所謂「模組」，其實就是一定規格化的產品整合狀態。成百上千種散亂的電子元件，由導線相互連接，從而發揮出各自的功能，最後形成電子產品的整體功能。在電子產品中，這些元件的組合是不能散亂的，需要進行整合，將一些相關的元件科學地排列組合，形成最佳排列，成百上千的元件組合在一起，一部電腦由幾大組元件組合組成起來。

但是「模組」和「組裝」不同，因為「組裝」只是零件的結合，但是模組化卻有著「整合」的含義。良好的「模組化」，各元件之間可以相互作用配合，不但形成最佳排列，而且功能最佳，還可以降低總組件的使用數量，進一步節省成本、提高生產效率。比如說「準系統」就是一種組裝前的模組化產品，許多電子零件也都有模組化的製造過程，像電池模組、散熱模組、記憶體模組等。

比如機構模組（Mehanical Modules）在伺服器的組裝上，在還沒有放上CPU之前，機構模組就已包含了八十件鐵件及二十件塑料件，而如何做出最好的機構模組設計，把各種零件的模組化做到最好，比如風扇如何安放、散熱怎麼做、如何避免電磁波互相干擾、洞孔要如何打才會不容易傷到組裝員的手等，都需要經驗和技術的累積。

模組中，有系統、載體的整合，也有功能環節及技術的整合，如光機電的整合等。甚至更進一步，什麼樣的模組壽命最久、最適合快速組裝等細節的考慮和設計都要非常嚴密。因此，光是一臺伺服器的「工程變更紀錄」就多達八百多頁，裝訂成兩大本。所謂「工程變更紀錄」，其實就是指一項產品從「設計」到「量產」的過程中，所有工程設計上的變更都需要記錄原因。

模組化的過程，需要精密的工程設計，各種元件的最佳搭配，排列組合的最佳位置，功能作用的最佳發揮，製造生產的最佳實施，傳導、散熱、環保、節能等技術的最佳配合，材料和製造成本的最大降低等等，都是一種製造的積累。不同廠家製造出的同一種模組，功能、品質和成本差異可能會非常大。

這就好比同是做服裝，但供應商的布料、輔料卻是不同的，自然品質、價格也就不同了。現在的電腦組裝甚至已經不如服裝生產複雜，因為服裝的裁剪、設計以及工藝的技術含量並不低，而把幾個模組組裝起來成為電腦就簡單得多。但是，電腦的模組卻是複雜而精密的。

模組化過程還考驗製造能力，因為設計的實現最後要落實到製造上，如果製造能力達不到，就無法實現最佳的設計方案。模組化也讓富士康強大的模具能力發揮了用武之地。

例如，手機相機自動對焦制動器，是一個寬度不到一厘米，高度不到半厘米，可置於指尖的「金屬圈」。儘管有的手機鏡頭號稱二〇〇萬畫素，但照片效果卻遠不如同等像素的數位相機效果好。富士康開發的這個「金屬圈」就能改變這種現狀。製造自動對焦制動器是一個複雜而精細的生產流程，從第一步電腦輔助設計到最後的激光焊接與組裝製程，每一步都需要極高的科技含量。由於制動器體積微小，因此在精密鈑金沖壓以及模具的設計和製造上，奈米級製造技術就顯得尤為重要。

制動器實際上也是一個小模組。該產品之所以具有制動功能主要是其中的一個小馬達。一般來說，只有馬達功率較大才可能精確定位焦微調程度——這決定著成像的品質。馬達的大小與功率成正比，同時馬達體積又直接影響制動器的大小和整個手機的造型。富士康研發人員採用了一種創新思維，改變鏡頭置於馬達上的傳統做法，而是把馬達做大成圓圈狀，在圓圈中心放入鏡頭。既節省了空間，又保證了馬達可以支持高畫素相機進行自動對焦和精確焦微調的功能。

這種內嵌式的設計，還增加了制動器結構的堅固性和耐震性，更適合手機的使用環境。另外，這種制動器採用的步進馬達在功率夠大的情況下有明顯的節能作用。因為啟動電流小於〇．五安培，並且不同於音圈馬達，定位後無須持續供電。

如果把「關鍵零組件」比做產業之「根」，那麼「模組」就是「幹」。

轉化

第三個字母「M」是移動（Move）。有人解讀說，這是指從工程設計到全球出貨方式地快速完成。富士康快速地從Level I做到Level II，而且不管哪一個組裝層級，都可以迅速模組化，兩地設計、全球出貨，也是指富士康在時間上的快速優勢。從「零組件」到「模組化」到「快速整合出貨」的方向，讓富士康的布局過程一反過去臺灣大廠「向上」整合的方式，走出「向下」整合的路線。

所謂上與下，指的是產業垂直分工的上、中、下游關係。許多組裝大廠屬於下游，他們會向上游買零組件，而主機板廠商等，也會向上游買連接器等插槽，中游、下游都擁有一定的電子系統設計能力，才能將零件完整地組裝成個人電腦。

「向上」，是「順向」，而「向下」，就是「逆向」。郭台銘將之簡化，指出「製造業有兩種整合：發展與協力廠商競爭，叫順向整合；發展與客戶競爭，叫逆向整合。而逆向整合可以發展的空間更大」。

實際上，這裡的「移動」應該理解成「轉化」。從「關鍵零組件」到「模組化」，進而製造出完整的電子產品。這個過程的零件、技術、設備、經驗、員工等都可以迅速地轉移、轉化到另一種電子產品的生產中。

從電腦到手機，到消費電子，甚至到汽車，大體上是相通的。手機、iPod、遊戲機，實際上都是特殊功能的電腦，從正在發展的汽車電子方面來說，汽車也是一部能夠運動的大的電腦。在未來「光、機、電」產品整合的趨勢之下，CMM代表的是零件、模組、系統的整合模式，也對光機電產品相當有利。

正是這種轉化，讓富士康不停地進入新領域、開發新產品、迎來新客戶、締造新產業。在富士康的產業樹冠上，結出電腦、手機、iPod、MP4、遊戲機、照相機、電視機、DVD、程控電話機等一系列產品果實，可謂根深葉茂，鬱鬱葱葱。

雙翼

最近兩年，富士康又在「CMM」的頭尾加上了「e」和「S」，成為「eCMMS」。

e指的是「資訊流」，利用網際網路技術，使設計、生產到出貨更加精確快速；而「S」指的是「服務」（Service），主要是指「共同設計」。這種能力，富士康已經建立多年，「只是現在這種設計已是免費的了」。過去設計能力是ODM廠商的強項，但現在，已是共同設計服務製造的基本環節。比如，網路及通訊產品的標準化不像PC這麼高，每一項產品都有自己的一些規格，所以讓代工廠參與設計的趨勢已在所難免。

另外一項服務，就是對客戶「產品生命周期」的全方位服務，這也是富士康全球營銷能力的極致。以最重要的美國客戶為例，當客戶產品剛進入市場時，富士康可以直接在美國的廠房出貨供應客戶，像洛杉磯的富樂頓廠就扮演著這樣的角色。等到產品成為主流時，大陸工廠就提供成本更低、數量更大的產品支持，一直等到產品生命周期結束、準備退出市場，美國的富樂頓廠再次接手產品的維修和少量出貨。

在富士康，資訊和服務都是自成系統，各有標準，貫穿於「CMM」的各個環節。我們可以把「e」和「S」比做「CMM」運轉的潤滑劑，在其潤滑作用下，機器運轉得更輕鬆快速。也可以把「e」和「S」比做「CMM」的「雙翼」，既能帶動「CMM」的起飛，又能保持運轉的平衡。

擴展

郭台銘把「eCMMS」稱做「模式」。成為「模式」，規範、標準、系統性就非常強，可用來不斷地複製、擴展。富士康的產品線環環相扣，步步相連，不斷地向前延伸、複製，擴展性表現得尤為明顯。

揮軍LCD液晶面板，在臺灣企業當中，富士康是最晚的。因為富士康希望在大陸投資，而臺灣當局的政策限制遲遲不能開放。但最後，富士康還是一定要進攻，群創公司由此而創建。這是富士康自身產業鏈延伸的需求。富士康是全球最大的電腦生產商，每年有四、〇〇〇萬臺電腦出廠，近年來靠手機代工崛起，也成為全球最大的手機代工廠，每年為SONY生產數十億美元的遊戲機，為蘋果生產數量巨大的iPod等等，這些產品都需要液晶面板，自我配套，不能沒有液晶面板。

液晶面板是「關鍵零組件」，是富士康整個CMM產業鏈中的基礎環節，向上延伸的同時，也向下扎根。TFT－LCD生產屬於半導體製程，良率的高低八〇%的因素來自設備，在創建群創的過程中，設備的製造技術已經了然於胸，而富士康從金屬、塑膠、陶瓷與印刷電路板組件、線纜和CAD／CAM設計與產品檢測開發，發展到機械組裝、電組裝、次系統組裝，最終發展到系統組裝、同步設計服務的垂直整合，讓富士康進入了半導體設備領域，為應用材料商提供半導體設備零組件和液晶面板設備，富士康沛鑫公司由此而誕生。

在軟體方面，富士康設立中央資訊，來從事公司資訊軟體的開發，如開發出的保稅工廠軟體在深圳使用以後，效果非常好，就又應用到昆山廠、煙臺廠等富士康所有的基地。富士康的SAP、ERP系統都做得非常好，並且在全球的工廠使用。由此，富士康收購了美國一家軟體公司，成立富盟軟體公司，將富士康在軟體方面的開發成果進一步完善，推向市場銷售，這是在「關鍵軟體」基礎上CMM的延伸成長。

CMM在富士康顯示出的擴展動力無窮無盡，只要納入CMM系統，每一粒種子都會生根發芽，眨眼間就是森林一片。從中可以發現富士康做大的原動力所在。

富士康開疆拓土，僅採購電風扇一項每年就花費近三億元人民幣。鴻準公司成立了一〇三人的風扇事業處，利用富士康模具、塑膠、電子、電機等領域的經驗開發電風扇，以模具著稱的鴻準公司從而產生了第一個終端產品。而這個辦公室自用的風扇也隨之成為富士康產品系列中的一員。因為電腦、影印機、印表機、彩電、遊戲機、微波爐、電子鍋……幾乎所有的電子產品都要使用電風扇來進行降溫。

富士康員工每人每月補助生活費二四〇元人民幣，二〇〇二年員工已經超過十萬人，每月生活費補助就是二、四〇〇萬元，一年就是二．八八億元。郭台銘提出了「健康富士康」的概念，親自到廣東河源考察，建立集種養、加工、運輸、消費於一體的現代化生態環保型無公害農業基地，讓員工吃上放心肉、蛋和蔬菜。富頂公司的電鍍員工李江洪立即提出了一個建立「富綠」公司，建立農業托拉斯的設想。按照這個設想，富綠的現代化農場不但要能滿足富士康自身的生活需要，而且要在西北、西南、華北、華中、華南等地都建立大型農業基地，供應各地生活所需。

當然，這樣的設想只完成了一半，保證了富士康幾十萬員工自身的生活所需，不過一個普通員工通過一件事情就能提出一個大的項目擴展設想，可見CMM已經深入富士康員工的心靈之中。

平臺

二〇〇六年十一月二十四日，在併購普立爾成立機光電事業群的大會上，郭台銘再一次解釋了富士康的CMM模式。

CMM是一個有效的模式，更是一個有效的平臺。這個模式之所以成為一個巨大的平臺，因為它將各種資源和平臺整合在了一起，成為戰爭中的航空母艦，具備了有效支援遠程飛行，進行空中打擊、空中保護和反潛作戰的平臺。它包括：

供應鏈平臺：能滿足流行性、多樣性、個性化、客制化的消費需求。

技術平臺：以集團既有模具即機構的豐沛技術資源與經驗為基礎，再容納新事業單位電子、光學、無線網路通訊等技術資源與經驗，組成更完整可分享的技術資源庫。

製造平臺：長期專精、布局合理、垂直整合的製造經驗與版圖格局。

採購平臺：整合共同大宗原物料、半成品及設備的採購作業，同時取得最具競爭力的成本與最優質的服務。

財務科技平臺：借由合併擴大事業規模，取得全球最低的成本。

客戶平臺：全體事業群可以內部交換並分享客戶訊息、統一並簡化客戶關係管理流程、傳承和擴散與客戶合作經驗、節省營銷費用、增進營運效率。

專利平臺：借由全球整合的專利部署與專利優化，提供可共享之智財保護與應用，創造有利於科技創新和管理創新的制度與系統的環境。

資訊網路平臺：集團架構的全球資訊網路系統，能提供便捷優質的資訊分享與運作服務平臺。

富士康構建的這個超大平臺，能整合全球各地資源並發揮綜合效力，在全球各地提供滿足客戶需求的產品及服務，也可以提供國際化、跨產業、全方位、最低成本和最高效率的系統解決方案。

效能

CMM究竟為富士康帶來多麼強大的競爭力？

速度、品質、成本、科技、服務、資源的六大競爭力都能從CMM找到源泉。

效能之一：上下游互動

模具、連接器、機殼、準系統……技術、製造、產品的一步步提升，讓產品在一條產業鏈上不斷地結出果實，上游推動產業向下游快速前進；每一種新產品的推出，又都帶動上游產業的進一步提升。這就是富士康做大的原因。

群創創立兩年後，二〇〇六年全年出貨量達到一、七五〇萬臺，全年營收金額突破二五〇億元人民幣。成長之快，是因為富士康本身就是最大的用戶。富士康的電腦、手機、遊戲機、MP3、MP4、DVD、彩電等等，一系列產品都要使用LCD液晶面板。

富士康的連接器最初只是電腦和彩電使用的產品，後來手機、遊戲機、MP3、MP4、DVD都需要連接器，何愁連接器產品不能做大？

機殼，也從桌上電腦機殼延伸到筆記型電腦、手機、遊戲機和iPod。

模具也是如此，每一種產品都需要模具的配合，讓鴻準變成超鴻準，模具大軍浩浩蕩蕩達六萬多人。

這種上下游產業的互動，既體現了富士康產業專注的優點，又爆發出多元化的擴張能力，有效地解決了專業化和多元化的矛盾。

效能之二：資源共享

許多人驚嘆，富士康產品的報價為什麼這麼低，甚至比別人低出三〇％以上。從CMM資源共享中，可以窺探到其成本降低的奧妙。

塑料、鋼材、電容、電阻、線纜等原材料的採購，可以一並進行，合在一起，數額龐大，供應商出的價格就最低。通用產品共通共用，消化庫存的能力非常強大，在公司ERP系統的統一調配下，庫存為零就容易做到。即使一個元件材料進貨稍微多一些，其他產業也可以將其迅速消化掉。這都是降低成本的重要因素。

而技術資源、後勤資源、管理資源等眾多資源的共通共用，既讓這些資源的利用效率大幅度提高，也降低了資源投入的成本。比如，研發一個技術項目，可能在多個產品上使用，投入產出效率自然區別非常大。而不斷迅速成長的產業營收，又反過來增加了技術投入的實力。再如，富士康在全球的重點客戶周圍建立衛星工廠，進行技術追蹤和產品的快速出貨，如果產品單一，這些工廠的運轉成本就難以降低，甚至難以維繫；如果產品豐富，這些工廠就會處於不停頓的運轉之中，成本也因此而降低。

效能之三：平衡利潤

為什麼報價這麼低，富士康還有錢賺？

CMM不但能夠降低成本，還能夠提高利潤率。首先，CMM產生的強大製造能力，讓富士康能迅速地推出新產品，提升產量，在產品最能賺錢的時候，最大化地量產。其次，產品進入微利時期之後，由於富士康能夠完成完整產品的製造組裝，把降低成本的各個環節都控制在了自己手裡，這個元件不掙錢，另一個元件能夠掙錢；這道工序不掙錢，另一道工序卻能夠掙錢，總能平衡出利潤。再次，多種產品在線生產，這個產品可能是為維持設備產能的正常運轉，利潤不是太多，但是另一些產品卻是高回報產品，也能做到利潤的平衡。最後，富士康只是負責供應鏈中的產品製造這一個環節，沒有品牌維持、市場推廣的費用，降低成本是小事，降低風險卻是大事。

因為一旦市場不好，出現障礙，減少或停止生產，都不會讓富士康付出太大代價。而市場的風險和代價往往是企業運營中吞噬利潤的「大老虎」。

效能之四：贏得客戶

為什麼全球那麼多頂尖企業都是富士康的客戶？價低、質優、服務好是諸多原因，其中還有一條，就是CMM創造的多元化產品能讓客戶有更多的選擇，其龐大的規模也能讓客戶一次性購足。精簡供應商是目前的大趨勢，其他供應商和訂單的減少，就意味著富士康訂單的增加。因為富士康能夠提供的選擇太多，富士康還可能隨著訂單的增加，不斷提出更優惠的價格和條件，對客戶的吸引力更大，誰又能放棄這樣條件優惠、實力強大的合作夥伴呢？

第四篇　五十萬大軍

第十七章　員工：現代企業的第一個產品

二〇〇六年年底，富士康已經有員工四十五萬人。到二〇〇七年五月一日，在越南的工廠開業，又新增員工兩萬人。而中國大陸煙臺基地正在擴充，一次性從深圳調去的骨幹就有三、〇〇〇人。如果一個骨幹帶十個人，又是三萬人。這麼多員工湧進工廠，怎麼招聘、培訓、上崗，都是外界所渴望瞭解的。

「虛、飛、韌、合、貼、新」特質

「十年樹木，百年樹人」。郭台銘在一九九五年三月《鴻橋》刊物創刊號上以古人之語作為題詞。

郭台銘曾經說：「前十年壯大企業，後十年培養人才。」因為，「富士康要在大陸更大地發展，要落實管理本土化、扎根大陸的策略，必須要培養儲備一大批優秀的骨幹」。因此，人才本土化是一項急迫的課題，國際化本土人才，是富士康用勇氣、雅量和信心去容納、培養的結果。「技術的研發、人才的培育，就是從根做起。我覺得，我們中國最有價值的不是長城，不是黃河長江，而是長城的堅毅精神和黃河長江的水所影響、哺育出來的炎黃子孫，他們是我們的人力寶庫和智慧源。人才本土化，是從根做起的重要一環。」

郭台銘認為，富士康的成功之處不僅是建立起多處巨大的生產基地，更重要的是培養出了成千上萬的人才。富士康昆山廠成立五周年時，郭台銘講話說：「五年前，昆山廠在一片荒地中建起了第一棟廠房，五年後，我看到這棵小樹已慢慢生長，已經成為全世界第一的接插件製造公司，在資訊、消費電子方面，有無限寬廣的發展空間。各位在這樣的大環境中，參與學習，在學習中工作，在工作中學習，二十一世紀將是在座各位的世紀。所以我感到非常愉快、非常欣慰，對公司前景充滿信心。因為，一群年輕向上、有朝氣活力、前途不可限量的生命體，在我面前不但誕生，而且茁壯成長，我要告訴各位的是：今天你以加入富士康為榮，二十一世紀，富士康將以你為榮。」

在富士康，員工不僅能學到管理和技術，更重要的是能學習和接受富士康獨特的文化，培養出特殊的素質。郭台銘把富士康員工特殊的素質歸結為「虛、飛、韌、合、貼、新」六個字。

虛：以虛造實、以智勝力。未來將是虛擬實景大行其道的世界，在世界存活，第一要有想像力，第二要敢於嘗試新事物，第三必須用頭腦做事，最重要的，任何看來不可能的事，有知識的個人和團隊都可以創造出來。

飛：如虎添翼、連跑帶飛。未來，「速度」是最有力的競爭武器。個人學習與自我成長、團隊協作與群組競爭、產品開發與技術升級、企業運作與產業轉型等等，只有那些掌握最新科技、領悟速度競爭訣竅的個人與組織，才可能在競爭中拔得頭籌。這樣的個人與組織，不但要走得快，而且要跑起來，甚至於快得飛起來。

韌：長期經營、堅韌不拔。沉穩、堅韌、不怕失敗、勇於探索、對前途充滿信心。個人的事業追求和公司產品的製程改善、市場開發等，沒有堅韌不拔的恒心，成功就無法保證。

合：合縱連橫、網路生存。就從業品質而言，建立融合且互援的人際網路關係，是個人依存於團隊的關鍵；就技術層面而言，掌握並運用最新數位智慧技術，是個人新競爭力的顯著特點；而一個企業要在市場策略和營運手段上凌駕對手，必須強調並追求供應鏈競爭優勢。

貼：貼近顧客、傾聽心聲。市場是一隻看不見的手，但它時刻都迴盪著必須傾聽的聲音。在過去的世紀裡，我們不敢得罪客戶或顧客，未來我們得更加小心翼翼地去服務他們。

新：創新求變、日新又新。經營人生和經營事業，創新是永恒的主題。「新」是「虛、飛、韌、合、貼」理念及行為的最高準則。如果未來不是新的，那麼追求未來實在是徒勞無功的愚行。

找對人才

富士康每年以超過五〇%的複合成長率發展，二〇〇六年底僅在中國大陸的員工就超過四十五萬人，每年都有上萬名大學生進入富士康就業。這麼多的人才是怎樣進入富士康的？

由副總經理何友成負責的富士康人力資源管理系統分為三個層次：集團中央設人力資源總

處，負責集團人力資源發展戰略和人力資源指導性政策的制定，以及全集團的人力資源服務、協調、整合和稽核；事業群和事業處分別設有人力資源處和人力資源部，各自按層級自行制定切合本單位產品和人才團隊特點的人力資源政策和制度，並落實執行。

人力資源總處具有三大關鍵職能。

第一，根據集團經營戰略和發展階段制定人力資源戰略和政策。在完成全球經營布局的情況下，富士康集團提出由「製造的富士康」轉向「科技的富士康」的戰略轉型，與之相應的是，人力資源總處提出了「人才本土化、人才科技化、人才國際化」的人才戰略，並制定指導性實施政策。

第二，全集團的人力資源整合服務。一是幹部和骨幹員工抽調整合，在富士康，所有員工由集團統一規劃調配；二是提供集中性服務，比如集團統一招聘、內部教育訓練資源共享、整合企業文化建設和保險統籌辦理等。

第三，為各業務單位提供人才培養和儲備。一是建立人才儲備庫，迅速提供新業務單位對包括人力資源管理人員在內的人才需求；二是為全球各基地的人力資源管理人員和技術管理人員提供系統化培訓和實習。這樣既能及時滿足業務單位的人員需求，又能方便新業務單位借助「完全複製」的經驗優勢，與深圳和昆山等成熟科技園建立有效的溝通和互動，迅速開展新單位、新基地的各項創建工作，降低溝通成本，提高集團資源的整合利用效率。

為了準確地把握業務單位人力資源管理的特性與需求，富士康集團從事人力資源管理的人員多為理工背景出身。這樣，無論是招聘選人，還是教育訓練，都更能提供準確高效的專業服務。

在人才招聘方面，富士康主要有六個通路：

通路一，招募大學畢業生。在長期而頻繁的招募工作中，富士康逐漸練成了自己的一套大學畢業生招募工作程序。他們將畢業生招聘流程設計成「羅盤」，被錄用的畢業生在集團組織的新員工培訓中，被稱為「新幹班」。

通路二，網路招聘。網路招聘具有傳統招聘形式不可比擬的優越性，一方面，招聘資訊發布快速、保留期長、可反復查閱，而且覆蓋面廣，不受地域和時間的限制；另一方面，企業可以隨時增刪、更新招聘資訊，而且在對應聘資料的處理上也更為快捷方便，不受時空的限制。其實從招聘資訊的受眾——應聘者來看，高級人才相對於普通人才，上網的機會更大，而且更習慣於上網，這樣他們就更容易成為企業網路招聘的目標群。因此，網路招聘便成為富士康積極採用的重要方式。

通路三，返聘離職員工。富士康一直與那些離職的優秀員工保持聯繫，及時與他們交流工作心得，並在恰當的時候邀請他們重返富士康工作。

通路四，獎勵「伯樂」。富士康建立舉薦優秀人才的獎勵制度，鼓勵內部員工推薦優秀人才，被舉薦者試用期合格轉正後以及其工作滿一年續約後，舉薦員工都會得到一定的獎勵。

通路五，建立社會人際網路。通過各種社會網路尋找全球各地標竿企業的優秀人才，及引進海外華人圈的精英人才。

通路六，「獵龍隊」專獵人才。這些年，富士康很多人才被挖走，富士康也成立了「獵龍隊」，專門到社會上和其他企業內打探人才資訊，挖掘特殊人才，追蹤聘用。

富士康發展了獨特的「競爭導向的策略」：生意形態↓經營戰略（核心競爭能力）↓建立系統↓建立組織↓找對人才。「找對人才」成為企業發展的原動力。

那麼，富士康是如何找對人才的呢？其中，有兩項頗為關鍵的保障措施：其一是組建專業成熟的招聘團隊，其二則是富士康獨特的人才選拔標準、程序以及招聘通路。

多年來，富士康集團形成了頗具特色的用人標準──「人才七選」，即關注人才的個性及內在特質、工作意願、三心（責任心、上進心和企圖心）、努力程度、工作歷練、專業技能和教育背景七個方面。在具體招聘面試中，面試人員會依照順序進行考察。

程序	內容	面試與考察要點
一選	個性及內在特質	從儀態、舉止、言談判斷。 採用人才測評系統測評性向面試者瞭解成長環境、價值觀、習性愛好等。
二選	工作意願	應聘者的求職動機及對職位的興趣度。 應聘者家庭因素、所在地理位置等對工作影響程度的評估。
三選	三心	基層員工看責任心； 中層幹部看上進心； 高階主管看企圖心。
四選	努力程度	敬業奉獻及吃苦耐勞精神。 接受挑戰，承受心理壓力的程度。 學習及提升的能力。
五選	工作歷練	社會鍛鍊、工作經驗和本專業相關知識。
六選	專業技能	專業深度、廣度及專業成果。 應聘職位具備的專業技能。
七選	教育背景	學歷證書。 知識掌握程度。

富士康是一所大學

對學習，富士康有明確要求，並對每一位員工的教育訓練情況進行嚴格的追蹤管理，比如規定中層管理人員和技術人員每年參加學習的時間要達到二八八個課時，普通員工參加培訓的時間不少於三十六個課時等，達不到規定學時者，不僅影響年度獎金的領取，還會影響職位的升遷。這些嚴格的規定較好地保證了員工接受培訓的時間和學習效果。

郭台銘提出兩大原則：「人才是歷練出來的」和「工作中學習、學習中工作、做比說重要、習比學有效」。富士康通過系統的教育訓練，在歷練中培養能夠擔當責任的人才。

「富士康是一所大學。」業界同行、競爭對手、客戶以及富士康的員工都這麼說。

確實，富士康一直把優秀人才的持續加盟與人才的內部成長，作為公司長期穩定、健康發展的動力之源，在大陸設立了十多個大型員工培訓中心，每年投入大筆的培訓經費。富士康的教育訓練以「工作中學習、學習中工作」為基本運作方式，形成了一個完整成熟的人才培育發展模式。

具體說來，主要有五種教育訓練項目：

一是學歷繼續教育。二〇〇一年一月，富士康成立了自己的企業大學——深圳市富士康先進製造生產力學院，並聘請美國德州大學理工學院教授兼院長陳振國博士擔任院長，以便加強與國內重點大學的合作。所有學歷教育的費用均由公司支付，有上進心和企圖心的員工均可報名參加學歷教育；集團聘請合作院校老師來公司授課，員工進校不離職，不出廠門就能上完大學，而且是清華大學、中國科技大學、華南理工大學等名牌大學的課程。同時，各業務單位都是各學歷班學員最好的實習、實驗基地，各單位主管擔任學員畢業論文的指導老師（雙導師制，另有大學指導老師）。目前，富士康先進製造生產力學院正在全國選址，擬進一步擴大辦學規模，面向社會公開招生。

二是**網路學院培訓**。目前，富士康已建立了以深圳為中心，覆蓋亞、歐、美三洲的網路學院，以便於員工自己研習。這樣，無論員工在美國、捷克，還是在國內各基地，不管走到哪裡、什麼時間、想學什麼，都有了不受時空限制的便捷平臺。

三是**海外見習和留學**。為提升員工基本素質，滿足集團國際化發展需要，富士康對員工進行了英語、西班牙語、日語等語言使用能力的培訓；同時，配合海外工廠的員工到龍華總部培訓歷練的需要，還為他們舉辦了專門的訓練班——蘇格蘭班、捷克班、匈牙利班、印度班……

四是**職業技術培訓**。富士康開設了工管、品管、生管和經管四大系統的核心技能培訓和技委會的專業技術培訓等項目，通過工程師現場輔導、專業技術研習、講師技能訓練、內部員工技能培訓等方式進行訓練。

五是**管理技能培訓**。管理技能研習培訓在富士康教育訓練中占有重要的地位，其培訓體系涵蓋集團四大管制系統，涵蓋整個集團運作模組。

在這些教育訓練中，貫穿始終的是頗具特色的「日有三問」訓誡，相關人員需要反思：課程對不對？講師對不對？效果好不好？

二○○○年技工學校畢業後來到富士康深圳基地上班的劉文英，每天晚上都要到公司的培訓課堂聽講，因為她已經是一名西北工業大學網路學院的專科生，每天晚上都有學校的老師到公司上課。到二○○六年十月，富士康公司有近五、○○○名員工像劉文英這樣正常時間在公司上班，業餘時間上課學習，成為清華、北大、浙大等知名大學的專科、本科和研究生。

每天晚上六點三十分，富士康的一些員工就紛紛揹起書包到公司的訓練教室上課，一直到九點三十分，富士康深圳龍華基地的一○○多間教室都會燈火通明，坐滿了上課的員工。周末兩天，這些員工也會每天上六個小時的課。

富士康公司人力資源總處有關人員介紹，到二○○六年十月，富士康員工在讀的專科、本科、研究生班共計八十二個，在讀職工四、二八二人。其中，研究生班二十多個，每個班四十多人，共計八○○多人；本科班十一個，共計八○○多人；專科班十六個，共計二、○○○多人。再加上以前已經畢業的員工，公司已經有五、○○○多人在職就讀大專、本科和研究生課程，甚至已經有人在讀博士班了。

另外，公司總部還有一七○個班的三個月以上的短期培訓班，有三八、四五五人接受培訓。各個分公司也都有一定數量的短期培訓班，培訓員工總數不少於集團總部的人數。

富士康與清華、北大、浙大、哈工大、西安交大、上海交大、中國科技大、華中科技大等十幾所國內知名大學建立了長期的合作關係，由高校派教師到公司授課。一般情況下，只要員工有學歷教育的要求，經過申請、考試合格就可獲得利用業餘時間進行學歷教育的機會。

郭台銘稱，教育培訓不用做預算，需要多少就使用多少。

員工稱：富士康最漂亮的就是教室。

富士康教育培訓投入費用：每個碩士生學費四萬元人民幣，本科生兩萬元，專科生一．二萬元。碩士、本科三年，專科二年，每年的學費總額為三、五〇〇多萬元人民幣。其中本科以上學費全部是由公司支付的。培訓班老師講課費每天就達三十萬元，每年培訓講課費超過一億元。教學設施、設備也是一筆巨大的投資。總共算下來，富士康公司每年用於職工學歷教育和各種培訓的費用超過兩億元人民幣。

「新幹班」：經理人的搖籃

「新幹班」是富士康為快速培養優秀基層技術及管理幹部，實現集團「人才本土化、科技化、國際化」戰略目標而採用的一種育才模式，培養對象為國家正規大學品學兼優的應屆畢業生。學員需要經過入職培訓、現場歷練和培育養成三個成長階段。

入職培訓——熟悉公司、瞭解文化。富士康對新幹班的入職培訓非常重視，從課程規劃到課程執行均有很高的要求。新員工報到伊始，人力資源總處會集中安排一周的新人入職教育，使他們在心理上開始由知識文化學習者向產品創造人過渡。講師均由集團各單位的高階主管擔當。在培訓中，分班配備班主任，及時瞭解學員思想動態並收集他們的意見反饋。有了班主任的幫助，學員會更快地瞭解並融入到公司中。

現場歷練——從學生到企業人的角色轉換。學員集中培訓後，由各業務單位安排到生產現場進行為期六個月的實習和歷練。這是新幹班培訓的關鍵之處，富士康採取了很多有效的措施予以支持。

一是實行師徒輔導制，由資深員工擔任輔導員。通過傳、幫、帶等輔導方式，使新幹班學員能夠迅速融入企業文化、提升工作技能，快速實現學生向企業人的角色轉換，縮短工作迷茫期；通過生活、工作輔導，及時發現並解決問題，避免問題累積，消除不必要的負面影響。

二是制訂與實施實習計劃。輔導員制訂學員的實習計劃，並由各高階主管核准。實習中，輔導員每周都會對學員的實習進度進行檢查。實習結束後，還會對實習成效進行全面的總結，為下年度的新人培訓積累經驗。

三是提案改善。為培養新員工發現問題、解決問題、與人溝通、整合資源等方面的能力，在現場實習結束前，要求每個學員必須完成一項改善提案，並列入實習考核項目。提案改善由輔導員或現場主管予以輔導，並作為考核輔導員工作成效的項目之一。集團會舉辦提案改善發表大會，獎勵那些有優秀提案的員工。

實習結束後，集團根據學員的實習情況，對集訓和實習期間表現優秀者進行表彰獎勵；對表現或能力較差不能適應公司文化者予以職位調整，延長試用期或直接淘汰。

培育養成——造就獨當一面的優秀人才。對於新幹班考核合格者，富士康制定了「一年培育三年養成」的規劃：在職位工作的同時，根據職位應知應會的要求，進行相應知識技能和態度的訓練，一年內達到助理工程師的要求；再利用三年時間把學員培育成為合格的各類工程師管理人員，具備獨立處理事務的能力，成為能夠獨當一面的優秀人才。

新幹班的系統歷練，為富士康培育了持續發展的生力軍。一年後，有八〇%的新幹班學員進入研發、工程、製造、品管等職位工作；三年後，有六〇%的人員成為單位骨幹人才；五年後，有四〇%的人員成為重要職位的人才及課級以上的管理幹部。

富士康對人才的培訓有一個循序漸進的過程。

「新幹班」之前，富士康舉辦的是「陸精班」，即「富士康大陸精英幹部培訓班」。這是富士康最早實施幹部集中招募、訓練、分配的作業模式，一九九四年舉辦了第一期，一九九七年後轉為「新幹班」。

「陸精班」之外，還有「世幹班」，即「富士康跨世紀接班幹部培訓班」。在招募對象條件及管理方面，都有特殊要求。所招募的人員必須是國家重點高等院校本科以上學歷的應屆畢業生。公司給予較高的待遇和重點的歷練培養。

現在，富士康已經開始「金童班」的培養。集團的十個事業處，各選派一名年輕有為的臺幹和一名陸幹擔任總裁郭台銘的助理，由郭台銘言傳身教重點培養，這些人年齡不得超過三十五歲，將成為各個事業處未來的接班人。

打工仔培訓方法別致

富士康在大陸有四十五萬員工，大部分是來自中西部農村地區，只擁有普通高中或職業高中學歷的農家子弟。經過三個月的集中培訓和實習，這些打工仔、打工妹即能上崗，成為生產線上的作業骨幹。

三個月的集中培訓和實習，包括學習集團成長史、企業文化、職業道德、改善手法和現場操作等知識與技能系列課程，培養扎根意識、品質意識、安全意識和實際操作能力。特別是在技能培訓方面，富士康有一套別致而有效的方法。

手感測試：這是一種適合模具加工特性的測試方式，俗稱「一筆劃」。即在一塊四方的壓克力板上刻上一條深度適中、首尾相連的「FOXCONN」字母窄槽。測試時先在板上用厚白紙拉緊蒙上，測試者戴上眼罩蒙住眼睛，用鉛筆憑感覺沿著槽的軌跡畫下痕跡。在三分鐘內，以畫的痕跡多少作為考評成績的依據。測「一筆劃」的主要目的是看測試者心理素質是否穩定，手感是否好。良好的手感和心理素質，是做精密鐵塊雕刻的重要條件。

靈巧度測試：靈巧度測試主要是測試智力和反應能力，也測試雙手靈活性、配合度與協調性，同時也測試眼力。靈巧度對生產線上的操作者非常重要，有兩種測試方法：

一種是插針。在一塊四方的壓克力板上有規則地鑽上小孔，有多針孔、小針孔幾種，有規則地排列。大小針混在一起，測試時，測試者要先把針撿起來，然後雙手拿針，同時由中間自上而下，插滿豎行，再往兩邊插隊。這種順序是按大小針排列的。因為大針容易先撿起，先插大針，再插小針。時間也是三分鐘，鋼針插入愈多，成績愈好。

另一種方法是撿豆子。黃豆、綠豆等幾種大小不等的豆子混在一起，測試者要在一定的時間內把它們分開來。一般情況是先分體積最大的，再分次大的，最後分最小的，這樣才能在一定的時間內分得最多。

模仿能力測試：測試主管會做一些指部、手部動作，讓測試者模仿。模仿能力測試主要是測試學習模仿能力，只有心靈手巧的人，模仿能力才快才準，才能適應流水線上的快節奏，並能做好精密加工。

富士康根據測試情況，對員工分類施教，並分配合適的工作崗位，進行技能培訓。培訓中心建有實習工廠，有集團的各種崗位的設置和培訓。員工培訓合格後，即分配到各事業處上崗工作。

在工作中，打工仔和打工妹仍然要進行各種在職技術培訓，參與公司的改善提案活動，不斷提高技術素質，並能轉換技術崗位。有能力、有願望，考試合格者，也能參加學歷教育，在公司讀大學，不少人也有機會被派到海外鍛鍊。

說到富士康的貢獻，郭台銘認為幾十萬人的就業是一大貢獻。另外，外圍還有上千家協力工廠，大大小小也有超過一五〇萬個就業崗位。

富士康的工人，不僅僅是找到了一個飯碗，還成長為技術工人。現在中國一個很大的問題就是農民進城和城市工業化。深圳經營企業的經驗，就是如何讓進城的大量農民子弟去從事工業生產，從事高科技製造。中國的市長要解決的問題看起來是城市規劃問題，實際上卻是一個經濟問題，你必須讓人口向城市集中，因為人口太分散，各項城建成本就會提高，你不可能為遠在幾百公里外的幾戶人家去鋪設自來水管道，因此一定要集中人口。

人口集中說起來容易做起來卻很難，大家集中在一起必須要吃飯，吃飯就必須確保充分就業。而農民在城市就業不能靠撿垃圾，不能靠當挑夫，不能靠政府救濟，而必須教給他們技術，組織他們投身於城市的工業化建設。

富士康在大陸投資的責任就是在中國工業發展過程中扮演一個重要的推手。這個責任落實起來，就是把進城的農民工訓練成人才，給他們技術，給他們舞臺，當時機來臨時，能把他們派出去，讓他們「出將入相」，實現他們在新經濟時代「朝為田舍郎，暮登天子堂」的夢想。中國只要教會農民技術，讓他們變成有技術的工人，那麼中國的城市發展和經濟發展就可以重新架構。

對於生產線上的打工仔和打工妹，富士康的合約期一般是四年一簽。技術好能力強的員工能夠繼續簽約提升，但不少人就要解聘。對於這個問題，富士康有關人員給出這樣的解釋：首先，生產線上的員工年輕才有優勢，如果得不到提升，繼續留在生產線上，薪金也得不到提升，不適合繼續成長。特別是對於那些來自農村的打工妹，她們已到了婚育期，在深圳成家立業很難，回家找對象成家對一生很重要。有了四年的收入，回家成家不成問題。如果繼續聘四年，可能就耽誤了婚育期，對其一生不利。其次，從富士康出去的員工找工作不難，並且還可能得到提拔的機會。因為有很多工廠都盯著富士康的員工。走出富士康，憑著在富士康學到的技術本領，天地更大。另外，即使以後不再進工廠工作，富士康也給了員工現代化的觀念，他們可以去做生意，搞現代農業，走發家致富之路。

日常訓練的日積月累

富士康的發展演變、張忠謀的老謀深算、格魯夫的運籌帷幄、曹興誠的精悍快捷、比爾·蓋茲和戴爾的成功……許多企業的成功故事和先進理念是富士康在每日的早晚會上講給員工聽的故事。

對員工的培養，除培訓之外，最重要的是在日常工作中日積月累地進行訓練指導。二〇〇〇年，沖壓廠的這份幹部訓練計劃能管窺富士康日常訓練指導的情形：

第一，分梯次再次對全體線、組、課長及模修進行PCE三大系統基礎教育訓練，以使他們真正瞭解公司的運作系統與企業文化。

第二，全廠各課每日的早晚會進行觀念的宣導。

第三，站在資訊的最前沿，將每日三次由組長以上幹部參加的生產進度檢討會，作為適時教育的最佳場所。每日三次共用三十分鐘時間，用生產中的實際案例教育幹部，並用成功企業的案例引導基層主管的思想、開闊視野。

第四，推進學習，挖掘基層主管的潛力。在每日晚間的生產進度檢討會上，各主管輪流講一個故事，現場講評，分析故事中的人、事、物及真、善、美，啟發教育。

第五，發起全員參與的讀書活動。鼓勵員工到廠圖書館讀書學習，基層主管在會上做讀書心得報告。

第六，廠高層與基層主管交朋友。廠高層要把一天十多個小時全部奉獻給沖壓廠，瞭解幹部的心理活動、觀念，每天都找一些組長級以上的幹部談心，瞭解他們的工作、學習、生活，指導他們解決工作中的難題，幫助他們解決生活中的問題，教育他們如何去學習，共同探討人生哲理。

第七，交互訓練、提升技能。模具是沖壓的核心，模修則是沖壓模具的「大夫」，要想藥到病除，只有提升「大夫」的技能。沖壓廠分批到沖模廠訓練，瞭解新模具，提升修模技能。

第八，機會與競爭並存，不進則退。有競爭就有淘汰，對一些不思進取且無發展潛力，通過多次教育啟發無效的幹部堅決予以淘汰。

經理以下幹部基本本土化

郭台銘說：「穩定的企業首先應該是一個成功的本土化企業。」「如果我們在二十一世紀不能做到人才本土化，那麼長期經營就會落空。」富士康多年來一再檢討在人才本土化上做得還不夠。「我們在組織改變、產品調整、技術升級、管理創新等方面存在瓶頸，重要的原因就是本土化人才參與太少。」「為什麼我們總是為員工的流失而痛惜，感到無奈，這其中的關鍵應該就是留才和本土化的問題沒有做好。有效的留才策略，著眼點不在於如何留，而在於如何用，在用的過程中給人才以肯定。」

富士康在全國有四十五萬名員工，從臺灣來的「臺幹」，即臺灣幹部二、五〇〇位，主要位列公司的中高層。富士康內部職位分行政級別、技術職稱兩條線。行政級別由低至高為線長、組長、課長、副理、經理、協理、副總經理、總經理、副總裁、總裁，而技術職稱分為技師一級到十二級（內部簡稱為師一至十二）。管理與技術序列可以重疊，例如一位課長也可以同時有師二、師三的職稱，而總裁郭台銘本人同時也擁有師十二職稱。

富士康目前在經理以下級別的幹部基本已經實現本土化，而協理以上高管大多數仍為臺幹。能出任協理以上職位的基本上是陸幹中比較出類拔萃的幹部。目前陸幹中做到最高職位的是一名有海歸背景的副總。

二〇〇七年春節後，富士康深圳總部一次性派出三、〇〇〇名骨幹人員遷往煙臺的新基地，主要是組長、課長級以上的中層管理人員。高速擴張中的富士康解決幹部本土化的任務非常繁重，其中在研發骨幹力量上本土化相對較快，而行政序列的中高層管理人員中，經理以上的「陸幹」，即大陸幹部已有八〇多位。但這距離陸幹全面參與富士康最高層面經營決策仍有一定距離，陸幹目前在協理級以上的還比較少。

近萬名大陸員工派往海外

「讓優秀的本土人才快步趕上國際化的步伐，是集團人才培養的重點之一。」隨著富士康在國外設廠布局的進展，郭台銘要求大陸本土人才要實現國際化。

郭台銘鼓勵大陸員工說：「年輕人一定要有上進心和進取心。公司有能力，也非常願意花錢給你們提供學習機會，如果你要考外語，因時間不夠用而放棄了，那真是可惜。我要敦誡各位，如果你想去國外學習，這個機會還不一定是你的；如果想都不去想，你就永遠沒有這個機會。俗話說：人往高處爬，水往低處流。我希望能夠培養出一些好的幹部送到國外受訓，不一定要拿到什麼學位，只是希望大家能夠多學一些有關材料、品管、管理等多方面的知識，成長一些閱歷，從而成為一個有用的人才。對於一個企業來說，有了人才，一定會有錢財；反之，有錢財，不一定有人才。中國前一〇〇位有錢人的名單常常變化。他們為什麼會被替換掉？就是因為沒有人才。所以說，有人才的一定有錢財，有錢財沒人才的一定不會持久。集團送各位去海外學習最新的技術，你們回來後絕對可以創造更多的財富。」

富士康副總經理以及負責公司員工培訓的ＩＥ學院院長陳振國稱，二〇〇六年，富士康經ＩＥ學院培訓後輸送至捷克、巴西、墨西哥等機構的「陸幹」已經多達九、〇〇〇多人次，職位分別做到主管、協理等級別。二〇〇七年，富士康越南工廠開業，又有更多的陸幹被派出。

培養國際化人才，除了基本的技術、科技、管理等方面的培訓外，富士康還重點進行外語培訓。富士康每年都選一批年輕骨幹進行英語、日語、德語的專門培訓，舉辦外語培訓班，並進行嚴格的考試，根據考試成績，先後外派。

外語好，就有被派向海外的機會，促使富士康員工利用業餘時間學習外語的熱情高漲。有的部門還組織外語早會，上班提前半小時，大家用外語交流工作、布置業務。最初用外語開早會，就像娃娃學步，舉步維艱，往往十幾句話，翻來覆去說幾分鐘，語法、單字經常用錯，漏洞百出，發音也不地道。大家互相糾正提醒，實在想不起來的單字、短語及表達方式，就查字典，向專業人士求教。

天長日久，富士康的許多員工通過外語早會熟練掌握了外語的聽、說、讀、寫能力。

模具員工創業計劃

多年來，郭台銘一直謀劃著鴻準公司模具員工的創業計劃。這是富士康留才計劃的重要組成部分。他強調，提倡人才本土化政策，不能停留在空頭文件上，必須要加速推進組織變革。鼓勵員工創業，建立一、〇〇〇家麥當勞式的「準」字號模具連鎖店，就是組織變革。

「最好是那種夫妻檔，一個CAD／CAM畫圖，一個開模。鴻準的女孩子比較少，我這一說馬上來一個漲停板。在臺灣，醫生都娶護士，真的！他開診所的時候，護士就不用付薪水，有競爭力。」郭台銘說，只要能促進公司和員工的事業發展，兄弟也可以分家，鴻準必須有氣度讓優秀人才「畢業」，當人才真正學會了經營和市場運籌，應該讓他們出去創業，回到每個地方開鴻準的分店，跟鴻準掛鉤，得到一部分股份。

郭台銘設想，員工自己當老闆，由公司來支持，公司和員工各占一部分股份，員工自己去外面接單。員工開店買設備，可以向公司貸款投資，公司一次買上百臺設備，價格自然低許多，也可以由公司集體採購，提供最便宜的材料。公司還可以把日本、德國的技術引進來，學過來，送給大家，公司的訂單，也可以送給大家做。公司還可以在華中、華北、華南、西北、西南甚至國外多個地區設立精密檢測中心，精密檢測設備很貴，不用大家都買，只要去最近的檢測中心，電腦一接上網，馬上就能測好。鴻準的總部是經管單位，就像洞庭湖一樣，你長江的水沒有了，我就放水給你，這就是鴻準將來的價值所在。鴻準開一、〇〇〇家分店，每家掛個「準」字招牌，做模具的只要掛個「準」字，就表示交貨時間比別人準，品質比人家的好，價格比別人貴二〇%。「就像日本有很多料理店，只要門口掛一個『魚旨』，那個店就特別貴，當然也特別好吃，你就會趕緊進去。」

郭台銘跟鴻準公司總經理徐牧基開玩笑：「你喜歡旅遊，沒關係，鴻準開一、〇〇〇家分店，每天走一家，也要走三年。這不是夢想，是理想，是一個工作目標，短則五年，長則十年，一定可以實現。」

優厚的福利待遇

在富士康工作累，經常加班加點，業餘時間還要參加各種培訓和學習。但是，富士康員工的收入高。加班少的一線打工妹、打工仔每月收入也保持在一、〇〇〇元人民幣以上，如果加班多收入會更多。富士康員工的福利待遇更是讓大家稱道。

富士康的經營模式為典型的「垂直整合」——即從模具開發、零組件到生產，到整機組裝全線通吃。因而形成了其人才的明顯的分層結構，即其員工包括最底層的工廠作業員、技術工人和核心研發人員，而位於產業鏈前端的員工相對福利也較好。

住：「一三八」計劃

從富士康東門可以看到富士康的員工宿舍樓，其中「鴻鵠閣」、「梳月樓」標識的是男女員工不同的宿舍樓。

正常的情況下，本科學歷以上的員工每四個人住一間房，宿舍內能夠上網、看電視。普通的一線打工妹、打工仔每八個人住一間房，能看電視。宿舍樓有專人管理，打掃衛生，安全保衛。所有的員工洗衣服都免費。

如果園區內住不下，需要到外面租房，本科生每人每月補助四〇〇元人民幣，普通打工妹、打工仔補助二〇〇元。

富士康針對員工有一個「一三八」計劃，即針對核心幹部員工，經過一年勞動合約考核後，繼續簽三年合約，並在此三年中獲得獎金、補貼、住房等相關福利，工作滿八年後則可無償獲得公司補貼住房一套或等值的現金。

到二〇〇六年底，富士康在深圳無償獎勵員工的住房已經多達六〇〇套。新外購的一批住房，正在做新的分房計劃。

吃：每天早上一個蛋，一杯奶

富士康的伙食好，這是大家公認的。

一九八八年，富士康開始在深圳設廠，郭台銘第一次到大陸廠視察。他看到外廠的工人端著飯碗蹲在外面吃飯，沉默了許久，他說：「我絕不會讓我的員工在外面吃飯。」看到從四川等地農村來的打工妹營養不是太好，就要求每天早晨務必給每個員工提供一個蛋，一杯奶。特別是那些打工妹，營養還關係到下一代。

普通打工仔、打工妹，每人每月補助生活費三三〇元人民幣，打到每個人的卡裡，刷卡吃飯。如果消費不完，可向下月結存，但提不出現金，因為有一些員工捨不得吃，想把補助省下來。

廠區建有多處食堂，提供各色豐富的餐飲，湖南菜、四川菜、廣東菜、北方菜都有，菜餚、麵點、米飯品種豐富，任挑任選。公司食堂價格便宜，兩元吃飽，三元吃好，每月的生活補助，基本能保證滿足吃飯的需要。

不但吃飽，還要吃得健康。富士康建立了農產品基地，專門供應公司的糧食、蔬菜、肉蛋、牛奶，保證食品的綠色環保。

最近，富士康又在深圳龍華基地投資億元建成亞洲最大的配餐中心，現代化製作，為職工提供營養豐富的餐飲食品。

行：專列送員工回家過年

每年春節，員工回家過年都是一個關，買票難、乘車難，回家過個年就要「扒層皮」。深圳大大小小企業的員工，每年都要碰到春節回家過年的難題。富士康千方百計幫助員工減少回家過年的麻煩，不但出面跟鐵路、公路有關部門聯繫購買車票，還出鉅資為員工訂專車，送員工回家過年。

二〇〇七年二月十四日，從深圳抵達武漢的富士康專車，一下子就送了一、八〇〇名湖北籍員工回家過年。公司領導和深圳市領導專程到車站為員工送行，湖北省、武漢市勞動和社會保障部門負責人到車站迎接，紅紅火火的場面著實讓員工們感動、驕傲了一把。只有富士康有這樣的氣勢，有這樣的實力。

深圳到武昌的火車例來是最緊張的，僅富士康深圳工業園就有湖北籍員工五萬人，因此，到武漢的專車就成了二〇〇七年春節從深圳開出的第一列「打工仔」專列。

二〇〇七年春節，富士康出資在全國開出十幾趟專車，運送其在全國八大科技園工作的各省員工回家過年。

樂：打工者免費上網咖

富士康出鉅資修建了圖書館和數位銀狐生活館（休閒網咖）。工作之餘，員工可以去圖書館讀書充電，也可以坐在網咖舒適的沙發座椅上，品著香濃的咖啡上網，瞭解社會時事動態。數位銀狐生活館一次可容納二、五〇〇人同時上網。一線普通員工持卡可在一定時間內免費上網。

為保障員工身體健康，富士康設立了自己的醫院，定期為全體員工體檢，還為重要員工建立健康檔案，實時追縱健康狀況，並為員工辦理附加門診醫療保險；同時也設立了體育場、游泳館、健身房等運動場館，便於員工平時鍛鍊身體。

在富士康的廠區內，商場、銀行、餐廳、飯莊、茶樓等生活配套設施非常齊全，足不出廠，所有問題都可解決，這大大方便了員工的日常生活。

富士康廠區、宿舍大廳、食堂等公共場所投以重金安裝液晶電視，並於二〇〇六年年底成立了自己的電視臺，有八個頻道，包括新聞、員工才藝、生產安全等內容。

此外，富士康還成立了藝術團、曲藝社、戶外運動俱樂部、讀書俱樂部等員工社團。於二〇〇二年六月正式成立的富士康藝術團，專職演員數十名，均來自專業藝術院校，員工業餘演員一、〇〇〇餘名。藝術團成功舉辦了集團內各種大型文化演出，並多次參加了深圳市的公演活動。

富士康年輕員工多，很多人已經到了談婚論嫁的年齡。公司就經常組織旅遊等活動，給大家接觸認識的機會。公司每年組織大型集體婚禮，請員工的父母一起到公司來參加。婚禮隆重熱烈，郭台銘每年都出席。有一年還邀請了深圳市的副市長來當主婚人。

獎：尾牙大會是盛典

每年的尾牙大會，都是富士康的盛典。

二〇〇六年的臺灣尾牙大會，富士康請來名模林志玲做主持。由於郭台銘與劉嘉玲的「緋聞」關係，郭台銘一上臺，臺下員工就大喊「加零！加零（嘉玲）」，要求獎金後面再「加零」。大會獎金確實不少。光是十萬元的獎項，就有一一八個；筆記型電腦送出了一〇〇臺；二十萬元人民幣的獎項有三十個；五十萬元的兩個；價值六十八萬元的汽車獎得主一名，以及兩位總裁現金獎，各一〇〇萬元。另外，來現場的員工都可領取紀念獎，每人領取的紀念獎金額依員工職級而有不同。還有一些低於十萬元的現金獎，沒有在現場抽取。

大陸深圳、昆山等地的尾牙大會，人聲鼎沸，場面更加宏大，氣氛更加熱烈，獎金獎品也很多。

有困難，找黨委

二〇〇一年十二月十五日，富士康集團成立了中共黨委，成為廣東省首家建立中共黨委的臺資企業。目前，企業已成立了六十九個基層黨支部，共有五、八〇〇餘名黨員。四年來，針對員工提出的一系列熱點、難點和焦點問題，黨委牽頭啟動了一系列「關愛員工」的活動，並持續推動，予以解決。其中包括「子女入學」、「一封家書報平安」、「優惠購房」、「超級情感對對碰」、「浪漫婚典」等活動。同時，黨委牽頭救助困難員工，到目前為止，已救助員工二〇〇餘人，發放救濟金三〇〇餘萬元。

第十八章　文化：打造鐵血團隊

五十多萬員工，是一支規模巨大的產業大軍，他們分布在全國各地，分布在世界各地，如何將他們凝聚起來，步調一致，行動一致，在生產線上快速生產出各種品質優良的產品，形成無敵的競爭力、戰鬥力？這恐怕是一件難以想像的事情。

贏在企業文化

二〇〇六年上半年，郭台銘到日本訪問兩周，拜訪了諸多高科技公司，還接受了日本最有名的經濟新聞周刊《日本產業經濟電子新聞》的專訪。日本人向來自信，鮮少採訪國外的電子公司。美國Google是這家周刊採訪的第一家外國公司，富士康是它採訪的第二家外國公司。

「你們富士康集團為什麼會有這麼快速的成長，你們的核心競爭力是什麼？是憑藉模具開發技術，還是雄厚的資金？是製造和研發設計能力，還是供應鏈管理？」記者開門見山地提出這樣的問題。

郭台銘回答：「都不是，這些都是富士康成功的『果』，而不是『因』。富士康最強的核心競爭力應該是企業文化。富士康贏在企業文化。」

二○○○年，郭台銘寫了一篇文章《未來世紀，智者的盛宴》大膽預言：二十一世紀的企業爭霸，最終將歸結為企業文化的競爭。「為文化而戰」將成為企業界的共識。

何謂企業文化？郭台銘的理解具體而形象：「在我看來，文化就是生活在一起的一群人所共同擁有的價值觀。富士康的企業文化就是全體同仁長期工作在一起，久而久之形成的共同認可和尊重的價值觀。富士康目前在中國建立了九大科技工業園，在巴西、墨西哥等地方也有工廠。集團目前已經開始進軍印度，有一○○多位印度同仁來到深圳龍華園區受訓。無論是大陸人、臺灣人，還是印度人、巴西人，或是其他國家或地區的人，大家聚集在一起，都需要一種共同的價值觀作為粘合劑，只有企業文化才具有這樣的凝聚力。富士康的企業文化是一種融合的文化，講求集合、整合、融合。富士康鍛造了一個文化的大熔爐，不管是山西人、山東人、湖南人，還是四川人，經過文化融合以後，我就會把他們派到全球各地去歷練。」

富士康的企業文化是什麼？郭台銘總結：富士康的企業文化有四個特徵。第一是辛勤工作的文化，每個人都要腳踏實地、辛勤工作；第二是負責任的文化，工作交給你，你就應該把事情做好；第三是團結合作並且資源共享的文化，就是同仁工作時團結合作，但又彼此分享資源，集團大力推動技委會的目的，也就是要打破不同部門間的藩籬，創造一個相互進行技術和經驗交流的平臺；第四是有貢獻就有所得，也就是一分耕耘一分收穫的企業文化。

郭台銘對日本記者說，這四個特徵中，辛勤工作、負責任的企業文化是跟日本人學的。「可我跟你們有些不一樣，所以我還是不會輸給你們，甚至會比你們做得更好。比如，團結合作的企業文化，你們做到了，但你們無法做到『資源共享』。因為日本是一個島國，地理環境使得人們容易形成狹隘的、處處設防的思維方式；又如，一分耕耘的企業文化，日本人做到了，但做不到『有貢獻就有所得』。因為日本企業多由大財團和銀行控制，員工不容易得到分紅配股，更不會有紅利。」

在企業的競爭中，郭台銘對富士康的企業文化充滿自信。「我相信只要集團全體同仁認同這種企業文化，我們就不會輸給日本人，也不會輸給美國人。富士康就一定會擁有更加美好、更加充滿希望的明天。」

海洋廠精神

「那時候，下班了，很多員工都沒有離開，而是自願留下做沒有完成的工作。加班加點還覺得不好意思，不願意讓主管知道。有時候就先回宿舍，晚上人少了再偷偷回到工廠加班。想法很單純，自己不能落後，不能影響整個團隊。」

二〇〇六年十二月八日，原海洋廠最早的六十名富士康老員工通過各種通路被召回集團再次相聚。說起十八年前的情景，大家還歷歷在目。

一九八八年十月，富士康在深圳西鄉崩山腳下建立海洋廠，首批一五〇名員工從廣東澄海、潮州、豐順等地招募到深圳，從此開創富士康在大陸的事業。

當時，海洋廠一棟五層的廠房是租來的，一樓是倉庫和外廳，二樓最初空著，三樓辦公，四樓生產線，五樓是宿舍。一〇〇多位女工睡一個大通鋪，隔壁的男生也睡一個大通鋪。深圳夏天炎熱，雖然有風扇，吹的也是熱風，熱得睡不著，有人就跑到地板上睡，說是很涼快，大家就都睡到了地板上。一個夏天就是在地板上度過的。一年後宿舍蓋起來了，大家搬到宿舍裡住，就要分開了，還有些戀戀不捨，覺得在一起睡挺好。

那時深圳一下子建了很多工廠，電力供應不上，經常停電，又不事先通知。電一停，大家就找個地方休息，電來了再上生產線，經常是夜間十二點來了電，大家就爬起來回工廠工作。如此，睡覺都不踏實。

停水是一件痛苦的事。有時餐廳洗碗的水都沒有，就用紙擦一下飯盒。下班以後大家都端著臉盆，提著水桶到一公里外的村子裡去找水，在村民們的水井旁刷牙、洗臉、洗衣服，完了再端一臉盆水回來。

最困難的是沖涼。一停水，在公司是沒辦法沖涼的，附近村子外面有一個施工隊留下的小木屋，成了海洋廠女工的沖涼房。大家輪流從老鄉井裡端來水，在小木屋裡沖涼。木屋縫隙很大，外面都能夠看得到，裡面沖涼時，外面就有人站崗。

與臺灣的環境相比，臺幹們的生活更為艱苦。不但停水，水質還不好，煮出來的飯都是紅的，大家都吃這種「紅米飯」。那些來自臺灣的打工仔、打工妹，什麼也不懂，要手把手地教；這些孩子剛剛離開家，又來到這麼艱苦的地方，有人想家，有人哭，他們要哄。最難的是交通和通信，在工廠不能直接給臺灣家人打電話，只能偶爾用香港的無線電話給家人送上幾句短短的問候。

那時候，大個子總裁郭台銘來給員工講話，豪情滿懷地說富士康要做全世界最大的企業。有人還偷偷地笑，認為這個人真能吹牛，就憑這一棟廠房，百十號人怎麼可能做到？因此沒有人相信。

那時候的海洋廠不但環境惡劣，生活工作條件差，管理還很嚴格，講紀律，講執行，規矩特別多，特別嚴，有不少人感覺壓抑，受不了，就離開了。

十八年後重相聚，富士康已經成了全球最大的工廠。海洋廠的老員工們為他們曾經是富士康的創業者而感到驕傲。他們一直認為，企圖心、艱苦創業、執行力和紀律性是富士康成功的根本。

臺幹榜樣

從海洋廠到黃田廠，老員工們回憶自己和企業的成長，還會說起那些早期的臺幹。

臺幹溫元慶，海洋廠時就經常出差過來教授品質，一九九二年時正式派駐大陸。他最初的工作就是對大陸員工和幹部進行品質培訓，每期為時三個月，每天帶他們跑步、早讀，然後開會授課。講課的內容包括工作管理、工作方法、工作態度、工作記錄等，特別是他講的「品質要做好，人的素質、品質最重要」給人留下了深刻的印象。

溫元慶講工作「三忌」：避免金錢糾紛、勿有感情困擾、勿有地方派系。因為金錢處理不當會傷和氣；而感情無論是普通的友情，還是男女之間的感情出現困擾，亦非常容易造成工作熱情的消滅、情緒的低落甚至出現不合作或敵意，個人之間的私情會影響到工作；地方派系在中國人身上很容易出現，不利於團隊的形成和人才的運用。

溫元慶講人生的經驗，認為年輕人有五個要點需要瞭解：「一個志向不可缺少」；「兩件事情不可抱怨」：一個是你的父母不可抱怨，一個是你的長相不可抱怨，這是「命定」的事情；「三件事情不可騙人」，即你的知識、你的金錢、你的力量，這些是很實際的東西，你騙不到別人；「四件事情不可挽回」：流逝的時間、說出去的話、潑出去的水、射出去的箭，它的意思是說第一次就要做好；「五個W不可忘記」：一定要把握What（什麼事）、Why（目的是什麼）、When（什麼時候）、Where（在那裡）、Who（什麼人），還有一個是How（如何做）。有了這樣的工作方法，做事情就不容易出差錯。

這些人生和工作道理，對大陸員工來說，都非常新鮮。而溫元慶的專業和刻苦精神也讓大陸員工敬佩不已。

溫元慶有一個記日記的習慣，不論工作加班到多晚，都會把每天發生的事情和工作的感悟記下來，每天堅持，從不間斷。

溫元慶還每天早晨堅持跑步，為的是保持良好的身體狀態和清醒的頭腦，以及飽滿的精神狀態和愉悅的心情。

溫元慶學習刻苦。他專科畢業到工廠工作，實務學得不多，工作生疏，同仁取笑他「怎麼連變壓器都不會做，儀器也不曉得如何操作？」下班後，他就往圖書館跑，一邊啃麵包，一邊讀書，每天到圖書館關門才回家，慢慢對電子零件有了深刻認識，讓同仁們刮目相看。

「你不懂品管。」也是別人的一句話，讓溫元慶深入到品管領域，先去考品管技師，第一次沒有考過，「退而結網」，讀了十幾本品管方面的書，再去考，順利過關。接下來又考品管工程師，也攻克了，還覺著學得不夠透徹，就向日本品管師求教，繼續學習，幾十年學習不曾間斷過。

海洋廠和黃田時人比較少，臺幹也不多，那個時候臺幹們傳授業務、管理等方面的知識和經驗也較多，企業文化的種子，也是在那個時候澆灌萌芽的。

加班是一種文化？

「超時加班」是有關媒體抓住的富士康的「小辮子」，其實富士康並不忌諱這個問題。在早期招募員工的海報上，在「企業文化」的欄目下，就專門回答了「為什麼臺資企業喜歡加班」這樣的問題。

「一般來講，從成本考量，應該沒有幾家企業願意安排很多加班，除非是訂單很多，因為按國家勞動法規定，加班要付加班費。富士康各生產單位，因訂單多的原因，往往有加班的需求，但同時有調休、輪休、年休制度。就連集團總裁也是每天工作十幾個小時，各事業群的高階主管們也因每年要成長三○%的壓力而不敢有絲毫的懈怠。富士康從上而下倡導的是一種勤勉、不斷奮進的文化。在今日中國，要悠閒就永遠做不了白領和金領。所以在富士康工作，累的感覺是會有的，然而您再仔細想想，市場競爭如此激烈，天底下有多少事不需要付出艱苦的勞動？在您埋怨工作做不完的時候，又有多少人在為找不到工作而苦惱？」

員工對臺幹的評價，雖然有時候認為他們比較霸道，但他們的專業精神、拚搏精神確實是讓人稱道的。為了趕貨，員工加班，臺幹們也不會回去睡覺。黃田大決戰時，總裁郭台銘率領大家親自站到生產線上加工產品。富士康經常加班，是一開始就從臺幹們留下來的傳統。如果不加班，大家心裡會發毛。因為加班就說明訂單多，不加班，業務就清淡。

溫元慶每天晚上都會工作到十點多，即使是沒有什麼具體的事務，他也會找出事來做。加班是一種習慣，一種生活狀態。他說：「不工作就會生病。」郭台銘也說過這樣的話，富士康的很多臺幹都說過這句話。分管人力資源的副總經理何友成說，他每天至少提前半個多小時進廠，先在廠裡巡視一圈，八點鐘上班時間一到，如果不是開會，他保證會坐到辦公室裡。一天忙下來，一般會到晚上十點多才回家。他到大陸十多年，連離深圳很近的桂林都無暇去觀光一次。

二○○一年尾牙大會上，郭台銘抽取價值四○○多萬元人民幣的「董事長特別獎」，獎金得主工程師廖萬誠上臺領獎時，郭台銘堅持讓他的太太一起上臺。廖萬誠此前在大陸工廠一線工作，但體檢時檢出較嚴重的問題，郭台銘就安排他回臺灣的研發中心，一邊工作，一邊調養身體。過了一段時間，廖萬誠寫了辭職信，郭台銘找他問原因，他說自己的崗位在生產一線，不讓他回一線，就是把他「冷凍」起來，他就要辭職。郭台銘又找來他的太太，他的太太也說：「我和他結婚三十年，我知道不讓他到一線工作，他就比生病還痛苦，讓他到一線，雖然加班加點很辛苦，但心情會好，對他的身體反而會好一些。」

富士康的員工都是「工作狂」，征戰在世界各地，讓留在臺灣的家屬要多承擔一份忍耐和包容，忍耐更多的孤獨。這些臺幹可以每三個月回臺灣一次，但大多數人都放棄了，一年難得回臺灣幾次，順便到臺灣也一定是有公務，忙忙碌碌，根本顧不上家裡的事。因此，郭台銘把富士康的這些外派幹部稱做「現代蘇武」。

每一次年終尾牙大會，郭台銘都要把外派幹部的全家請到會場，一再給他們鞠躬，向他們道辛苦。

學習是一種任務

有離開富士康的員工埋怨，在富士康工作太累，不僅要加班，還要沒完沒了地學習、開會。如果你參加了學歷教育，每天晚上都要上課，星期天的大多數時間也都進去了，基本上就沒有其他時間了。沒有參加學歷教育，也會有各種各樣的培訓，如果你沒有學習的熱情，就會感到煩不勝煩。

不過，學習在富士康是一項任務，如果沒有學習熱情，就無法再在富士康待下去。

廿世紀九〇年代初，富士康在深圳海洋廠就成立了培訓中心，每天一下班，很多人就趕往培訓中心上課。授課的都是公司高層管理者和重要幹部，總裁郭台銘也經常親自登臺授課，各個事業處的人員就擠在一起聽課。從那個時候開始，業餘時間培訓充電，就成為富士康員工的一種風氣。直到現在，幾乎每天晚上，龍華園區的各個教室都燈火通明，只要你想學，每天都有課聽。

二十一世紀，一切都不是按部就班或一成不變的。用腳走路的時代一去不復返了，用手做事將一無所獲，我們必須學會用智慧開路，用頭腦應付百事。這也許是一個令人恐慌的世紀，個人的力量微不足道，僅存於胸的常識使你變成文盲，如果一個企業企圖用人海戰術或「新文盲大軍」搏擊商場，結果必令人難堪。

因此，我們正面臨學習的挑戰，包括跨組織學習的挑戰、跨知識與常識的挑戰、跨人才培養與瓶頸的挑戰。要適應未來的發展，擔當更大的責任，都必須奮力學習。

學習是富士康的風尚，但是仍需要改進。儘管有許多組織、團隊學習的形式和名目，但缺乏規劃、目標，甚至缺少方法；更令人擔憂的是，由於為了應付高層視察或為自己部門造勢，導致組織學習的全員熱情下降。組織學習之所以有效，是因為它能產生求知的熱情與衝動，這種熱情與衝動又是持續的。

當將組織學習的目的定為提升全員競爭力時，將發現學習不能只是重複常識，它讓員工所接受的，應該是工作或謀生的技能，是他未知而應知的東西。知識與常識的最大區別在於：知識教會人們怎樣工作，得到尊重、有前途，而只掌握常識的人則是「新文盲」。

富士康要讓學習成為員工最快樂的遊戲，尤其對組織學習而言，學習者所處的環境、身心狀態及學習氣氛，決定學習的成敗。公司的教育培訓單位不能熱衷於總結課程門類和授課時數，最有效的學習不在課堂，因為枯燥的講義和呆板的授課方式，遠比不上現場的傳授以及多媒體的接受溝通。因此，產業技術與產品知識、工作技能與謀生手段、學習規劃與推動考核、規模與程度、師資與教材，以及組織學習的心態、動力、環境與氣氛等等，都是考量後續教育培訓是否務實必需的範圍。

天之驕子，慎莫失焦

近些年，富士康每年都招攬上萬的國內大學畢業生，一些看似可以忽略不計的小問題，讓人力資源在培訓之時，不得不增加一些新內容。

每當新幹班報到時，很多父母都會陪同愛子愛女千里迢迢來到深圳，有的小車護送，有的飛機抵達，有的買大包小包的東西，有的鋪床疊被，有的執手相泣……舐犢之情令人感動。但通信和交通的便利令不少年輕人沒有了昔日「浪跡天涯，四海為家」的豪氣與膽識，也無復「仗劍去國，辭親遠遊」的瀟灑與浪漫。

接下來，這些小插曲就出現了：有人質疑簽約協議是否存在不平等條款，深究培訓課程是否耽誤了休閒時間；有人剛報到就對工作現場和辦公環境提出高要求，更有人要求分配時不下生產線，直接進辦公室做管理或貿易；有人感嘆「想不到外資企業也這麼辛苦」，要求回校改派再分發……

人生教育，也就成了每年新幹班的必需之課。二〇〇〇年，郭台銘就親自給新幹班學員寫信，希望他們快速轉變角色，適應新的工廠環境：「進入公司，一切都重新開始，工作成績的評價標準是不會考慮你的學歷和大學的來頭的。而是你為這個團隊做了多少貢獻，你是否具備你所任職的要求和技能、你的工作態度、你的溝通能力，在公司為你提供薪酬福利、社會保障之時，你給公司做了什麼，這裡再也沒有和從前一樣的父母慈愛、親友熱心和教師關懷。你必須學會調整自己，獨自去面對各種困難。因為你身邊的上司、同僚，他們也一樣面對工作壓力、學習壓力和進步的壓力。他們不可能像父母、教師那樣去全面關心你的生活，關心你的心情感受，人生的酸、甜、苦、辣所有一切都需要自己去體會承擔。當你真正做到這一點之後，你也許就朝成熟的方向邁出了制勝的一步，如此，對職場的感受也就不會那麼陌生或格格不入了。」

富士康教導新進員工，以正確的心態學習工作，融入企業。

一要放下身段：理想遠大，抱負宏偉，但絕不可背起雙手鼻子朝天，還是要去扎實磨鍊。優秀的幹部都是從最基層鍛鍊出來的，只有抱著「向下扎根」的心態去做事，才有「向上結果」的那一天。

二要張開雙臂：做事有順心，也有恒心，不要埋怨別人，首先問自己是否與人很好地溝通了。做人做事都在人生中居於非常重要的地位，而能夠主動張開雙臂與人交流、溝通，並與人合作的人，才是既能做小事，也能謀大事的人。

三要伸長脖子：伸長脖子不是要找別人的毛病，也不是要天天去做「永不可及」的美夢，而是要有一顆上進的心，有一雙向前看的眼睛，放開心胸，看到未來，並為未來積極做準備。

因此，新幹班學員一進入富士康，就是嚴酷的軍訓，軍事化管理，不講情面，讓人難以承受，有的學員上課打瞌睡，會被當堂叫出去罰站。

吃苦是財富之基，實踐是成才之路

在二〇〇三年的新幹班上，郭台銘向新學員講了一個故事。

非洲一個土著國，酋長的四個兒子都想繼位。酋長對四個兒子說：「我有一個心願，想爬上一座火山山頂，一直沒有實現。你們去完成我的心願，回來告訴我看到了什麼，誰告訴我真實的情況，王位就傳給誰。」兩個星期後，大兒子回來了，說自己到了頂峰，看到整個部落都在腳下。又過了兩個星期，二兒子回來了，說在山巔看見群鳥在腳下飛，彩雲在身下飄，世界完全在他掌握之下。又過了兩個星期，三兒子一路爬著回來了，說在山巔看到白茫茫一片雲海，看到了平凡的世界，感覺自己成了唯我獨尊的神。三個兒子全部被酋長淘汰了。又過了兩個星期，小兒子還沒有回來，酋長就派人到山腳下，終於找到了奄奄一息的小兒子。他說，他根本沒想什麼是巔峰，只是不停地向上爬，食物吃完了，獵物打完了，苔蘚啃完了，最後靠喝雪水往上爬。到了山頂，什麼也沒看到，只看到白雪茫茫，長天一色，自己孤獨無助，身心疲憊，幾次想放棄，最後到了和天接近的地方，感覺自己是多麼渺小。

酋長最後把王位傳給了小兒子。因為他不醉心於彩色的世界，不覺得自己很偉大，當他和天如此接近時，他孤獨無助，所以他能勝任酋長這個位置。

郭台銘對面前的「天之驕子」們說：「我們都嚮往『捨我其誰、誰與爭鋒』的境界，可你不努力，不深入基層，就無法談境界。大難不死才有生命滄桑，才得美景，暴風雨之後才有彩虹，你才能領略生命的真諦。」

郭台銘又說：「世界上不能控制的事情太多，親身感覺、實踐才能把握真實的東西。過程愈艱苦，結果就愈甜蜜，實踐需要恒心與恒力。當你準備放棄的時候，就是你最痛苦的時候，同時也是離成功最接近的時候。順境無憂是人的天性，生於憂患是千古名訓。中國人講天降大任苦其心志，西方人說逆境是最好的大學，都是同樣的意思。因此人生的競爭漫無止境，吃苦是財富之基，實踐是成才之路。」

郭台銘要求大學生認真對待基礎工作，新人都要從基層做起，認識基礎的製程，瞭解基層作業，瞭解人和事。「當有一天你完成一個產品或一個製程設計，會發現具備現場經驗的人做出來的結果是完全不一樣的。即使是一個財務人員，對製程的瞭解也會幫助你判別表單的對錯。」

無論從事哪一個領域的工作，都無法回避四個階段：

學徒——有他無我（虛心學習技術與方法）

工匠——有他有我（可以在團隊任務中獨立作業）

師傅——有我無他（傳承技術，推陳出新）

大師——隨心所欲（開創願景的領導者）

這是郭台銘給員工指出的人生和事業之路。

責任與活力

有一件事，郭台銘難以忘懷。

一九八九年十月，舊金山大地震，郭台銘正在美國，地震正值傍晚時分，全城斷電、斷氣、斷水、通訊中斷、機場關閉，許多建築及民生設施損毀嚴重，城市成了一座與世隔絕的黑暗孤寂的「鬼城」。但是離開公司一路開車回家，郭台銘看到美國人是如何在完全沒有交通管制的情況下自覺遵守交通規則的。這就是美國的偉大之處。這種偉大並不在於建了多少條高速公路，修了多少座大橋，而在於它的人民所具備的高尚品德。他們每個人都認為自己在沒有紅綠燈的情況下，更要遵守交通秩序。

飛利浦公司一位副總裁在退休時對郭台銘說：基層幹部主要看他有沒有責任心，責任心就是把事情辦好，做不好就要去找方法；中層幹部則要看他有沒有上進心，有上進心就會去求知，也不需要別人來管理；高層主管則要看他有沒有事業心，有事業心的主管不會把工作當做負擔，他會把這個團隊當做事業來做，你也不用給他更多的資源，他會去尋找方法，他會創新，還能帶動一大批創新的人才，這個單位也會蓬勃發展。

因此，二〇〇〇年，郭台銘在寫給新幹班學員的信中，要求大家樹立責任心。「新幹班的學員大多來自名牌大學，所受的教育更好、更全面。當社會成員向國家納稅，你們分享的比同齡人多得多，你們更應該有社會責任，你為這個社會做了什麼？公司對新幹班學員支付超過同等員工水準的薪酬和福利，你們是否比他們做得多？家庭為你貢獻了一切，甚至父母半生的積蓄，特別是農村出來的孩子，可以肯定家庭為你們奉獻了所有，你又為家庭做了什麼？一個人寒窗十數載，追求知識，所懷抱的濟世救民的理想，難道就會因主管的一次批評，因個人生活上的一點挫折而灰飛煙滅嗎？」

二〇〇四年，郭台銘又對新幹班學員講：「一個社會能否進步繁榮、一個團體能否穩健成長、一個人能否一輩子堂堂正正做人，最重要的是品德。品德來自你的責任，來自你的自律，來自你的磨礪。責任是品德修煉的基礎，沒有責任意識就不會有追求高尚的道德境界；自律是品德修煉的關鍵，沒有自律，無法自我完善，也無法推己及人；磨礪是品德修煉的常態，你總是處於內在和外在的各種誘惑與誤導之中，無法排除環境的干擾就無法維繫既有的道德水準，更談不上提高。你們很快就會被分配到生產一線實習，通過親身的實踐，體會每一塊錢都要用汗水去換的感覺。長這麼大都是伸手向家裡要錢，通過勞動賺錢了，應感覺非常光榮。」

責任是什麼？郭台銘講的是大道理。日本人曾預言中國不可能有高科技。因為中國的獨生子女有一個通病：不重視團隊合作，不知道感恩惜福，不能接受磨礪。中國「和平崛起」的歷史重任、國力勝負的對決，都要由年輕一代來承擔。只有最偉大的團隊，才能完成如此重大的歷史使命，富士康的員工應當承擔這種責任。

在企業當中，員工的勤奮勞動、品德和責任使命的樹立是非常重要的，但是作為一個組織、一個企業，要保持生機和活力，就要解決執行力、組織融合、創新機制等難題。

早在一九九七年，富士康副總裁戴正吳就提出要預防「恐龍病」。大企業常常被形容為恐龍——其強大和兇猛自不待言，但也對外界反應遲鈍，行動笨拙。關於恐龍的滅絕有多種解釋，其中一種解釋是：恐龍之所以滅絕，是因為其神經系統相當簡陋——大腦發出一個行走的指令，需要兩分半鐘才能傳達到牠的足部，而足部的一個感覺反射到大腦也需要同樣的時間。對環境反應遲鈍，是大企業表現為常態的病態。

韋爾奇對大企業病有生動的描述。他說，染上大企業病的企業，就像一個穿上很多層毛衣的人，不但體態臃腫、行為魯鈍，而且感受不到市場的溫度變化。

戴正吳要求幹部要努力學習，「昨日新，日日新，又日新」，整個團隊都用腦子來思考，充分發揮腦力資源，像哺乳動物一樣，快速反應，敏捷，適應環境變化。

隨著富士康的規模愈來愈大，郭台銘多次講，富士康要學習成吉思汗。當年，成吉思汗征戰歐亞，所向披靡，就是憑著蒙古騎兵高度的機動性，部隊雖然龐大，征戰距離也非常遠，但蒙古軍隊能夠長途奔襲，並保持靈活機動的戰略戰術，保持強大的戰鬥力。

蒙古馬個頭並不高大，跑得也不是最快的，但牠們忍耐力特別強，生存能力也特別強，不論走到什麼地方，總能找到吃的東西。蒙古軍隊的士兵打仗時，每人兩匹戰馬，輪流騎用，一匹跑累了就換另一匹騎，甚至吃飯睡覺都在馬背上，因此能夠長途奔襲，在敵人毫無準備的情況下突然殺到面前，出其不意，攻其不備，大獲全勝。

軍事化管理保證執行力

新員工進公司，第一課就是軍訓，列隊出操。

在富士康的員工招募公告上，軍訓也被列為企業文化的內容。「富士康在長期的經營過程中所產生的是一種上行下效的執行力文化，公司強調『沒有管理，只有責任』。公司組織新進員工進行軍訓，主要在於磨鍊意志、鍛鍊身體、嚴明紀律。由於集團不僅有製造部門，還有研發部門，既有生產單位，又有服務、銷售單位，各自的管理風格並不雷同。實際上，正是這種嚴謹中蘊含靈活、自由中不乏紀律的文化，推進了集團十多年的長期高速發展。」

全球最大的USB2.0晶片公司旺玖科技負責人張景棠一直對富士康多年前的一幕印象深刻：「中午休息時間一到，所有燈光都突然熄滅，靜悄悄的，所有人都開始休息，我們只好跑到一個會議室的角落繼續小聲開會。」

張景棠甚至發現，富士康的每張辦公桌上連擺茶杯的位置都一樣。

富士康的軍事化管理，從許多廠房中的標語中都看得出來，包括「矢志歷練，競走潮流跑道；終身學習，超越自我巔峰」、「失敗並不可怕，可怕的是重複同樣的失敗」、「機會只留給有準備的人」、「獨立自主經營，持續穩健成長，利潤分享員工」、「愛心、信心、決心」等等。而廠房設計也是以白色和淺藍色為主，沒有多餘的裝飾和布置，讓整個富士康看起來就像是一個大軍營，而總部就像是作戰司令部。

富士康就是以這種軍事氣氛濃厚的辦事方式，以求更有效率地迎戰變化快速的市場。

「走出實驗室，就沒有高科技，只有執行的紀律。」但是，軍隊不只是紀律，它培育出來的是一種克服困難、達成目標的意志。軍隊執行的是目標任務管理，任務下達，就要實施，戰場上瞬息萬變，指揮員要把握戰場形勢，及時調整部署，採取靈活機動的戰略戰術。

軍隊培養的還有一種「攻克堡壘」的意志，任務一旦下達，就要奮不顧身，全力以赴地去完成。因此，富士康更強調目標任務，而不強調制度，重視的是出貨有沒有準時送到，品質有沒有讓顧客滿意，中間的過程，是次要的。

必須懂得與別人合作與溝通

執行不僅要上下縱向貫通，橫向左右也要融合，克服組織的障礙。二〇〇〇年，郭台銘就為二十一世紀合格的幹部畫了像，列出了多條基本素養：具備專業知識與宏觀常識；處理國際事務能力；要求自我學習與實踐自我負責的心態；必須懂得與別人合作與溝通；擁有開放的心胸與健康的人生觀；具有面對困難、接受挫折、挑戰失敗的勇氣。

郭台銘講，身為領導者，必須要有領導統馭的能力，方能完成策略目標。第一，必須懂得與別人合作與溝通。對部屬的管理，那種強權式的管理已是不可取的管理方式，而合作與溝通，即人性化的管理已為現代企業所樂用。但是人性化的管理，說起來容易做起來難，「面對一群素質參差不齊的員工，我們的幹部往往缺乏足夠的耐心，往往以訓斥、罰款的方式解決問題，而對費力費時的溝通過程不再習慣，更不要說尋求合作的意向了。另一方面，對於領導者之間的合作與溝通技巧，我們更是需要大大地修煉。二十一世紀將是一個集體領導的世紀，沒有強力的集體領導將很難應對複雜的外部世界」。

郭台銘非常欣賞日本本田公司領導人的合作風範。本田的成功歸功於創立者本田宗一郎和其搭檔藤澤武夫的精誠合作。本田有「技術之本田，經濟之藤澤」之說，意指本田負責技術，藤澤負責經營。本田說：「能與藤澤合作是我最幸運的事，本田公司也因此才能發展到今天的規模。」藤澤武夫功成身退後，也發表感慨說：「本田將來能否繼續發展，就看公司是否能造就另一個本田宗一郎和藤澤武夫。」在企業界，這種因合作而成功，因不合作而失敗的例子不勝枚舉。

領導幹部必須擁有開放的心胸與健康的人生觀。企業的領導幹部需要準確理解公司的經營宗旨和公司文化，以促成理念一致、目標一致和步調一致。為什麼那麼多的小公司永遠只能是小公司，甚至不能逃脫倒閉的命運？關鍵點就是他們不具備正確的理念，不能形成有價值的文化精神。那種隨心所欲、毫無章法的所謂「領導」或「管理」，無異於是在為自己設路障。

富士康事業發展太快，大陸和全球的布局步伐也快到令人眼花繚亂。郭台銘要求公司上下都要以最快的速度融合，並適應融合。

對管理人員，郭台銘要求懂得做人，學會做人，也要學會做事，知道如何做事。富士康要求員工做事要有五方面的觀念。

觀念一：做事成功三要素：策略、決心、方法。策略最重要，有了策略之後就要有決心。一個藏族人花兩三年的時間從四川跪到拉薩去拜佛，這就是信仰和決心的力量，一個有決心的人是很「可怕」的。「千萬記住，打敗你的，不是別人而是你自己，如果你做事沒有決心的話，就會一事無成。」最後是方法，方法要從學習和實踐中獲得。

觀念二：失敗者找理由，成功者找方法。學習成功的經驗非常困難，因為每一個人所處的境遇不一樣，每一個人對成功的定義也不一樣。而學習失敗的經驗，效果則立竿見影。

觀念三：經驗的積累為常識，學習的領悟為知識。知識是自己在不斷地學習實踐中領悟出來的。游泳的技巧必須親身體驗才能掌握，小鳥只有靠不斷地試飛才能飛翔藍天。所以學習不能只看別人怎麼做，而要靠自己不斷地實踐摸索。

觀念四：要求別人先要求自己。要求別人容易，要求自己則極為不易。一切的改善要從自我做起。而當你指責別人的時候，同時會有四個指頭是指著你的。因此，要勇於責己。

觀念五：組織的學習比個人學習更困難，一定要先克服橫貫組織中的障礙。組織主要有三種：第一種，行政組織，有事可以向行政組織一級一級地報告；第二種，工作團隊組織，如工作流程：模具設計——製圖——下料——研磨——放電，它不是長方形的，而是直線形的，等到模具設計完成才開始備料已經晚了；第三種，專案任務組織，處理突發事件、改善工作方法、提升工作效率，都要依靠這種組織。如何克服組織學習障礙，提高工作效率，改善組織使團隊進一步融合，是一個巨大的挑戰。

對普通員工，郭台銘也要求他們認同富士康的四項理念：

第一，不怕競爭，視危機為轉機。

第二，不怕沒工作，只怕沒能力；沒有「陸幹」和「臺幹」，只有「能幹」。

第三，不能有派駐幹部的「小圈圈」，也不能有本土幹部的「大圈圈」。

第四，要具備五戒：戒拖拉、戒偷懶、戒空談、戒消極、戒瞎忙。

幹部的十三種行為要不得

有些「惡習」讓郭台銘厭惡至深。這些「惡習」直接影響到公司進步，漸漸會成為幹部的致命弱點，富士康進一步將其稱為「罪狀」，並一一列出，作為幹部的一面正衣冠、正心態的鏡子。

第一，如鸚鵡般沒有創意。鸚鵡可流暢地模仿人語，卻不知其意，即使你說「鸚鵡該死」，牠也會跟著學。幹部中也有鸚鵡般沒有創意的人，只會模仿或依循前例，老模老式，毫無自我想法，不思求解創新，就像一臺影印機，缺乏消化與思考。

第二，如小孩般沒有知識。幹部需要具備本職的基本素養及不斷學習的能力，不可輕易否定自己。學習的目的是提升能力、豐富知識從而更好地工作。學習的過程不止於課堂，從工作中學習瞭解產品知識及日新月異的技術，掌握專業知識尤其重要。「學而後習之」才是根本。主管幹部除了自身學習，還要帶領團隊學習，提高團隊整體素質。如幼兒般不懂學習，沒有知識的人，在企業中將永無立足之地。

第三，如白紙般毫無積累。資本是一個積累的過程，彙集資料就是累積財富。任何事情都有一個過程，掌握過程中的第一手材料方知始末，做出的判斷和決策才不失水準。幹部要具備彙集、分析、應用資料的能力，並要有相當敏銳的思維，不斷思考及判斷自己彙集的資料。否則就如同喪失工具、手無寸鐵的工人，所作所為必將事倍功半。

第四，如荒野中之獨狼，無團隊合作。企業要發展成全面性的技術組織，需有各類技術及各階層人員在共同的目標及工作使命中，產生共同的組織，建立團隊合作的模式。《孫子兵法》曰：「齊勇若一，政之道地；剛柔皆得，地之理地。故善用兵者，攜手若使一人，不得已也。」幹部要能吸納眾人之長，融團隊力量，不能變成孤芳自賞的一匹狼，特立獨行，無視他人意見，勢將成為企業的弊害。

第五，如岩石般紋絲不動。衣來伸手，飯來張口，無異於等待死亡。世界上沒有免費的午餐。「要使世界動，一定要自己先動。」凡事不試就沒有成功的機會，而機會往往垂青於有準備的人。人是動物不是植物，積極主動是成功的原動力。悲觀、消極、惰性的態度，導致思想僵化，也會喪失進步、成長的機會，而機會往往不會有第二次。幹部需保有樂觀、積極的態度，對自己負責的事，做到不輸於任何人。

第六，如孤猿般沒有人脈。要利用合作的機會，與比自己能幹、優秀的人交往，建立人脈，將智者的智慧、知識、經驗變成自己的內涵與能力，而從失敗者那裡亦可學得教訓。善於進行知識交換、經驗分享和感情交流，便是成功之道。

第七，如海盜般橫行無阻。海盜行為就是不做投入與付出，以暴力奪取財物。君子愛財、取之有道。人之本能理當講求負責任、講信用、知恥和勤勞，對企業的忠誠要像愛護家庭一樣。幹部一定要建立守法、守規的心理，不思不當竊取企業的財物與時間，不做有違規矩、有觸刑律的事。

第八，如恐龍般沒有適應力。中古時代，地球上生活的恐龍，無法適應自然的改變，最終絕跡。如今人們在漫長的工作中，總會遭遇困境與挫折，人生無常，起起伏伏，即使受到打擊，身處絕境，也要坦然面對。面對逆境更要能尋求因應之道，危機也許正是轉機，適者生存。世界在變，一代不同一代，我們需要一代更比一代強。

第九，如流水般浪費資源。善用資源是企業長期生存與獲利的基本之道。幹部應以善用資源、創造資源、珍惜資源為己任，養成節儉的好習慣。「一粥一飯當思來之不易，半絲半縷恒念物力維艱」，在使用公司資源時，應像運用自己的私人財產時一樣精打細算。

第十，如貝殼般默默無聞。大凡成功的人都善於溝通，企業不是一個人在做事，而是要靠縱向及橫向的合作。「上下同欲者勝。」所以溝通是企業運作的基石，在溝通中求同存異，百花齊放、尋找共鳴，方能凝聚企業內力，呵成一氣。幹部要能以誠懇、謙虛、互換立場的態度，勇於溝通、善於溝通。如貝殼般不說話，必定孤陋寡聞，團隊也如一盤散沙。

第十一，如斷線的風箏，失去平衡。如果個人的特性及感覺失去平衡，就很難建立自己做事的立場。維持平衡，必須擁有多種觀點，多傾聽別人的意見，從多種角度理性思考問題，整合、取捨多方利弊，以前瞻性、全面性的正確觀念，做正確的事。缺乏寬廣視野的人，常常剛愎自用、獨斷專行，如同斷線的風箏，飛得愈高，跌得愈慘。

第十二，如家禽般不思進取。幹部必須不斷自我磨鍊、主動進取、自求成長。正如逆水行舟，不進則退。競爭帶來危機感，順應潮流者成功，反之則淪為失敗者。幹部應順著自己的志趣能力，規劃自己的願景，不斷提升自己。不能像家禽一樣，給吃就吃，最後成為任人宰割的俎上肉。

第十三，如脫繮之馬毫無管制。脫繮之馬漫無邊際地奔馳，不但自己一事無成，更會破壞團隊的進步。沒有規矩不能成方圓，任何個人與團體皆需用適當的秩序來維持，紀律是美，是整潔而和諧的美，它能使企業在一個有制度、有系統、講求團隊效益的環境中，追求最高目標，實現共贏。有能力的幹部懂得自我約束，即使捨棄個人得失，也會維持團隊利益，決不做害群之馬。

成功是一件很可怕的事情

「好久沒到昆山來了。為什麼不願意過來？不想到工廠看看？因為我每次走進工廠都會看到很多不願意看到的事情。平常的人在工作崗位上，一直覺得自己最好，他看不到自己的缺點。各個事業群彼此之間有沒有在照鏡子？我常講：天底下沒有完美的事情，但總有更好的辦法。各單位生產績效完美了沒有？你們要經常這樣自問，尋找更好的辦法。」二〇〇六年十月三十一日，郭台銘在昆山六〇〇多名師三級以上幹部大會上的這段開場白，可能會讓人吃不消，但這就是郭台銘的風格。

不沉溺於過去的成功，充滿憂患意識，也是富士康的文化。

二〇〇二年，美國安隆事件暴發，同年，美國攻打阿富汗取得成功。郭台銘借機發揮：「科技界有一句名言：成功是一個很差勁的老師。它給你的是無知與膽怯，它不能給你的，是下一次成功所必須具備的經驗與智慧。」

「富士康今天算不算成功？我不是一個容易自滿的人，我不認為今天可以稱得上成功。今天成功能否保證明天成功？絕對不敢保證！」郭台銘話鋒一轉，「安隆王朝曾被吹噓為美式資本主義企業經營成功的樣板，但是王朝的崩潰卻說明：即使被證明為最有效的現代會計制度、獨立審計員、證券和金融市場制度以及禁止內部交易的規定，都存在著許多導致企業經營管理失敗的漏洞！」

「安隆今天失敗的教訓是一本很好的教材。而安隆過去的成功經驗則不足為人效法。缺乏監控與自我調節是安隆成功與失敗的共同因素，真是一個巨大的諷刺。成功的法則與失敗的法則如出一轍，你怎能期望成功成為事業的好導師呢？所以，成功是一件很可怕的事情。我讀歷史時總奇怪康乾盛世之後，中國為什麼厄運那麼多、民心那麼渙散、國勢衰敗得那麼快，教訓就是康乾二帝治國太成功了，導致子孫後代以祖為師，抱殘守缺，不思革新，國家落後是必然的命運。這樣的教訓所及，國家如此、企業如此，個人也是如此。」

郭台銘進一步指出，富士康今天在３Ｃ領域小有所成，許多幹部就自以為是，以為老辦法會管用一輩子；個別事業單位某些產品過去幾年很賺錢，所以就抱著那幾個產品不思創新，成功已綁住了他們的手腳，使人害怕失敗；集團規模如此之大，個別幹部、主管在其中尋找管理漏洞，不是用來改善，而是用來讓自己逍遙於管理之外。

所以，郭台銘要求大家不要把今天的富士康看成是成功的企業。如果能從中找出公司在營運中的缺點、管理上的漏洞，不妨把企業看成是失敗例子。這樣，企業和員工就不會再在自以為成功的陷阱邊高唱頌歌，而要深潛磨礪，奮發圖強，去創造富士康更加卓越的未來。

賞罰分明，懂得獎賞

辛勤工作、負責任、團結融合、執行力，這些是富士康企業文化的主要內涵。還有一條是有貢獻就有所得，這一條富士康表現得也不錯，郭台銘被稱為「最懂得獎賞的CEO」。

二〇〇七年一月二十日，深圳地區的媒體披露了一條新聞：三、二〇〇多名富士康員工排隊申報個稅。這是執行「年收入十二萬元以上個人所得稅自行申報」政策以來，深圳企業中自行申報人數最多的一次。富士康員工的薪酬狀況可見一斑，年薪百萬元，在富士康是幾年前就有的事。

每進入一個行業，富士康就會挖來業內最頂尖的人才，有時甚至是一個團隊，待遇條件自然不低。二〇〇三年，外界盛傳戴爾要進軍印表機行業，富士康和華碩都想搶這個訂單，有些優秀人才就被吸引到富士康，逼得原來的印表機代工廠高階主管跳腳：「沒辦法，他們很大手筆。」

當網際網路熱潮、光通訊正紅時，市場上傳言，郭台銘為了找人，曾經開價年薪一億元，不惜血本地找到最好的人才。當然，想領這個薪水的人，也得付出很高的代價。

敢給，這是郭台銘給業界的印象。

敢給，主要體現在股票上。儘管近年來許多人認為臺灣二十多年來實行的「分紅配股」制度，肥了員工，卻讓股東吃虧，但郭台銘一直稱讚臺灣能讓員工得到股票的制度，認為這一制度比日本公司的要好得多。在二〇〇〇年時，外傳富士康副總級主管拿到五〇〇張股票，價值大約二、五〇〇萬元人民幣。一般來說，一名副理級職員，一年可能就有七十五萬元人民幣以上的股票，不輸給外商經理人。二〇〇四年七月，郭台銘更是將個人價值二十五億元人民幣的股票交付信託，受託者為中信銀行，未來受益人為家屬及不特定的員工。也就是說，郭台銘拿出個人的巨額股票，準備在不稀釋投資人權益的情況下，作為員工分紅之用。

二〇〇五年二月，富士康FIH在香港上市，除了臺幹，很多陸幹也拿到了股票，在FIH成為香港市值前十大公司之後，員工獲得了相當不錯的股票回報。二〇〇六年十月，郭台銘也要求昆山廠高階主管將員工股票分紅作業辦法細節呈報給他，表示與員工分權分利的原則會持續下去。郭台銘說：「我非常願意拿出一定比例的利潤與大家分紅，另外，我也要求NWING去嘗試各種利潤分配辦法，用各種包產到戶的辦法也好，用利潤中心也好，利用績效獎金的分配也好，總之把所賺的錢拿出一部分與員工分享。」

不過，獲得股票的機會卻不是平均主義的，也不是看資歷的，而是看業績。比如，富士康每年尾牙大會抽獎，千萬元人民幣股票大獎有好幾個，幾百萬元的更不在少數，十萬元的連上臺領獎的機會都沒有，像領一般的獎品一樣會後領取。但是，得獎的機會是按照業績的優劣來制定的。

二〇〇二年的尾牙聯歡大會上，共有五個抽獎箱，分別標示著AX、A、B、C及D，它們代表的意思，就是員工過去一整年績效表現的五個等級。因此第一特獎的二〇〇張鴻海股票，並非鴻海員工人人有機會得到，而是由郭台銘親手從表現績效最佳的AX箱中抽出。這樣的安排員工都心裡有數，每個鴻海員工的核心價值，以及當年度的貢獻率，都可以從這五個箱子中反映出來。

富士康的股票發放制度中，任何股票的發放都在第三年才開始兌現，在第四、第五年發放完。因此想要兌現，都得撐個三、五年，否則這些股票紅利都只是一場空。據內部人員透露，合計身價超過百億元的總經理游象富，及財務長黃秋蓮夫婦，是在鴻海內部財富僅次於郭台銘、林淑如夫妻檔的員工，每年鴻海大股東轉讓持股報稅名單上，都可以看到游象富及黃秋蓮的名字。據說，原本他們兩人有意退休，但因受限於郭台銘這套股票紅利發放制度，就得不斷地為新的五年循環待下去。

所以，所有決定離開富士康的高階主管，都得有準備跟數百萬元或數億元的「金手銬」說「拜拜」的勇氣。

富士康的各種象徵

郭台銘曾經以多種象徵來表現富士康的文化，最典型的有以下幾種：

狐：富士康英文為FOXCONN，「FOX」即狐狸的意思。狐狸是智慧的象徵，牠聰明而行動敏捷，善於謀略，更懂得借力使力。

虎：郭台銘屬虎，他在臺灣土城的工廠取名為虎躍廠，富士康的英文說明書上，曾經畫著一隻西伯利亞虎。虎，生氣勃勃、威風凜凜、林中之王、勇猛、矯健、勇往直前。

水牛：沒有狐狸的聰明，沒有老虎的威風，但牠勤懇負重，任勞任怨地埋頭農耕，春種秋收，象徵富士康在製造和科技方面的埋頭苦幹、辛勤耕耘。

孤雁：凜凜寒風中，孤雁迎風飛來，身影孤獨，但仍向著既定的目標，徑直飛去，而其他鳥兒早已落後悲鳴，敗下陣來。牠成為經濟蕭條不景氣環境中的富士康的象徵，獨自逆勢飛揚，在逆境中快速成長。

大白鯨：性情溫和、體積碩大，但能深潛海底，並且游得又快又遠。比喻富士康規模大，但競爭力不弱。

蟑螂：郭台銘多次自喻為「打不死的蟑螂」，用以說明相對於國有企業，民營企業的頑強生命力。

地瓜：郭台銘把一些政府扶持的臺灣大廠稱做蘋果，漂亮好看，而把富士康比做地瓜，外表十分不好看，沒有人關注，更沒有人看好，沒有人施肥澆水，在荒野中獨自生長。然而，地瓜有極強的生命力，雖不漂亮、沒人照看，卻長得夠大。郭台銘以「地瓜」來說明臺灣民營小企業成長的惡劣環境。

神木：「阿里山上的神木之所以大，四、〇〇〇年前種子掉到土裡時就決定了，絕不是四、〇〇〇年後才知道的。」郭台銘以神木比喻富士康成長壯大的歷史機遇和運氣，也表達了自己做企業的天分與豪情。

葡萄藤：也是用來比喻民營企業的生命力所在的。用來釀最好的葡萄酒的葡萄藤，生長的地方都是最貧瘠的。因為葡萄藤長在貧瘠的砂土中，為了尋找水源，它的根就會一直生長，生命力就很旺盛，它可以伸長到地下十二米；其次，因為陽光不是很充足，所以它會儘量把它的枝丫伸直，葉子展開，好讓每片葉子都接受陽光。

第十九章　管理：細節、拆解、簡化、貫徹

如果，文化是把企業上上下下凝聚起來，向著一個目標奮進，讓企業的資源聚變擴張，使競爭力倍增；那麼，管理就是把整個企業的流程拆解開來，找出關鍵點，進行簡化，制定規範和標準，貫徹執行，以最少的資源實現更大的效益。

四大管理系統

為什麼富士康從一九九六年開始起飛？高階主管評價：一九九五年起建立的品管、生管、工管、經管四大管理系統，支撐起富士康的快速跳躍。

四大管理系統發布在富士康的企業刊物《鴻橋》上。在其創刊號上就發布了品管系統管制的文章，接下來生管、經管、工管逐一發布，發布者都是公司高階主管，生管系統由郭台銘親自撰文發布。

據介紹，四大管理系統都是由郭台銘主持起草制定的，是郭台銘多年管理智慧的結晶。早年，郭台銘學習借鑑日本公司的管理經驗，在四大管理系統的基礎上融進了自己的心得，已經有了新的突破，源於日本企業的管理、高於日本企業的管理。四大管理系統的建立，表明富士康管

理體系的建立和成熟。

如果分析富士康的四大管理系統，工、品、生、經四大系統各成體系，又互相融合。工管的範圍是設計開發和製造，是工廠內的管理，品管也在這個範圍之內。一個公司成功要辦兩件事，新產品開發與產銷平衡，設計、開模、量產、品質穩定、產銷平衡。工管、品質是一體兩面，互為表裡，工管是根基與結構，品管是精神與靈魂。

在製造過程中，工管是設計開發、生管是供應鏈管理，也就是原材料和庫存的管理，生管也是獨立於工管之外的一個體系，而生管又離不開經管，經管是人事、財務等周邊體系的管理。生管與經管的關係是經管搭生管的便車，生管是主軸與根本，經管是潤滑與激勵。

一九九六年，富士康在海洋廠成立了華南幹部培訓中心，當時各個事業處的幹部都是以廠為家，大部分人員每天一下班就到培訓中心上課。授課的都是集團的高層管理者和重要幹部，聽課的則不分事業單位，也不分派駐不派駐、臺幹和還是陸幹，教學相長，有教無類。總裁郭台銘不但經常到教室視察，還經常上臺授課，四大管理系統就是授課的主要內容。通過一段時間的培訓，四大管理系統和理念，很快貫徹執行下去了。

據說，富士康創立四大管理系統後，許多企業都試圖進行破解，但成功者不多。因為四大管理系統是富士康的高級機密，每一個系統都有一套完整的方案，是別人無法獲得的。《鴻橋》所披露的只是一個思路，並沒有透露細節。更何況，管理不在方案，而在執行，富士康的執行力是別人難以模仿的。

魔鬼都藏在細節裡

在富士康，主管們戲稱向郭台銘報告工作為「面聖」、「上朝」。每一次報告，主管們都要實話實說，因為你根本騙不了郭台銘，也沒有辦法打馬虎眼兒，因為郭台銘瞭解每一個作業流程的具體細節。

「郭台銘語錄」第九十一則，「對事情的觀察：望遠鏡、放大鏡、顯微鏡」，通過這些「工具」總能看到事物的本質。比如，在品管中，郭台銘就把品管分做人、事、物、群四個方面：

人的品質是品質的根本。沒有經過訓練的、不具備做事能力的人是很難把工作做好的。一個缺乏正確觀念、沒有團隊意識的人，是培養不出責任心來的。

事的品質不只針對產品，而應包含所有工作、所有業務、所有部門的完整過程。品質看資訊，過程是關鍵。除人之外，所有步驟、流程都要品質管制。

物的品質，能夠把產品的品質做到「穩定為好」，才能在現代的競爭環境中生存，顧客才能把訂單交給你。

群的品質，小到一條生產線、一個部門，大到一個公司、一個國家，都應重視品質。

因此，郭台銘認為：品質是檢查出來的、品質是製造出來的、品質是設計出來的、品質是管制出來的、品質是習慣出來的。

由於對細節的深入觀察，郭台銘總能找到管理過程中的關鍵點。例如生管系統，郭台銘就指出了六個關鍵點：

一．時間滯延是產銷不平衡的元兇。

二．現在與公司來往的重要策略客戶都有MRP、PROCRAMV，要與之聯結。

三．FORECAST的準確度很重要，一不小心打噴嚏，所有的事業單位都可能重感冒。

四．每日盤點不僅僅是一個觀念。

五．有很好的生管系統，仍然要靠大家確實執行。

六．改革確實不容易，改革必須達成共識。

城邦集團商業周刊創辦人何飛鵬評價郭台銘：「不論是企業經營四大管制：工管、品管、生管、經營還是生意形態、ＰＣ產業技術問題和ＨＲ人力資源管理，他都有獨到的觀察和洞見，我們不能想像他作為如此規模龐大的企業的領導人，竟然能如此清楚每一個作業流程的細節，唯一的解釋就是富士康成長太快，他親力親為每項細節的經驗猶新。一旦老闆知道每一個細節，組織裡就不存在任何模糊的空間，工作者更沒有瞎混的空間。這就是富士康讓外界感覺一切上緊發條的原因。」

郭台銘自己說：「魔鬼都藏在細節裡。」因此，作為領導者必須「胸懷千萬裡，心思細如絲」。

拆解、簡化、集成

富士康管理的基本方法就是找出細節，即關鍵點，進行拆解、簡化、集成。

郭台銘是拆解、簡化的高手，被稱為「郭三點」。因為很多複雜的問題，都能被他用三點進行分析、歸納和總結，並且擊中要害。郭台銘說：「我是『郭三點』，任何事情有三個理由我才做。反對，要有三個理由；贊成，也要有三個理由。例如當初我做面板就有三個理由：第一，我在大陸有很大的投資，我在臺灣也必須要投資，我對臺灣要有所承諾；第二，我們做桌上電腦，怎麼可以沒有監視器？還有我們做手機，能不要顯示螢幕嗎？第三個理由的話，將來鴻海一定要走上光機電整合，沒有光的這一塊行嗎？我是從結構看問題的人，看的東西和別人絕對不一樣，所以我是郭三點。」

在郭台銘看來，每一件事、每一個流程都可以拆解。例如：

解決問題有九大步驟：發現問題、選定題目、追查原因、分析資料、提出辦法、選擇對象、草擬行動、成果比較、標準化。

高階主管最重要的七件事：選客戶、選產品、選技術、選人才、選夥伴、選股東。

主管人員十二項職責：（一）為部屬制訂工作目標；（二）負責訓練部屬；（三）掌握工作的進行；（四）設法激勵部屬；（五）鼓勵工作創新；（六）執行團體紀律；（七）獎勵與懲罰

分明；（八）發揮員工的工作能力；（九）自我工作檢討；（十）公務與私務分明；（十一）建立工作的信心；（十二）加強溝通、建立共識。

主管每天要做的四件事：一是定策略，二是建組織，三是布人力，四是置系統。

生管系統七層次：（一）遠遠遠生管；（二）遠遠生管；（三）遠生管；（四）中生管；（五）近生管；（六）細生管；（七）微生管。

生管十大主系統：（一）報價與成交價格管理作業系統；（二）訂購通知與交期回饋作業系統；（三）產能規劃作業系統；（四）產量計劃作業系統；（五）長交期原物料作業系統；（六）交貨管制作業系統；（七）裝配生產作業系統；（八）零件生產作業系統；（九）一般交期原物料作業系統；（十）倉儲管制作業系統。

拆解後是簡化，簡化對象：客戶、料號、流程、管理策略、組織架構；簡化方法：簡單化、合理化、標準化、系統化、資訊化。

郭台銘還以桌子的顏色為喻，說明只有拆解才能知道桌子裡面的顏色。「桌子的表面是我們看到的顏色，但要真正知道裡面的顏色，就要把桌子拆解了才知道。」

細節、拆解、簡化，最後集成建構標準化的制度。**比如品管七大手法口訣：**一、魚骨追原因；二、查檢集數據；三、柏拉抓重點；四、散布看相關；五、直方顯分布；六、管制找異常；七、層別做解析。

望遠鏡、放大鏡、顯微鏡

怎樣追根究底地問細節？新生管系統JIT專案就是生動一例。所謂JIT專案，即供應商在約定地點備庫存，發出二十四小時之內交貨通知到富士康各生產單位事業處，收貨後物權發生轉移，整個過程用系統監控。

望遠鏡：策略九大原則

所謂望遠鏡，就是洞察到系統運行當中必須把握的一些重大策略原則，ＩＴ專案共九大原則：

同步資訊——Forecast訂單，將客戶的訂單及時轉化為供應商的Forecast，實現資訊同步、資訊共享。

變動管理——由FOXCONN制定規範，由供應商執行。

沒有庫存——Just in time，就是供應商送料上線，使用後付款。

減少包裝——包裝材料重複使用。

工程品質——問題提早發現，運作JIT要求供應商的物料免檢，或者在物料送到各生產單位之前已由IQC檢驗完畢。

重點管理——二八原則：集團八〇％的採購金額由二〇％的供應商承擔，重點推動這二〇％的供應商運行JIT。

外加成本——當心羊毛出在羊身上，要求供應商不能因配合運作JIT而提高物料單價或增加其他費用。

責任單位——生管執行，經管監督，生管推動供應商運作，經管監督運作效果。

責任轉嫁——供應商責任與客戶責任銜接。

放大鏡：組織構架

所謂放大鏡，就是把組織架構及其職能梳理清楚。

財管體系：主要負責物料盤點、呆料及老化分析處理規劃、應付帳款分析。

經管體系：負責快速通關規劃，KPI獎懲制度。

生管體系：各事業群負責推動實施、補貨管制、物料免檢、物流作業、收貨作業、結報作業。

採購體系：成效條件規劃、合約修訂、供應商業務規劃。

IT體系：軟體開發及規劃，創新生管系統與ERP與財會系統整合，系統擷取、匯總、交換倉儲資料。

集團成立JIT專案管理中心，下設三個部門：推動規劃課，主要負責專案推動的教育培訓和推動跟進；運作監管課，負責資訊監控、異常處理、供應商約定地點庫存核查、KPI資訊分析；系統資訊課，負責系統開發。

顯微鏡：明晰系統流程

所謂顯微鏡，即非常清晰地展現描繪出系統的流程圖。

一、**訂單：**生產單位訂單訊息轉至JIT系統，通過Web方式將訂單資訊傳遞給客戶或第三約定地點。

二、Replenishmem（based On min／max）：客戶根據訂單訊息及庫存Min／Max狀況，進行補貨作業。

三、**庫存查詢：**JIT系統傳遞庫存訊息至生產單位系統。

四、**交貨記錄：**生產單位通過Web方式發出交貨訊息至JIT系統，將交貨訊息傳給客戶或第三約定地點。

五、**發貨公告：**客戶或第三約定地點通過Web方式，將發貨訊息維護至JIT系統，JIT系統傳遞發貨訊息至生產單位系統。

六、**交通運輸：**第三約定地點直接出貨給FOXCONN生產單位。

七、收貨情況：生產單位系統收貨訊息拋轉至JIT系統，通過Web方式，將收貨訊息傳給客戶或第三約定地點。

八、SelfBilling：通知廠商根據收貨情況開立發票。

九、開發票：根據FOXCONN傳遞收貨情況產生發票訊息資料，由客戶維護發票號碼及上傳發票至JIT系統。

電腦管理

拆解、簡化，是為了標準化，標準化是為了做成軟體、實施電腦管制。比如，二〇〇〇年，鴻準公司開發了新生產管制系統。為此，鴻準公司專門招募有經驗的軟體工程師，負責編寫新生管系統流程框架。

在新生管系統實施後，任何一個客戶，只要坐在自己的辦公桌前，打開電腦，通過帳號登入鴻準公司的生管系統，就可以直接查到他所要的工件目前正在哪部機器上加工，由哪位加工者製作，已經開始多久，還剩下多少工作量。

新生管系統最大的優越性在於：把使用者當做客戶看待，利用先進的電腦資訊科技，達成顧客所需，讓使用者從浩瀚的表單數據中解脫出來，多做一些提高效率、降低成本、技術傳承的工作。新系統把寫明細、報價、開領料尺寸、傳達工作指示等多項工作內容整合一次完成，出貨對帳也由系統嚴格把關，減少疏漏。測試過程中，在網速正常的情況下，熟練的業務人員平均一分三十秒輸完一張一般圖紙的所有資料，涵蓋模件號、製程、預估工時、交期、備料尺寸、材質類型、硬度要求、詳細報價過程、計算材料重量與費用、成本費用、製造費用等內容。假設依平均速度兩分鐘計算，一個熟練業務人員每天八小時正常工作，則可以輸完二四〇張圖紙的全部訂單相關資訊，如果只依每天二〇〇張訂單計算，一個月二十四個工作日則可以處理四、八〇〇張訂單，後續的其他報表資料，只需輕點滑鼠，幾秒鐘之內就會立即呈現在你眼前，包括品管的品質月報分析。電腦的統計速度是以秒為單位計算的，而過去用人工統計卻是以小時為單位的。比如進度追蹤，過去生管要想掌握一套幾十張圖的訂單進度，花幾個小時還不一定能準確，現在只需幾秒鐘就可以知道，並且你可以知道是誰在哪臺機器上做了多長時間，剩餘多少工作量，且有多達二十種查詢範圍可供選擇，回覆客戶進度變得輕鬆自如。

而實現以上改善，現場人員需要的條件非常簡單。任何一個加工者開始或做完任何一個製造聯絡單時都必須告訴電腦，而告訴電腦四個數據的時間只需十秒鐘。這十秒鐘根本不會影響到現場人員的工作時間。上下工段之間出貨與接收也必須通過電腦，而每次工件的出貨與接收同樣也只需要十秒鐘。

就是這兩個短短的十秒鐘，卻得到了大量真實有用的數據。很多過去用人工記錄、統計、計算的表單從此消失，印刷廠也將減少大量的印刷訂單，降低可觀成本。對於現場人員來講，過去統計每月個人績效數據需幾天時間，現在，現場人員只要在平時花十秒鐘刷卡開工與完工，那麼隨時可以只用幾秒鐘就統計出各課所有人員的績效數據。這張個人績效報表上每個人的數據多達四十三項之多。

富士康的品、工、生、經四大管理體系都實現了電腦化、網路化，不但內部相連，而且與全球客戶和供應商相結合。

管理在現場

電腦管理，細節、拆解、簡化，管理的源泉在現場，管理的基礎在現場。

郭台銘非常欣賞日本企業的現場管理，二〇〇五年就挖來在豐田公司有十三年製造管理與國際化經驗的戴豐樹，進一步提升富士康的現場管理。

戴豐樹認為，管理本身就是一種投資，也是一個成本，有付出才會有收穫。生產的現場管理，就是在合理地將生產現場的人、設備和物料等資源轉化成產品的過程中所需的一個手段，它必須是以最小的投入而得到最大的產出。身為管理者的責任就是要達成Q（品質）、C（成本）、D（交貨）、S（安全）的目標值。管理並不是單純的說理，上司為了執行管理而列出了部屬或部門的管理項目，並且在過程中要求驗證，督促達成目標值，它必須要提供妥當的建議，還必須調整整體的工作，並溝通、協助解決工作上所面臨的困境，從而順暢地推動管理循環。在推動管理的過程中，為不浪費資源，一定要想法建立比較完整的作業標準與系統，從而督促所有的部門與員工確實執行。為了避免浪費，管理本身的重點不是事後補救，而是著重於事前防患於未然。

戴豐樹列出的生產現場管理四大任務分別是：

一、**品質保證**。「第一次就做好」是現場管理必須建立的觀念。「如何做好」是必須時時與周邊支援部隊協商，尋求最佳答案。

二、**確保交期**。每日生產安排是現場管理者之必要任務，如期交貨才能確保生產持續進行。將主動權掌握在自己手裡，現場主管應每日不斷監督生產進度。

三、**是降低成本**。降低成本是現場管理之最終目標。降低各種生產費用、減少無用工時損失。

四、**維護安全**。沒有安全，企業本身就已不成立。「安全」往往是企業領導人經常耳提面命、全力達成的重要任務。

現場管理者必備的三項能力是：

一、發現問題的能力。現場管理通常要以「5W2H」方法逐一分析現場狀況，以發現問題所在。除了一般性生產問題外，現場主管應時常檢討本單位的生產負荷能力。

二、解決問題的能力。生產現場的內外環境只有排除各種不利因素，才能處於良性運作中。只發現而不解決問題，就會積少成多，使管理工作陷入困境。

三、與隊友共同規劃的能力。一個現場管理者如果能充分開發、彙集，並合理利用團隊的智慧以解決生產現場的各類疑難問題，現場管理作業就會順暢自如。這是「領導」與「管理」的區別。

現場管理五重點：

一、**現場五S**。人是萬物之首，管理好人，現場管理已完五〇%以上的工作。五S「始於修養，終於修養」。五S的目的是讓生產現場中每一位員工認真對待每一件事、每一個動作。這是品質、交貨、成本、安全得以徹底執行的基石。

二、**生產管理看板**。生產管理看板是生產綜合資訊的載體，是線長以上主管與作業員溝通的最好工具。看板填寫應及時準確。現場管理看板可包含以下內容：日期、品名、料號、現場責任主管、自主檢查、品質管制、生產進度、綜合績效、政令宣導等。

三、**作業改善**。作業改善不是以降低工時為原則，而是設法消除浪費——這是豐田標準作業的原點。作業現場的浪費現象有：生產過多、庫存浪費、動作浪費、加工浪費、不良浪費、等待浪費、搬運浪費等。

四、**作業改善五個要素：目的、目標明確化、進行方法、作業改善之要站、結果。**

五、**標準化作業**。作業方式經過改善應實行標準化。標準作業即在清除所有的浪費之後，在需要的時候依生產所需將人、機械、物做一個最有效的配合。標準作業也是豐田生產方式的原點。它的觀念在於從一天生產線能產出多少，改變你做一個產品需要花費時間的多少。它的目的就是即時生產JIT，然後借著改善做一個產品所需的時間，以排除一切的浪費從而降低人力。

用IE來管理企業

富士康在高階員工的培訓中，十分強調和突出ＩＥ教育，並且與清華大學合作成立了ＩＥ學院，開辦ＩＥ本科班和碩士班，培養各種各樣的工業工程人才，並讓學員在集團ＩＥ的實驗基地，邊學習、邊實踐、邊應用、邊改進。

如果以往富士康採用的是細節分解、簡化、標準的管理方法，現在富士康已經進入了系統科學均衡的更高級管理階段。

郭台銘認為，ＩＥ的核心是用有限的資源去做更多的事。對於富士康集團，ＩＥ將發揮其三大功能性開創作用：第一是績效管理；第二是價值工程；第三是經營管理。

今天和將來，任何東西都沒有暴利。我們已進入微利時代，隨著資訊技術的發展，任何技術都會很快被人模仿。除非你有高難度的技術壁壘，否則就無法保持暴利。進一步而言，將來即使你有專利保護，也必須在製造與服務的效率上戰勝競爭對手，因為技術的升級換代是以十倍速在發展的。競爭的本質無非在於設計、創新、製造和服務的效率。

郭台銘的兒子要去美國念書，問父親該念那個科系，郭台銘告訴他去學ＩＥ。

郭台銘說：「在我心目中，模具是工業之母，ＩＥ就是工業之父。母親給你成長的基礎，父親給你茁壯的空間。所以我要求，集團推動ＩＥ必須達成三大功能和效用。第一是績效管理。第二個功能叫價值工程，怎樣做才能讓它更有價值，做這件事有沒有更好的方法，能不能花更少的時間？我常講第一是抄、第二是研究、第三是創新、第四是發明。ＩＥ將來要和經管的職系合併，所有經管的人如果只會以會計角度看問題，而沒有ＩＥ背景，那就不夠資格。經管系統的人將來要「升官」，沒有ＩＥ背景就過不了我這一關。ＩＥ的第三個功能是經營管理，包括資源的分配評估和資源的有效運用。將來的資源是什麼？時間、人才、技術。ＩＥ的作用就是用有限的資源去做更多的事。就時間而言，高階的、關鍵性人力的時間就是資源；就人才而言，關鍵性的人才是資源；就技術而言，基礎的技術和創新的技術，這都是資源。時間、人才和技術構成了我們競爭力的資本和源泉，它們共同打造出富士康所賣的五項競爭力產品，那就是速度、品質、工程服務、彈性、成本。這五項競爭力產品，無不與ＩＥ工業工程的作用息息相關。

因此，郭台銘要求人人參與、事事ＩＥ。

那麼如何將ＩＥ運用到管理中？

郭台銘進一步分析：經營就是對經營績效的管理，等於是ＩＥ的分析方法。工業工程就是價值評估工程。這件事情我該不該做？我該怎麼來抉擇？都要分析。時間是我們最寶貴的資源，做任何事情之前，該做的、不該做的，先做的、後做的，主力去做的、協力去做的，首先要判斷並選擇一個優先順序。當然，時間有限，資源也同樣有限，所以還要確定資源分配的權重與比例，確保特事特辦、專案專辦。再者，必須對投入和產出的效率進行預計和評估。這樣一來，事情值不值得做就不會犯迷糊了。

工業工程也就是成本分析工程。一定要設定目標管理，把目標量化、圖形化、數字化，以此來做成本分析。分析還要有科學的手法，運用各種模型、資料庫，甚至現場實測。成本分析也是提案改善的利器，ＩＥ技委會的多個改善案例都涉及到成本分析，從投入到產出的評估。在把「不合理」進行「合理化」改善時，一定要划算，要得到有形的經濟效益和環境效益，以及無形的文化效益和社會效益。

也許ＩＥ分析手法不能為你提供最完美的辦法，但它總有更好的辦法。經營效率管理所涉及的一切，從研究、設計、開發，到製模、產品製程、供應鏈管理，甚至包括衣食住行在內的員工關係管理、社區關係管理，以及對外的媒體關係管理，都是ＩＥ可以發揮的空間。

郭台銘對ＩＥ工程非常著迷，提出把富士康辦成培養工業工程人才的企業學校。在這裡，你可以邊學邊做，把理論用於實踐，用實踐經驗來驗證，你將經歷失敗的錘鍊，你會得到成功的激勵，你的造詣將會超越同行。富士康的六大科技園區，都是你邊學邊做的舞臺。

郭台銘還要求與富士康合作的清華大學陳振國博士：「從美國再請幾個洋教授、請幾個洋和尚來，雖然他們不一定會念經。嘗試開國際班，讓他們用英語教學，讓我們的ＩＥ人才不但是國內的高手，而且成為國際同業的佼佼者。」

沒有管理，只有執行

一天早晨，郭台銘邀集六、七個主管開會，認為有些問題必須馬上解決，立即另找來四、五位相關主管來開會。討論之後，問題更多，於是再找更多的人加入會議，一直開到半夜。結果，前後共有二、三十人參加會議，會議開了十八個小時。

有人評價，追根究底是郭台銘成功的關鍵。這方面，臺灣的王永慶和郭台銘做得最好。郭台銘稱之為「執行力」。

郭台銘也說：「要談執行力，王永慶就是最好的代表。執行力中重要的元素就是毅力，這點我絕對比不上王永慶先生。你看，一個人每天跑五、〇〇〇公尺，持續五十年，這點我就做不到。我想我跑兩個星期可能就放棄了。光生活習慣他就讓我十分佩服。他的企業屹立不搖，靠的就是執行力。

「我佩服的另一點是他非常注重流程，他花很多時間在設計表單與流程上。王永慶有一句名言：任何一個好的科長，經手的表單不論是請假或付款單，一定要做到六成的退回率。因為很多人填表都不實在。在企業裡，任何一個表單如果都能填寫得明確、詳細、把關嚴格，執行力做得好，競爭力馬上提升。」

郭台銘還舉出更多執行力的例子。美國UPS的快遞人員，每天走幾步路，彎幾次腰，在出門前都規定得清清楚楚。麥當勞，每天開店要花十五分鐘，從第一分鐘到第十五分鐘的流程規定，巨細無遺。

郭台銘是一個「橫挑鼻子豎挑眼」的高手。新客戶、新產品的營收成長是多少？從競爭對手那裡爭奪客戶和訂單的能力有多強？你的資訊處理、領導統馭和組織學習的能力如何？你在大量生產爬坡、小量多樣變化、產能規劃與利用方面的管制能力怎麼樣？你的品質流程控制、品質不良分析，以及提供給客戶的產品競爭力如何？你如何精確保證對人均營收成長率、報酬率、資產及資本報酬率、成本改善狀況進行統計分析與經營管制？產品設計、工程資訊、技術提升的工程能力怎樣？郭台銘總能給你挑出幾個毛病來。

郭台銘強調執行力說：「我的字典裡沒有管理，只有執行。」

執行必須是制定管理規範的著眼點。執行力是落實系統化流程的思考與行為模式，重點在「做」和「貫徹」，也就是身體力行、實事求是和勇擔責任。執行的結果必須體現效率高、行動準、品位精的訴求。有沒有執行力，是在考驗你是不是行動者、實踐者，更考驗你是不是真正的戰略家。

執行力絕不是神祕的東西，它就是「坐而思，不如起而行」、「與其臨淵羨魚，不如退而結網」。要求的是一定要行動、行動、行動。執行力，就是把事情做好的方法，要用頭腦去做事；執行力，不要你去好高騖遠，只要你從戰略出發，實實在在從簡單入手，克難而行；執行力，意味著做事要負責任，不要優柔寡斷，不要拖泥帶水，不要敷衍搪塞。

實驗室也要講紀律

執行，貫徹，就要紀律嚴明。

「走出實驗室，就沒有高科技，只有紀律。」這是郭台銘強調執行和紀律的名言。實際上，富士康的紀律嚴明不僅體現在實驗室之外，對實驗室裡的科研人員照樣紀律嚴明。「所有工作都要有三個壓力：時間、品質和成本。有壓力，才稱得上是工作，不然就是玩耍。」郭台銘認為，這三個壓力，科研人員也要有。

既然工作難逃壓力，就要有一套方法來管理流程，這就是紀律。製造業要紀律，研發更要紀律。研發要有責任，你答應的事就要做出來，這種責任心就是研發最重要的紀律。

富士康的研發文化，就是紀律加上研發。不少人都說富士康只有製造沒有研發，其實他們一直都在做研發。要不是研發人員，富士康的專利數能在臺灣和大陸都名列前茅？富士康強調的是，不是只有具備科學園區才是研發的模式。

有人說富士康留不住研發人才，研發融不進富士康文化。郭台銘針鋒相對：「我認為他們不懂高科技。」

郭台銘說：「研發不僅需要紀律，而且比任何部門都更應該重視紀律。研發的每個步驟、研究的每個報告分析、研究過程找到的任何缺失、實驗的驗證都應有紀律。有人說研發人員不能罵、不能催，我絕不同意。很多謠傳說我常罵人，其實我很少罵人，我只是告訴員工哪裡做錯了，若一再犯錯才會處分。我承認我是走強勢領導風格的，但這是領導風格，不是罵人。

「高科技更需要重視紀律。一個人搞研究，當然能隨心所欲，但一群人的團隊做研究，沒有工作方法，沒有紀律做得下去嗎？我們要的是能團隊合作的人才，不要天才，因為天才型的研發人員到哪家公司都會令人頭痛，天才就該讓他留在天上。」

「教不嚴，師之惰」

外界傳聞郭台銘經常罵人，作風粗暴，富士康管理恐怖。

郭台銘辯解：「這很多都是傳媒誇張。我認為富士康的管理嚴而不苛。我處分的步驟是：錯第一次，口頭提醒，因為不教而誅是不對的；第二次，會鄭重告訴他犯錯了；第三次再犯，就一定處分。如果我第三次還不處分，往後我的話就會成為耳旁風。」

郭台銘首先是個勇於承擔責任的人，「教不嚴，師之惰」。如果連續發生品質問題，事業處的主管要罰站，並且是在同仁、部屬面前罰站。要面子，就不能讓品質走樣。公司處分從上而下，今天如果教師出了問題，一定罰校長，不會罰教師。員工會想，今天如果我做不好，上面的人就要幫我揹責任，所以我要想辦法做好。如果不會做，上面的人就會跟我一起做。

非常重要的一點是，作為領導、主管、負責經營的人，都要以身作則，真的錯了，你必須最先負責任。經營公司最重要的是上行下效，上面重視什麼，下面就執行什麼，品質出了問題，主管就要罰站。

富士康的執行力做法很清楚：第一，分層負責；第二，由上面帶領下屬執行；第三，數字管理。富士康要求，任何過程一出問題，主管必須先到現場處理。

富士康經營部分成四類：經營層、規劃管制層、執行層和作業層。

經營層負責經營事業。非常清楚，營業部要有數字，完全是數字管理。公司把每一年成長的機會都轉化成數字，讓每個經營者瞭解自己必須要達到的經營指標。

規劃管制和執行兩個層級的人員，也都把任務分配下去。

揹負責任的經營層要以身作則，負責帶領規劃管制和執行層去執行任務目標。任何執行層的人有困難，做不到，經營層和規劃管制層的人都會跟他們一起做。公司要求親自參與的每一個高階主管，都必須跟執行層共同作業。比如，開發產品與生產，都由各專案小組組織會議推動，每個專案組都由高階主管來帶領。富士康的文化是，責任應該由上位者來扛。

如果客戶對品質出現抱怨，由上到下負責，而不是由下而上。過去是出了品質問題，先通知郭台銘，現在是先通知上層主管，然後從上到下負責，並查下去。

出入廠區窺管理

工廠內部的管理是很難被外界所知的，但從出入廠門的管理，可感受到富士康管理的嚴苛，並且，不少人議論頗多，但是富士康不為所動，始終如一。

出入廠門的嚴格管理，富士康自有它的考慮之處，並不僅僅是為了給外界樹立一個形象。有好多企業試圖打探富士康內部的情況，其中當然也包括競爭對手。富士康的管理、設備、產品、技術等等，都是他們渴望瞭解的內容。另外，也有人將產品悄悄帶出車間，帶出工廠。

典型案例是，有一名員工每天乘車出入工廠，胸前總抱著一本厚厚的《牛津雙解英漢大辭典》，給人的印象是學習特別用功，但英語考試時，卻考得非常差。有一個主管突然產生了一絲疑問，悄悄安排保安在他出門時注意一下《牛津雙解英漢大辭典》，結果出門時保安打開一看，大辭典是被挖空了的，裡面藏有兩塊高階手機主機板。後來查清，半年內這個員工共帶出了價值六十多萬元的手機主機板等產品。

富士康是嚴格禁止員工和來賓攜帶數位相機和電子存儲設備的，如有帶進帶出，必須層層打報告，這是處於對資訊安全的考慮。

二〇〇三年八月和二〇〇四年十二月，富士康就發生過兩起員工洩漏公司商業機密的事件。

二〇〇三年八月十一日，朱某利用工作中可以接觸公司部分內部電腦資料的便利，違反公司保密協定，將公司採取保密措施的程序資料共五十七份文件，通過辦公室電腦以電子郵件的方式傳送至大學同學的電子信箱。次日，朱某提出辭職，資訊部門依例通過郵件檢測系統對朱某的電子郵件進行檢查，發現了朱某擅發機密文件的事實，隨即報警，並隨同公安人員趕至朱某同學處，將該批文件全部刪除。

二〇〇四年十二月二十三日十七時，蔡某趁同事離座之際，利用同事電子郵件帳戶將同事電腦文件夾內的八個集團工程代碼、客戶料號、供應商名稱等眾多核心機密，用十一封電子郵件發送到了自己的外部電子信箱，造成公司運營機密洩漏。由於公司早已對電子郵件進行了稽核與嚴格管控，資訊部門及時發現了此舉動，經過警方遏止，公司商業機密僅擴散至蔡某個人信箱。

朱某和蔡某的行為違反了公司與員工簽訂的知識產權保密協議，也使得公司因朱某和蔡某的行為而違反了與客戶簽訂的保密協議。根據與客戶的保密協議，公司向兩家客戶分別賠償了經濟損失一二五萬元、一五〇萬元人民幣。朱某和蔡某也受到了相應的法律制裁。

兩件案件之後，富士康再一次對員工進行資訊安全教育，重申八條資訊安全規定。

一、對電子郵件加強管理，嚴禁使用郵件將公司機密資料傳遞到外部郵件地址，不定期對電子郵件以及違反資訊安全規定的行為進行稽核。

二、資訊安全常委會公布施行的資訊安全管理規定，補充和完整原有涉及不足的資訊安全內容。

三、對員工進行資訊安全教育訓練，重申機密資料保存管制之相關規定。

四、嚴禁公司員工和外來訪客攜帶可移動存儲設備進出廠區。如確屬工作需要，需由事業群

最高主管核准放行。

五、對電腦網路使用進行監控與管制。所有上網資訊將由資訊部門記錄，並定期稽核。

六、將電腦加入安全管控體系，辦公室所有電腦必須加入活動目錄安全管控，加入自動補丁防毒管控體系。電腦使用人員離座時要鎖定電腦，長時間離開要關閉電腦。

七、加強印表機管理。打印文件的人員不能在印表機附近遺留機密文件，要將作廢的文件用碎紙機粉碎。

八、加強辦公桌面管理。下班後要將桌面整理整齊，把各類文檔放入適當文件夾，放置重要文件的抽屜要上鎖。

第二十章　領袖：獨裁為公

「你們尿尿黃不黃啊？」如果回答「不黃」，他立即劈頭痛批：「你們工作還要努力！」甚至讓你罰站。如果遇到這樣蠻橫的老闆你會怎麼樣？

這個霸氣霸道的老闆就是郭台銘。

「民主是最沒有效率的管理」

成吉思汗，是郭台銘最崇拜的歷史人物。

當年，成吉思汗率領蒙古騎兵，南征北戰，不但統一了蒙古草原，而且建立了橫跨歐亞大陸的帝國，其疆域版圖至今「後無來者」。

今天，郭台銘帶領中華兒女在國際市場攻城略地，從北美、西歐，到東歐的捷克、匈牙利，以及印度、越南，目前除了非洲，全球四大洲都已經看得到富士康的足跡。郭台銘因商場征戰的氣勢，被人比做商場上的成吉思汗。

郭台銘把富士康建成了一座「軍營」。每一個進入富士康的基層員工，上崗前都必須接受為期五天的基本訓練，包括稍息立正和整隊行進等——這些以前只在部隊裡才會有。而對於高層主管，郭台銘的要求更為嚴格，他隨時向他們提問，如果答不上來，罵人的話立刻脫口而出，這些千萬富翁們，照樣要在會議桌前罰站。郭台銘下達的命令，即使遠在地球另一端，相關負責人也要在八小時內做出回應，沒有時差的，則必須在十五分鐘內答覆。富士康的幹部會議就像軍官團開會。

對那些專家，郭台銘的話更是刻薄。什麼叫顧問？什麼叫專家？「顧問是抓起你的手拿你的錶來看幾點鐘，告訴你幾點鐘，然後向你收費的人。」「專家，就是發生錯誤的時候，用美麗的辭藻和語言來解釋錯誤不是他造成的人。」

「計劃不如變化，變化不如一通電話」。富士康的這種快速變化，都因郭台銘而來，由郭台銘決定。

富士康由郭台銘一個人說了算。郭台銘自己直言不諱地承認獨裁，但他說「獨裁為公」。他還有一套信誓旦旦的理由：「民主是最沒有效率的管理。民主是種氣氛，讓大家都能溝通。但是在成長快速的企業裡，領袖應該帶著霸氣。」

身先士卒是領導統馭的訣竅

為什麼郭台銘獨裁、霸道，幾十萬人還願意跟著他走？

因為，郭台銘的決策往往是正確的，他能把企業帶向勝利。

不能不承認，「獨裁」的領導者，一定有他的過人之處和獨特的魅力。一位在富士康工作了十多年的幹部表示，跟著郭台銘有打天下的感覺：「你寧願選擇跟著一個積弱不振、苟延殘喘的皇帝，還是一個版圖不斷擴張的大汗？」

特別是郭台銘是一個打仗衝在最前面的將軍。「領導人要以身作則，任何困難的事，半夜不睡在現場的人裡一定有我。第二，獨裁為公，我跟大家講為什麼這麼做，講完了就做決定。」為了趕上交貨期，郭台銘有很多次站到生產線上，有一次用手一一測試每一個從模具剛剛開發出來的成品，結果手被銳角劃破流血。有的時候，不但郭台銘站到生產線上，他的太太林淑如也站到生產線上動手趕做產品。如果遇到客戶退貨，他除了生氣罵人外，更會放下董事長的身架，親自帶著員工上門賠禮道歉。

郭台銘每天開會馬不停蹄，長時間工作，員工跟著不敢懈怠。「富士康的業務員，沒有回家吃晚飯的權利。」一位資深業務經理說，「總裁都不回家吃飯，你為什麼要回家吃飯？」

身先士卒，並不僅僅是為了喚起員工的凝聚力，也是決策的需要。從實踐中來的決策者是正確的。「你要知道梨子的滋味，就要親口嚐嚐」，這就是實踐論的哲學智慧。

印度公司的員工到深圳龍華來實習，最經受不住的是天天吃中國菜，要給他們專門準備印度菜。而為了建設印度基地，郭台銘不但親自去現場考察，而且還要吃印度菜。「從我開始調適起，我們要認識印度，就要從吃印度菜開始。」郭台銘不但要自己吃印度菜，還要兒子媳婦，都要喜歡吃印度菜。在郭家流行吃印度菜時，連「郭媽媽」也不能倖免。郭台銘說，他不僅帶母親去吃印度菜，還承諾下次要帶母親到印度去看一看：「她聽了還挺高興的。」

吃印度菜並不因為喜歡不喜歡，而是國際化的需要。郭台銘在股東會上說：「你怎麼移植富士康的文化到巴西去？怎麼移植到印度去？就從吃印度菜開始。」

郭台銘說，美國曾做過一個調查，幾十年來，經營不錯的公司，問題都不在管理，而在領導。還有一個結論，嘗試培養很多員工，給他很多訓練，讓他做很好的領導，最後都失敗了。因為管理可以訓練，領導沒法訓練。「任何一個組織重要的不是管理，而是領導。怎樣才是成功的領導？我不曉得。但我可以告訴你怎樣的領導不成功：不身先士卒的領導、朝九晚五的領導、遇事推諉的領導、希望討好每個人的領導、賞罰不分明的領導。

「總之，身先士卒是領導統馭的訣竅。最困難的，我就先跳下去。這幾年來，打重要的戰爭，我一定自己去做。只是再過幾年，我會找一些人來分擔領導的責任，我會退到二線去，並不是避免受傷，主要是給各事業群領導磨鍊、獨當一面的機會。我要培養綜觀全局的人，他一定領導過，如果沒有領導過，沒有人會聽你的。領導就是一場實驗的戰爭，所有經驗的積累。」

坦言三個缺點

郭台銘說：「我講的是理、情、法。先講理，再講情，最後才講法。任何人要跟我溝通，要先跟我講道理，而且是雙方認知相同的道理。公司最高的利益就是我的道理，公司所有同仁跟我溝通也是依據此理。道理之後再講情，萬不得已才會搬出法紀。」

郭台銘坦言自己的三大缺點：

「第一個缺點是比較沒有耐心。開除同仁後經常後悔，因為我沒有耐心聽完對方的解釋。所以沒有耐心是我最大的缺點，希望將來能夠改善。

「第二個缺點，我常常花很多時間矯正同仁的錯誤，而沒有花時間鼓勵他們的優點。這點我常常懷疑是優點還是缺點，也許是中西文化的不同，我覺得是因為我愛他才說他的缺點，外人會鼓勵你的優點，只有自家人才會誠懇地講出你的缺點。但大部分人還是期待鼓勵，所以這方面我不斷地在思考。

「第三個缺點，就是直話直說。造成現在別人不願扮的壞人都叫我去做，讓我現在常當壞人，萬劫不復。」

郭台銘說：「我沒什麼優點，唯一的優點就是『勤能補拙』。勤能補拙的原因來自於自認為是個負責任的人，該做到的就要努力做到。人笨沒關係，重要的是要有責任心、有智慧。現在聰明人太多了，肯負責、有智慧的人太少。我認為有責任心的人遇到困難，會主動去改變，就會成功。」

郭台銘又說，正是這種認識，讓自己對年輕人有時要求太苛刻。他認為年輕人不論做任何事，首先要有責任心。其次，一定要學會面對困難、挫折與挑戰。再次，說到就要做到。

現在很多年輕人說起話來洋洋灑灑，但做得很少。年輕人一定要實幹，到工作現場從基層做起。挑老闆的時候，對你愈嚴厲愈兇的愈要跟。好像有這麼一句話：「錢多事少離家近，睡覺睡到自然醒。」「如果我的孩子面對工作是這種心態，我就打斷他的腿。」

「我覺得人生的價值就是有用。大家都聽說郭老闆很兇而不敢靠近，現在如果有哪個年輕人敢寫信來要求幫郭老闆提皮包，他一定具備上進的胸襟。順境的人生誰都會走，只是速度快慢的不同。人一定要學會走逆境地，而且愈年輕愈好。因為逆境才是你真正學習、成長的機會。我這輩子都在逆境中，現在前方的路如果沒有逆境，我還覺得不過癮。」

不工作就生病

以往，人們形容一家企業的工作辛苦，常用這樣一句話：「把女人當男人用，把男人當畜生用。」但富士康常把所有人都不當「人」用。

如果從工作辛苦的角度理解「當不當人」，那麼第一個「不當人」的是郭台銘自己。

郭台銘是少有的「工作狂」，基本上每周工作六天，每天都要工作十五個小時以上，自創業以來沒有休過三天以上的假。有時即使晚上剛下飛機，他也會馬上趕到公司開會，而且一開就是十二個小時，好像永遠都不知道疲倦。為了趕貨，緊急時他可以三天不睡覺，這種事為數不少。

郭台銘每一個工作日的日程安排更是盡人皆知：早上六點晨泳，結束後打電話聯絡歐美分公司，八點半陪客戶吃早餐，九點半上廁所，接著就是辦公、上班，一直到他結束「一天十五個小時的工作」。在郭台銘的時間表裡每天只有兩次上廁所的安排。

坐飛機時，郭台銘常常坐最晚的一班「紅眼」飛機，工作一天，坐晚上的飛機，深夜到達，在賓館住下，第二天早晨就開會、拜訪客戶。即使是坐飛機，他也不會閒著，而是充分利用時間。去飛機場的路上他給部下打電話，交代布置工作任務，坐上飛機就從公文包裡取出厚厚的材料看起來。

有一年過年，郭台銘休息了三天，反而病了一場。因此，他說：「不工作就會生病。」從一九七四年到今天，郭台銘從沒休過三天以上的假。」

一九九九年四月八日，富士康與康柏簽訂合作協議，簽約儀式上，郭台銘拿出五年前的護照照片，那時候還是一頭黑髮，現在已經是滿頭白髮，對比中不免產生感慨。康柏臺灣公司公關總經理向永智安慰郭台銘說：「成就換白髮，需要高人一等的智慧，白髮是智慧的結晶。」

郭台銘還說：「我覺得工作本身就是一種享受。我自己的嗜好，頂多打一場球、游個泳放鬆一下自己，就夠了。我對於挑戰困難的工作比較有興趣。像現階段，我經營一個公司，一定把它做得很好，有世界級的競爭力，這就是我的理想。」

在五元理髮店裡理髮

有人會說，郭台銘辛苦，因為他是老闆，大家辛苦是為他創造財富，他能夠享受財富。

而事實上，郭台銘不但是一個工作狂，還是一個視工作為享受，除此之外不懂得其他享受的人。

郭台銘不穿名牌，手腕上沒有手錶，更沒有勞力士。在工廠裡，郭台銘也是穿藍色的工裝，步行上下班。在富士康園區內有一家理髮店，專門為打工仔、打工妹理髮，五元錢理一次，有時也能看到郭台銘在這裡理髮。這是郭台銘的傳統，過去在臺北，頭髮長了，就找一家臺灣街頭巷尾常見的家庭理髮店，抓住小小空檔在司機驅車經過時快速料理一番。

請客戶吃飯，郭台銘毫不吝嗇，盛情款待，但個人吃飯卻很不講究。如果開會到中午，就到食堂訂盒飯。與經理們吃飯，他時常動幾筷子就不吃了，然後忙著催厨房上菜。等大家都吃飽了，他再把每盤剩下的菜倒到自己碗裡一拌，呼嚕呼嚕吃下去。

在臺灣土城，要想找到郭台銘的辦公室，要通過工廠出貨碼頭邊的一扇小門，再爬三層樓梯，經過昏暗的走廊才能到達。

而現在郭台銘待的時間最長的深圳龍華富士康總部的辦公室，是早年園區開工建設時留下來的鐵皮房，兩張簡易的電腦桌拚在一起，一臺電腦，一部電話，其他的就是文件和書，坐的是一把鐵椅子，而這把椅子也是十多年前從餐廳搬來的。可以說，郭台銘的辦公室是企業家中最簡陋的。

郭台銘認為自己的辦公室必須設在車間裡。他說，富士康董事長的辦公室大可擺在現代化城市最繁華商圈摩天大樓的頂樓，俯瞰燈光燦爛的夜景和車水馬龍的街景，並且打電話到工廠敲桌子罵人。可是我們是製造企業，我必須在車間裡，跟工廠在一起，跟同仁在一起。

郭台銘還介紹，有十多年的時間，他根本就沒有固定的辦公室，連固定的辦公桌都沒有，哪個單位需要督導，就搬過去。當年剛引進連接器技術時，常做到半夜還達不到客戶的要求，他曾經把辦公桌放在沖壓生產廠領班的桌子旁邊，監督指導，跟大家一起討論改善。領班的辦公室，用木板隔出一個小空間，就成了他的會議室。這樣堅持了六個月，讓沖壓技術提升到國際水平。

人生三階段

郭台銘曾經多次講過他的人生三階段：

「為錢而活」：開始創業的第一階段是「為錢而活」的階段。在他看來，雖然金錢並不代表一切，但是有時候金錢卻可以代表成功，而成功就代表了自我肯定。「沒有錢就代表沒有權，很多想做的事情都沒法去做。所以我年輕的時候就想著怎麼努力賺錢。」「人為錢工作容易疲勞。」當年處於第一階段的郭台銘自然也會遭遇到倦怠的打擊，不過他堅信在第一階段必須全力以赴，否則不會得到能力的認同，也就不能擁有可支配的資源，所有的理想都成為空談。

「為理想而活」：「當你有了支配金錢和支配很多資源的能力時，你的理想就能付諸實施。所以我現在有很多理想都可以實現。」顯然，「為錢而活」的第一個二十年，郭台銘的目標實現了。如今，他可以自豪地說，自己與企業一同進入了人生第二階段：為理想而活。「我目前在集團每年的年薪只有一元新臺幣，而每年會拿很多股票給員工分紅，還在社會上捐款，就是因為我今天已經離開了為錢而活的階段，現在是為理想而活。」他稱在過去的多年裡，集團經歷了各種困難，經濟不景氣、物價高升、沙土風暴、美國「九一一」等等，但都未受到影響，主要是因為有理想。現在富士康集團已經成為世界上最大的電子產品生產商，不過郭台銘仍有更大的目標。據他透露，自己的理想是希望企業可以橫跨世界幾大洲、涉及不同領域，而且在這些領域都能做到前三名。

「為興趣而活」：已在商界馳騁了三十多年的郭台銘，現在正期待著人生第三階段的到來。他說，到時候就會宣布退休，到那時會有一些理想的色彩，為興趣而活，「把理想和興趣結合起來工作，我相信那時的我會永不倦怠，死而無憾」。

「打不死的蟑螂」

郭台銘自稱是「打不死的蟑螂」，歷經挫折艱險，大難不死。

每一個成功者都經歷過不為人知的艱辛。當被問及創業過程中最大的感觸時，郭台銘感言，今天的成功大多是靠運氣，但同時走逆境絕不氣餒，也是如今能夠叱咤風雲的關鍵原因之一。

郭台銘說，今天所有的成績都是自己盡力去完成的，但每次做完事情等待結果時，他都會禱告上蒼：「老天啊，我已經盡力了，現在就看你了。」他深知，太陽底下沒有新鮮事，工作就是重複。每個人所面臨的挑戰雖不一樣，但這些不重要，重要的是當遇到困難時，要如何對待困難。「我會告訴自己：要有自信，打敗你的沒有別人，只有你自己。」他還常常告誡自己：「人啊，當他自以為成功的時候，就是所謂達到巔峰的時候，那第二天早上醒來，下一步必定是下坡。」

順境人人有，只有快慢之分，人的區別在於逆境。郭台銘坦言自己是經歷了很多失敗才累積出的經驗。面對如今創業的年輕人，他無法教授其如何避免失敗，但卻可以給大家一個信心：「當你失敗的時候絕不要氣餒，絕不要倒下，因為失敗的經驗是你下一步成功必須具備的智慧。所有的創業家一定要學著面對失敗，不要倒下，因為那是對自己最好的歷練機會。」

二〇〇三年，富士康在龍華舉行運動會，其中有一項用圈圈套獎品的遊戲。郭台銘率領著一群幹部走過，突然停下來，開始玩起套圈圈遊戲。一開始，郭台銘用了十個圈圈都沒有套到，因為獎品——瓷器表面很滑，於是，他又買了十個圈圈，還是沒套上。最後用了三十個圈圈，才套上獎品。

郭台銘說，只有具備勇往直前的決心，才能達成目標，「你們這些主管，也要有套圈圈的精神！」他強調主管們也要有親自下去打仗的決心，站在第一線和員工並肩作戰。「有困難才有機會，有挑戰才有創新。」

好學總裁

打開每一期《鴻橋》，第一篇基本上都是郭台銘的講話。品質、技術、管理、人才、市場等等，郭台銘的講話涉及內容廣泛，而且生動深刻，有理論、有實際、有細節，還非常幽默。

從創業開始的職工培訓，郭台銘都是老師，直到現在，差不多每一年的新幹班開學，大學生入廠第一堂課，郭台銘都會去講話。

《鴻橋》曾發表過一篇《聽總裁講課》的文章，實際上那不是一次正式的講課，而一次非常隨便的品質討論會，郭台銘正好路過，對大家的話題很感興趣，就講起了自己的觀點，一邊講，一邊在黑板上畫。讓員工們驚奇的是，郭台銘沒有講什麼大道理，而是講非常具體、專業的技術細節。富士康這麼多產品，對每一個產品的技術細節都這麼瞭解，即使是技術工程師也難以做到。

每次坐飛機，郭台銘除了在座位上稍微閉閉眼，大多數時間是在讀書看資料，坐飛機的時間成了他讀書學習的時間。郭台銘坐飛機的時間很多，積累起來，學習的時間就不少。

郭台銘的學歷是五專畢業，後來日積月累，學會了英語和日語。

一九九七年，郭台銘對公司幹部演講《二十一世紀領導幹部的基本素質》，第一條：要具備專業知識和宏觀知識。「對一般的工程技術人員來講，我們只要求他對專業知識的瞭解和精通，但對領導幹部來講，僅有專業知識還遠遠不夠，還必須具備宏觀常識，包括對各種學科的瞭解和對技術潮流的掌握以及對市場脈搏的把握，絕不能出現搞連接器的不懂機殼，搞生產的可以不懂品管這些情況，這種幹部都是有缺陷的。現代的技術發展特別是資訊技術的發展可以說是日新月異，比如說，當我們對微處理器三八六、四八六或奔騰Pro剛剛有所瞭解的時候，我們又得去認識奔騰Pro MMX。即使是電腦周邊設備的設計與製造，也有很快的升級換代，更不用說軟體的開發與應用了。因此，我們必須緊跟技術演進的腳步，才能立於不敗。」

郭台銘認為，掌握潮流，充實知識，就要求領導幹部有自我學習的習慣和自我實踐的興趣。許多幹部，由於擔任著經營管理的任務，往往不易安排學習的時間，這是實情。但這不能成為藉口。時間是可以擠出來的，就看你是否想辦法。而且必須擠出時間學習，這是客觀的要求，因為不學習，就不能掌握未來。「當然，光靠自我的學習，讀讀報紙、看看電視還不夠，訓練機構或相關功能單位，積極舉辦一些訓練班，聘請有關人士進行講習或發表情報，這樣我們才有可能把握產品、技術和市場，從而贏得先機。」

回饋社會

二〇〇七年三月十日，富士康在深圳龍華舉行的以「慈善・迎春・幸福」為主題的大型文藝晚會上，郭台銘現場捐資三、〇〇〇萬元人民幣投入慈善事業。其中一、〇〇〇萬元為全國百萬名兒童在其就讀小學六年間送上三億冊電子語音圖書，用富士康慈善之心點燃百萬智慧之燈；四〇〇萬元用於救助河南商丘、湖北襄樊、山東菏澤、湖南懷化四座城市的重病特困員工家庭；六〇〇萬元用於啟動「托起明天的太陽工程」，資助全國十所大學品學兼優及家庭困難的大學生；一〇〇〇萬元分別用於貴州三都水族自治縣三所富士康希望小學和河源紫金縣希望小學的建設；二〇〇萬元新建貴州希望小學；一〇〇萬元資助深圳「陽光媽媽」工程；一〇〇萬元捐贈給深圳福利中心；此外，還給為唇顎裂患者免費治療的「微笑工程」和治療地貧兒的「燃料卡」行動分別捐款二〇〇萬元和三〇〇萬元。

三月十七日，富士康在山西太原舉行慈善晚會，同樣捐贈了三、一〇〇萬元。其中向浮山縣仁彰村小學捐贈一〇〇萬元，向晉城市政府捐贈一、〇〇〇萬元，向太原市慈善總會捐贈一、〇〇〇萬元，向山西省殘聯捐贈一、〇〇〇萬元。

據統計，從一九八八年富士康在大陸設廠開始，共向中國大陸慈善事業捐款七億元人民幣，其中郭台銘個人捐款超過二．五億元人民幣。

在郭台銘的倡導下，臺灣較大的企業集團都至少設立了三、四個基金會，如富邦集團就有三個基金會，每年投入十億元新臺幣左右的基金，其中在臺北市推行的「自立計劃」，主要是幫助低收入者尋找工作機會。基金會保證，只要一年內低收入者可以將一定數額的收入存入銀行，基金會就獎勵同等金額，一直到他們不再是低收入者為止。

回饋社會，是郭台銘倡導的富士康感恩文化的重要內容。他經常講，為人要有一顆感恩的心，感謝父母，感謝社會，感謝朋友。

富士康在山西太原、晉城和山東煙臺等地投資建設大型基地，就是抱著一種感恩之心。因為他的父親是山西晉城人，而他的母親是山東煙臺人。除了深圳和昆山的基地，煙臺和太原基地的規模緊隨其後。而郭台銘對山西的捐款也是最多的，超過了二・五億元人民幣。

鐵漢柔情

在商場上，郭台銘是一個霸氣硬漢，但卻也時時顯露出綿綿柔情。

一年中經歷喪妻、小弟郭台成罹患癌症等打擊，在股東會上，郭台銘除了慷慨激昂地講述事業宏願，也偶爾會談起感情。例如，郭台銘回憶起在二〇〇六年三月十一日晚，妻子逝世周年的前一晚，他想到墓園為妻子獻花，但因為土地糾紛，墓園被砌了一道牆阻礙出入，最後郭台銘帶著手電筒，與兒子和女兒翻牆進入墓園祭拜，「我就是要去送這花。」郭台銘掏出手帕哽咽地說。小弟郭台成的病情，也讓這位企業強人難得離開了工作崗位。「我現在有三分之一的時間都在忙我弟弟的事情。」他透露，「因為我弟弟的事情，有幾個購併案子擺在我桌上，我還在思考，不過我們下半年一定會有動作，所以將來我們成長，有很大一部分來自併購。」

也不是所有事情的陰影，都灰濛濛地籠罩著郭台銘，例如他最近當了爺爺，這件樂事甚至讓郭台銘在企業經營上也有所體悟。

在股東會上，郭台銘開宗明義地表示當前「科技的鴻海」，未來將朝「多元產業整合發展的鴻海」前進，他強調各事業單位「均衡地成長」的重要。「我們不會只有單一的產品線，或是只依賴單一客戶，像這種公司，長期的成長都有危機。」郭台銘說，「就跟小孩子的成長一樣，你看那個小手很可愛，雖然他小，但他的成長是一起的成長，不會今天只有手的成長，明天只有頭的成長。」

在商界，郭台銘與妻子林淑如有一段愛情佳話。

年輕時，郭台銘家境清貧，畢業於「中國海專」，林淑如則家境富裕，父親經營喉糖工廠，她自己則畢業於臺北醫學院藥學系。兩人在三重紐約化學製藥廠相識，擔任他們結婚介紹人的退休廠長陸先生說：「有一年暑假，郭台銘的爸爸要他來我這裡實習，幫忙寫帳、送文件，林淑如白天在品保部當化驗員，晚上上課。台銘字寫得很漂亮，人也勤快，當時我還納悶他怎麼老去品保部，原來是要追淑如。後來台銘常陪淑如回臺北上課，暑假結束後，還常看到他送淑如上班。」

由於兩人出身、學歷都差一截，林家一度反對他們交往，但當時同事都撮合他們，經過一番努力，有情人終成眷屬。

郭台銘創業時，岳父曾經借給郭台銘七十萬元新臺幣渡過難關，而林淑如更是咬緊牙關，即使沒錢買奶粉，就算給兒子喝米湯，也不願對郭台銘說，以免給他增添煩惱。

公司老員工說：「老大是老虎，夫人是小白兔，大家聊天時她要是插嘴，只要老大一個眼色，她立刻靜默。」林淑如可謂給足了郭台銘面子，但更重要的，她是十足的賢內助。有一次，有個記者因採訪稿不合郭台銘的意而被臭罵了一頓，幾天後，他在公開場合碰到林淑如，林淑如貼心地對他說：「我先生脾氣不好，不好意思。」就這樣，林淑如常常在郭台銘罵過人後私下安撫。其實，這個傳統在郭台銘創業初期就已形成，當時在公司裡，夫妻兩人一個唱白臉，一個唱黑臉，每當郭台銘與同仁發生衝突或責罵下屬時，林淑如就扮演救火員，一方面安慰同事，一方面安撫郭台銘的情緒。

二〇〇〇年時林淑如發現自己得了第二期的浸潤性腺管癌，雖經精心治療，仍然惡化。以前一心一意衝刺事業，和妻子聚少離多的郭台銘很快改變，經常帶著林淑如四處遊覽，而且專門選擇風景優美、讓人心曠神怡的地方讓妻子放鬆。二〇〇四年，兩人同遊北海道。二〇〇五年，郭台銘又在宜蘭買了一大片農地，就因為覺得宜蘭的好山好水和新鮮空氣利於林淑如養病。而過去不打高爾夫球的林淑如，也在郭台銘的要求下開始揮杆，因為球場的綠意與開闊、適當的運動，都是癌症病人所需要的。

除了正規的治療，愛妻心切的郭台銘甚至希望借助形而上的力量留住林淑如，他聽信風水大師之說，買了許多據說能保佑平安的豪宅。以往郭台銘買的房子都是由喜愛藝術的林淑如一手打理設計，其中一處豪宅的管理人在林淑如過世後不勝欷地說：「這樓一直在等待林淑如的設計規劃，但買下後，夫人的身體絲毫不見好轉，房子也遲遲未能裝修，新房子永遠也等不到女主人了。」

其實，郭台銘夫婦對於這一天，也心裡有底。他們在有限的時光裡，儘量製造相處機會。一位鴻海老臣說：「這兩年夫人經常往龍華跑，就住在工廠宿舍郭董的六〇一號房。有時候開會她也靜靜地坐在一旁。有一次，郭董接受採訪到攝影棚拍照，她一手打理郭董的穿著，還不斷安撫他的緊張情緒。她這樣撐著病體飛來飛去，無非是為了爭取多一點跟先生相處的時間。」

看不見的力量

廣達董事長林百里評價郭台銘說：「二十年前我就認識郭台銘董事長，二十年後果然如我所預見的，郭董的夢想都一一實現了。郭董的成功，實在有賴於他個人超強的企圖心、遠大的使命感，以及堅韌不拔的毅力，使之終於成為臺灣生產業的龍頭，也成為繼王永慶之後的企業經營之神。」

「我剛出社會時，就知道未來自己的名字很重要，所以，我苦練自己的英文簽名。多少年來我的重大契約，都是用相同的英文簽名完成的。」郭台銘說。

自信，是支撐郭台銘在商場征戰的一種無形的力量。它就像阿里山神木的種子，在天地間一種神力的吹拂感召下，復甦、萌芽，挺拔茁壯，在陽光雨露和狂風暴雨中聳入雲天。正是這種力量，支撐郭台銘甘心忍耐二十年的寂寞，默默打基礎，在經歷十年驚人的高速成長時，也能經受住成功的考驗。

郭台銘說：「成長來自什麼？胸懷千萬裡，心胸有多大，舞臺就有多大。」正是這種千萬裡的胸懷，讓他說出，「富士康再大仍太小」。「真正的英雄，是戰死在沙場上的人，而不是來領勛章的人。」「除非太陽不再升起，否則不能不達到目標。」

郭台銘認為，二十一世紀的領導應該具備五個方面的素質：專業知識和宏觀知識；處理國際事務的能力；自我負責的心態；領導統馭的能力；接受挫折、挑戰失敗的勇氣。

這五條也是他的自勉之語。

自信和胸懷，成就了郭台銘和富士康，使其與眾不同，創造奇蹟。

目光遠大：郭台銘就像一個商界「先知」，是當今最能洞察時代變遷的人之一。他總能嗅到別人看不見的機會，並且發現每一個成長的方向。早年，他沒有把剛剛積累起來的資金投入到火熱的房地產中，而是去買當時難以見效的模具設備，傻勁中透露出別人所沒有的遠見。在臺灣當局還不准臺灣企業到大陸設廠的時候，他就大舉進軍大陸，奠定了超越其他企業的基礎。多年來，他收斂起年輕時好動的個性，一心做好代工，把心思全心全意放在客戶和生產上。不躁進，不隨市場起舞，每一步棋背後，都充滿了謀略。

眼光獨到：在變化多端、紛繁複雜的電子資訊時代，郭台銘能透過重重迷霧，發現最傳統的機械加工、最基本的模具工藝的價值，運用幾萬大軍，傾全力把模具做精做細，打扎實製造業的根本和基礎，達到了「以不變應萬變」的境界。在成千上萬的電子零部件和產品中，郭台銘能發現連接器的作用神力，並布下八、〇〇〇多個技術專利，讓其成為在電子資訊產品中四通八達的橋樑。阿基米德說：「給我一個支點，我能撬動地球。」郭台銘的「支點」不是別人給的，而是自己找到的。

腳步踏實：郭台銘不但把目光探向遠方，更注視腳下，不但有夢想，而且更有辦法把夢想變成現實。他創造奇蹟，不是靠技巧和機遇，而是靠效率和實力。富士康在每一個市場，都不是搶先第一家推出新產品賺取高額利潤的公司，卻能在最短的時間內達到全球第一的出貨量。手機就是一個最好的例子。一九九九年，手機已經成為每一家資訊大廠爭相投資的當紅產品，郭台銘卻說：「手機的製造成本只要還在二〇〇美元以上，我就不會碰。」而當手機開始成為便宜的大眾產品時，富士康一舉搶下諾基亞和摩托羅拉兩大巨頭的代工訂單，把富士康的優勢發揮到極致。

三道考題

做大做強，郭台銘已經給中國企業提供了一個樣板。富士康不能說是登峰造極，但它的成功是公認的。人們學習富士康成功經驗的同時，接下來還將關注郭台銘如何應對三個挑戰，為企業界解答三道難題。實際上，郭台銘正試圖解答這三道難題。

第一道題：企業的傳承

郭台銘在多年前就曾說，五十八歲就退休，又說富士康年營收過兆元新臺幣，即二、五〇〇億人民幣就算完成使命，退休就放心了。二〇〇八年，郭台銘就到五十八歲的年齡了，並且「營收過兆」在二〇〇五年就已經實現。郭台銘是不是果真就如他所說，放下富士康退休，還是只是說說而已？如果退休，他將怎樣安排富士康，交給誰，他以什麼樣的方式繼續操控公司，還是全部放手？沒有郭台銘的富士康又是一個什麼樣子？這些都是人們關心的問題。

關於接班人問題，郭台銘也遇到了難題：他最看好的弟弟郭台強身體有病，支撐富士康難度較大，而他的兒子已經明確表示對他的事業不感興趣，決心投身影視事業。

因此，有朋友勸他說：「我不贊同郭董事長一再強調希望在五十八歲退休，雖然說產業變動太大、太快，更需要年輕人的體力去拚闖，但是人類計算年齡的方式是錯誤的。《真實年齡》這本書說，只要保持良好的生理與心理狀態，人類可以比實際年齡年輕二十六歲。」

郭台銘曾在股東大會上安撫股東說：「哪一家公司沒有接班人問題？所以，每個人都有的問題，就不是問題。」

郭台銘說，富士康今天沒有接班的問題，只有經驗傳承的問題。「我相信臺塑也好，我們也好，我們的責任就是儘量把經驗的傳承做得很好。」

「富士康現在已經把經驗系統化、制度化，所以我確保在接棒後的三至五年，經驗會繼續傳承。當我在經驗傳承的過程中，不能讓底下的人不敢犯錯。最近有很多事業群主管來問我問題，我就跟他們講，你這樣做會有什麼優點什麼缺點，但是，決定要靠你自己做，我支持你的決定，我是這樣在教他們做事情。但當我認為這件事情動搖根本，我就會出來干涉，大部分的事情不動搖根本，我儘量讓他們犯錯。

「二〇〇六年被富士康買下來的奇美通訊創辦人池育陽就說，以前在奇美時，許文龍非常注重授權，但池育陽跟我說，我是分權，不是授權，因為我根本看都不去看他，這是因為他們的職業經理人都做得很好。

「現在我在富士康只做重大決策。我鼓勵學習、容許犯錯，只有愈年輕的時候學習，愈年輕的時候犯錯，他的錯才是小錯，他的錯才有機會更正，如果年紀大了，再犯錯，他已經沒有時間了。所以富士康的接班問題，大家不要把它從負面來看，要從正面來看。」

第二道題：成長的極限

富士康已經連續十年保持了每年五〇％以上的高速成長。如何繼續保持高速成長，其成長極限在哪裡？人們拭目以待。郭台銘分析富士康面臨的挑戰，認為：「人才永遠是所有精英組織最大的挑戰，而在成長的過程中，怎樣拒絕成長的誘惑，也是非常難的一件事。」

郭台銘說，人才，不是單純只有接班的問題，而是當富士康成長這麼快，每年要成長三、〇〇〇億新臺幣的時候，今天有兩個方法，第一個是老員工本身的能力要相對成長，可是成長三、〇〇〇億，相對零組件跌價的速度更快，以量來講，成長三、〇〇〇億的金額，其實是要成長五、〇〇〇億的量。所以問題來了，老員工的生產力有沒有辦法每年增加五〇％？沒有的話，這就是個挑戰。而在既有員工的成長外，還有第二個就是引進新人的協調問題。

第二個挑戰，是全球製造資源的整合。同樣一個產品線今天在臺灣或在大陸，研發出來以後，怎樣能夠在最短的時間，在全球五個生產據點同時生產，並且是在不同的人種、不同的語言、不同的環境、不同的溫度下生產？

第三個挑戰，來自於抑制對成長的誘惑。每一行業都有成長的空間，每一行業都有成長的趨勢，但從這波趨勢跳到那波趨勢的時候，什麼行業可以進去，什麼行業不能進去？

郭台銘又進一步搬出富士康的經營哲學：沒有景氣，只有競爭。

「富士康過去二十年來，尤其是最近的十年，成長速度倍增，二〇〇五年，我們整個增加了將近三、〇〇〇億新臺幣的營業額，各位，翻開《天下雜誌》一、〇〇〇強企業排名，三、〇〇〇億的營業額可以排進一、〇〇〇強的前十名。

「我常講，拿自己的錢做事情，每一分錢都看得很大，拿別人的錢，或跟銀行借來的錢，做成功了，他是英雄，做失敗了，怪景氣。任何市場都是經過激烈競爭之後才有產業，而產業永遠處於風雨中的寧靜，沒有任何寧靜是離開風雨還能夠存在的。所以競爭永遠存在。」

第三道題：停滯和下降

任何企業都不可能永遠處在上升狀態，停滯和下降只能延緩，但不能消除。高速成長的富士康一旦出現停滯，會是一個什麼樣子？郭台銘應如何應對？

對此，郭台銘還是顯得挺自信。「有人跟我們爭第一名，我不能說他們自不量力，但他們絕對要花很長的時間，因為我花了三十幾年的時間才建立這麼一個基礎。」

郭台銘說：「我常講，第一名有錢賺，第二名、第三名是賺小賠大，第四名、第五名是有時賺，有時賠，第六名以後，是等著被收購。今天要比的是在產業中的名次，不然乾脆講電子二十強算了。為什麼我只提電子五強？奧運得獎牌的選手中最風光的也只是前三名，而且，就算第二名跟第一名只差零點幾秒，可是回國以後，大家還是只記得第一名，沒有人記得第二名，每個人要記的東西太多了。」

郭台銘又說他不怕失敗。「人的成功不在於你做對的事情，而在於你少做錯的事情。例如，我們在中國大陸做的通路，也犯了一些錯誤，但是也在學習，任何事情都是一個學習的過程，經驗只有四個字——時間、金錢。我是用時間和金錢才買到這麼多經驗，而且有過很多失敗，才有成功的經驗，我比很多人都願意承擔失敗，所以我經驗很多。中國有句老話，失敗是成功之母，沒有母親怎麼會有兒子？」

後記

回歸基本面

這本書不是寫故事的，也沒有太多的戰略和理念的挖掘，它非常平實，差不多像一本實務操作的書籍。

只有平實，才像這本書的主人公——富士康。

不過，我認為這本書已經完成了我的心願，回答了我寫作前所提出的問題。

富士康告訴我們：回歸基本面。

首先是產品。沒有好的產品，企業什麼都不是。有人會說，我們怎麼會不重視產品呢？簡單舉例。中國是空調大國吧？做空調的企業不少，健康、換風、綠色、變頻，概念層出不窮。但是，中國企業卻做不了最核心的空調壓縮機。彩電，中國占了世界彩電產量的一半，但卻做不了占平板電視成本七成多的液晶面板。從電腦到汽車，晶片、發動機等核心元件，大多都要進口。

其次是品質。產品的差距主要是品質。品質上的教訓數不勝數，最典型的是手機。最初，國民對國產手機是充滿熱情的，有的企業就利用了這種熱情，把沒有過關的手機在外表上進行修飾，甚至鑲上寶石在市場上銷售，發動行銷機器，銷量迅速抬高。結果高密度的回修率讓消費者遠離了國產手機。可以說，賣掉一臺手機，就丟掉幾個客戶。因為消費者口耳相傳，一部壞手機就影響了客戶的親屬和周圍的人。受損害最嚴重的企業，也就是當年最紅火的企業。當年銷售量超過千萬臺的企業，甚至現在已經面臨退出國內市場的尷尬。對國產手機的瞬間衰敗，有人進行反思總結，指出戰略、技術等諸多方面的因素。其實沒有那麼複雜，品質不好是最根本的原因所在。

再次是技術。要做出高品質的產品，依靠的就是技術。技術並不一定指能夠做出科技含量高的獨一無二的產品，而是把最普通的產品做好做精。富士康把模具作為最核心的技術和競爭力，就是這個道理。不能不承認，相對來說，我們更注重市場，而輕視技術。在終端制勝理念的驅動下，企業把眾多資源投入到市場營銷，廣告費大大超過技術的投入費用。「技工貿」還是「貿工技」的爭論中，天平極端地傾向「貿工技」。

還有管理。這是一個中國企業很少談論的話題。似乎，管理是很簡單的，與市場比，現場的管理微不足道。品質、成本、技術等問題，都因此而被忽略了。

而富士康的成功經驗告訴我們，企業必須回到產品、品質、技術、管理、人才等等這些企業的最普通、最基本的問題上來。

回歸基本面，中國企業必須從機會主義的路線和戰略中走出來。

在過去的二十多年裡，改革開放的大環境和短缺的市場讓中國企業充滿機會，遍地黃金，可謂「人有多大膽，地有多大產」，只要敢想敢幹，敢於冒險，就能做成事。解放思想、觀念更新，成為成功的金鑰匙。

但是，近幾年來，明星企業紛紛隕落，以往的高速成長遇到了阻礙，以往每年三〇%、五〇%、一〇〇%的成長沒有了，大家左衝右突，價格戰、多元化、國際化，十八般武藝都已用盡，甚至已經頭破血流，感覺筋疲力盡。

正是在這種時候，一本叫《藍海戰略》的書在國內企業界受到追捧。企業家們試圖沿著這本書指引的方向，脫離競爭激烈的「紅海」，奔向沒有競爭且高利潤的「藍海」。

中國企業還在尋找機會。

其實，「藍海」只是一種幻覺，一種海市蜃樓。在充分競爭的市場條件下，想做到人無我有，已經很難，只能做得比別人好。

因此，要擯棄「藍海」的罌粟花，不要再依靠機會主義，而應該回歸到技術、產品、市場和管理的企業本源上來。

這就是這本書給企業家們的忠告。

在本書付梓之際，我再一次對《鴻橋》刊物的編採人員表示感謝，它所記載的細節資料、數據，支撐了本書的寫作。我還要感謝深圳商報社的領導和同事，他們對我的寫作給予了極大的鼓勵和支持。我還要感謝中信出版社和藍獅子的相關人員陸斌、王留全、湯曼莉、沈家樂等對本書所做出的貢獻。

行銷業務 *04*

郭台銘與富士康

作者／徐明天
總編輯／呂靜如
系列主編／王鐘銘
系列企劃／陳紅
責任編輯／周均健
行銷企劃／林鈴娜
美術設計／朱海絹

發行人／宋勝海
出版／泰電電業股份有限公司
地址／台北市中正區博愛路七十六號八樓
電話／(02)2381-1180
傳真／(02)2314-3621
劃撥帳號／1942-3543 泰電電業股份有限公司
網站／馥林官網 http://www.fullon.com.tw
總經銷／時報文化出版企業股份有限公司
電話／(02)2306-6842
地址／台北縣中和市連城路一三四巷十六號
印刷／普林特斯資訊股份有限公司

本書中文繁體版由中信出版社授權泰電電業股份有限公司（馥林文化）獨家全球發行（不包括中國大陸）

國家圖書館出版品預行編目資料

郭台銘與富士康／徐明天著.--初版.--臺北市：泰電電業，2008. 08
面； 公分.--（行銷業務；04）
ISBN 978-986-6996-97-9（平裝）
1.郭台銘 2.富士康科技集團 3.企業管理
494 97013043

■二〇〇八年八月初版
二〇〇八年八月初版二刷
定價／280元

ISBN：978-986-6996-97-9

Printed in Taiwan

MAN-Q
www.man-q.com
MAN-Q
超激速 爽快潔淨
ALL IN ONE SPEEDY · SPORTY · SPRINGY HAIR & BODY WASH
代言人 吳克群
MAN-Q All in one Hair & Body Wash
MAN-Q All in one Hair & Body Wash
MAN-Q All in one Hair & Body Wash S3
洗頭 洗臉 洗身體 一瓶搞定！
NEW ALL IN ONE 全效潔淨露 動力改款上市
魅力 · 新動力 YOUR LIFESTYLE
Carrefour

超級CEO

的十堂教練式引導訓練

讓你學習到真正精華的技術與方法

CEO突破瓶頸的
第一品牌
沒趕上前二期
千萬別再錯過
這一期！

課程系統

眞正厲害的CEO高手，不是強
在唸了MBA或是有歷史悠久的
工作經驗，而在善於利用「取
勢」、「善將」與「精術」的
能力，擴張事業版圖。

報名資訊

課時間：97年8月中旬～97年10月上旬
每週六日AM9:00-17:00上課
總計74小時
料索取：02-2367-8389分機53　陳靖惠小姐
mail：bmcaroc@ms1.hinet.net
址：http://www.bmca.org.tw

課程特色

本系列課程將以最新的「教練」方式，提供思考框架與應用工具，有效引導學員了解擴展新領域、探索新市場、發掘新方法，經由引導的過程，讓每位學員都能找到最合適的經營管理模式。

- ★74小時精華濃縮，為您篩選必備知識、有效節省時間
- ★搭配HBR哈佛商業評論個案演練與操作表單，強化實戰能力
- ★完整結構+經營方法傳授，有效提升學習成本效益
- ★每門課為您提出常見實務問題與處理方式，深入解決難題
- ★特別增設實務個案研討，有效整合所學知識
- ★一對一專業「個人or企業經營輔導診斷」，強化學習效果
- ★擁有加入CEO聯誼會資格，可快速累積人脈

現在報名「CEO執行長進階特訓班」，
獨家贈送一對一專業「個人教練or企業經營輔導診斷」乙次(價值20,000元)

主辦單位：中華民國企業經營管理顧問協會

iTRY
新會員
招募活動
iTRY Before I Buy！
心動不如
試用後再行動
馬上加入iTRY
上萬份試用品好康
等你試用！
入會好康
1 超人氣新品免費試用
2 電影首映雙人免費看
3 當月發燒新書限量贈閱
4 熱門暢銷雜誌限量試閱
5 分享試用心得抽好禮
6 不定期會員活動A好禮
7 消費折扣訊息搶鮮報報
8 達人駐站3C求助免費
iTRY
超人氣
試用品
可麗舒
抽取衛生紙
歐護
植物防蚊乳液
OFF!
施巴5.5
嫩顏卸妝乳七日體驗
施巴5.5
油性洗髮乳
sebamed
DR.WU
VC美白系列體驗組
VITAL SPA
魚子胺基酸隔離凝乳 SPF50
靠得住
健康淨味護墊
健康淨味
「抗通膨。想省錢。必iTRY妙招」
馬上加入iTRY，立即免費體驗熱門新品
iTRY com.tw 試用情報王 iTRY Before I Buy!
最大試用品 發送平台
www.itry.com.tw
『中天新聞』、『中視新聞』、『華視新聞雜誌』、『東森新聞』、『蘋果日報』、『中視我猜』、『中天今晚哪裡有問題』、『中天康熙來了』、『TVBS國民大會』等各大媒體，頻頻報導免費試用品索取網站—『iTRY試用情報王』；標榜『iTRY Before I Buy！心動不如試用後再行動！』的消費精神，是台灣最大試用品發送平台，每月發出上萬份試用品，是你絕對不能錯過的好康網站！

訊 35
前瞻．投資領航

財訊週年慶全年最優惠

12期訂戶》
精打細算專案

事案一 省錢專案，12期再多送您2期

精省價**2,000**元（原總價3,080元）

事案二

2期＋廣穎時尚玩美隨身碟4G

1你一起玩弄時尚，共赴科技饗宴！

青省價**2,160**元（原總價3,230元）

商品介紹：
- 外殼採用鋁合金材質
- 終身保固
- 顏色：尊爵黑
- 尺寸：49.3x15.7x7.35mm（LxWxH）
- 重量：10克

財訊貴賓專屬訂閱單

es! 我要訂閱

□專案一《財訊》12期再加2期，精省價**2,000**元

□專案二《財訊》12期十廣穎時尚玩美隨身碟4G，精省價**2,160**元

1閱人基本資料

訂戶　□續訂戶（電腦編號：______________）

姓名：______________□先生□小姐　□已婚□未婚

地址：______________________________

抬頭：______________________________

編號：______________________________

電話：（日）______________（夜）______________

電話：______________________

日期：__________年______月________日

AIL：______________________

◎信用卡基本資料

訂購日期：__________年______月________日

信用卡別：□VIAS　□MASTER　□JCB

信用卡卡號：__________-__________-__________-__________

發卡銀行：________________

信用卡有效期限：__________年________月（請務必填寫）

訂閱金額：NT$ ____________________

身份證字號：______________________________

持卡人簽名：__________________（與信用卡簽名同字樣）

閱方式：

劃撥單訂閱（請將收據含訂戶資料一併傳回02-2511-0185）帳號：50067599戶名：財信雜誌社股份有限公司

電匯訂閱（請將電匯收據含訂戶資料一併傳回02-2511-0185）行庫：上海商業儲蓄銀行中山分行 帳號：23-10200-1021991戶名：財信雜誌社股份有限公司

意事項：

、贈品數量有限，送完為止，贈品以實物為準，本公司保留更換等值商品的權利。2、此訂閱專案優惠至2008年8月31日止

訂閱傳真：02-2511-0185或(02)2511-1963　◎ 財訊讀者服務專線：02-2511-1107